Offer 来了

Java面试核心知识点精讲

原理篇

王磊◎编著

电子工业出版社
Publishing House of Electronics Industry
北京·BEIJING

内 容 简 介

本书是对 Java 程序员面试必备知识点的总结，详细讲解了 JVM 原理、多线程、数据结构和算法、分布式缓存、设计模式等面试必备知识点，在讲解时不拖泥带水，力求精简。

本书总计 9 章，第 1 章讲解 JVM 原理，涉及 JVM 运行机制、JVM 内存模型、常用垃圾回收算法和 JVM 类加载机制等内容；第 2 章讲解 Java 基础知识，涉及集合、异常分类及处理、反射、注解、内部类、泛型和序列化等内容；第 3 章讲解 Java 并发编程知识，涉及 Java 多线程的工作原理及应用、Java 线程池的工作原理及应用，以及锁、进程调度算法等内容；第 4 章讲解数据结构知识，涉及栈、队列、链表、散列表、二叉树、红黑树、图和位图等内容；第 5 章讲解 Java 中的常用算法，涉及二分查找、冒泡排序、插入排序、快速排序、希尔排序、归并排序、桶排序、基数排序等算法；第 6 章讲解网络与负载均衡原理，涉及 TCP/IP、HTTP、常用负载均衡算法和 LVS 原理等内容；第 7 章讲解数据库及分布式事务原理，涉及数据库存储引擎、数据库并发操作和锁、数据库分布式事务等内容；第 8 章讲解分布式缓存的原理及应用，涉及分布式缓存介绍、Ehcache 原理及应用、Redis 原理及应用、分布式缓存设计的核心问题等内容；第 9 章讲解设计模式，涉及常见的 23 种经典设计模式。

本书可作为 Java 程序员的技术面试参考用书，也可作为 Java 程序员、技术经理和架构师的日常技术参考用书。

未经许可，不得以任何方式复制或抄袭本书之部分或全部内容。
版权所有，侵权必究。

图书在版编目（CIP）数据

Offer 来了：Java 面试核心知识点精讲. 原理篇/王磊编著. —北京：电子工业出版社，2019.11
ISBN 978-7-121-37618-4

Ⅰ. ①O… Ⅱ. ①王… Ⅲ. ①JAVA 语言－程序设计 Ⅳ. ①TP312.8

中国版本图书馆 CIP 数据核字（2019）第 219959 号

责任编辑：张国霞
印　　刷：山东华立印务有限公司
装　　订：山东华立印务有限公司
出版发行：电子工业出版社
　　　　　北京市海淀区万寿路 173 信箱　邮编 100036
开　　本：787×980　1/16　印张：21.5　字数：460 千字
版　　次：2019 年 11 月第 1 版
印　　次：2019 年 11 月第 1 次印刷
印　　数：4000 册　定价：89.00 元

凡所购买电子工业出版社图书有缺损问题，请向购买书店或发行部联系，联系及邮购电话：(010) 88254888，88258888。
质量投诉请发邮件至 zlts@phei.com.cn，盗版侵权举报请发邮件至 dbqq@phei.com.cn。
本书咨询联系方式：010-51260888-819，faq@phei.com.cn。

前言

本书是对 Java 程序员面试必备知识点的总结，详细讲解了 JVM 原理、多线程、数据结构和算法、分布式缓存、设计模式等内容，希望读者能通过阅读本书对 Java 的基础原理有更深入、全面的理解。

面试官通常会在短短两小时内对面试者的知识结构进行全面了解，面试者在回答问题时如果拖泥带水且不能直击问题的本质，则很难充分表现自己，最终影响面试结果。针对这种情况，本书在讲解知识点时不拖泥带水，力求精简，详细介绍了 Java 程序员面试时常被问及的核心知识点。

章节架构

本书共 9 章，各章所讲内容如下。

第 1 章讲解 JVM 原理，涉及 JVM 运行机制、JVM 内存模型、常用垃圾回收算法和 JVM 类加载机制等内容。

第 2 章讲解 Java 基础知识，涉及集合、异常分类及处理、反射、注解、内部类、泛型和序列化等内容。

第 3 章讲解 Java 并发编程知识，涉及 Java 多线程的工作原理及应用、Java 线程池的工作原理及应用，以及锁、进程调度算法等内容。

第 4 章讲解数据结构知识，涉及栈、队列、链表、散列表、二叉树、红黑树、图和位图等内容。

第 5 章讲解 Java 中的常用算法，涉及二分查找、冒泡排序、插入排序、快速排序、希尔排序、归并排序、桶排序、基数排序等算法。

第 6 章讲解网络与负载均衡原理，涉及 TCP/IP、HTTP、常用负载均衡算法和 LVS 原理等内容。

第 7 章讲解数据库及分布式事务原理，涉及数据库存储引擎、数据库并发操作和锁、数据库分布式事务等内容。

第 8 章讲解分布式缓存的原理及应用，涉及分布式缓存介绍、Ehcache 原理及应用、Redis 原理及应用、分布式缓存设计的核心问题等内容。

第 9 章讲解设计模式，涉及常见的 23 种经典设计模式。

阅读建议

本书目录细致，建议读者在阅读本书之后以目录作为参考温故而知新，达到融会贯通的目的。建议读者花 3 周进行细读，详细理解书中的知识点、代码和架构图；再花两天进行复习，对着目录回忆知识点，对想不起来的部分及时查漏补缺；在面试前再花 3 小时进行复习，以充分掌握本书知识点。这样，读者就能对书中每个知识点的广度和深度理解更充分，在面试时胸有成竹、百战不殆。

致谢

感谢电子工业出版社博文视点的张国霞编辑，她的鼓励和引导对本书的写作和出版有很大的帮助；感谢王晓栋，是他关注并向编辑提出了本书的出版价值。

写技术书籍是很耗费精力的，笔者常常因为一行代码或者一张图能否准确表达含义而思考再三。出于工作的原因，笔者只能在晚上和周末写作，写作难度很大，所以十分感谢妻子张艳娇女士，没有她的鼓励和支持，本书很难顺利出版；也十分感谢家人和朋友在工作和生活中对笔者的关心和帮助。

目录

第 1 章　JVM 1

1.1　JVM 的运行机制 1

1.2　多线程 2

1.3　JVM 的内存区域 3

　　1.3.1　程序计数器：线程私有，无内存溢出问题 4

　　1.3.2　虚拟机栈：线程私有，描述 Java 方法的执行过程 4

　　1.3.3　本地方法区：线程私有 5

　　1.3.4　堆：也叫作运行时数据区，线程共享 5

　　1.3.5　方法区：线程共享 5

1.4　JVM 的运行时内存 6

　　1.4.1　新生代：Eden 区、ServivorTo 区和 ServivorFrom 区 7

　　1.4.2　老年代 8

　　1.4.3　永久代 8

1.5　垃圾回收与算法 9

　　1.5.1　如何确定垃圾 9

　　1.5.2　Java 中常用的垃圾回收算法 10

1.6　Java 中的 4 种引用类型 13

1.7　分代收集算法和分区收集算法 14

　　1.7.1　分代收集算法 14

　　1.7.2　分区收集算法 15

1.8　垃圾收集器 15

　　1.8.1　Serial 垃圾收集器：单线程，复制算法 16

1.8.2 ParNew 垃圾收集器：多线程，复制算法 16
  1.8.3 Parallel Scavenge 垃圾收集器：多线程，复制算法 16
  1.8.4 Serial Old 垃圾收集器：单线程，标记整理算法 16
  1.8.5 Parallel Old 垃圾收集器：多线程，标记整理算法 17
  1.8.6 CMS 垃圾收集器 18
  1.8.7 G1 垃圾收集器 18
 1.9 Java 网络编程模型 19
  1.9.1 阻塞 I/O 模型 19
  1.9.2 非阻塞 I/O 模型 19
  1.9.3 多路复用 I/O 模型 20
  1.9.4 信号驱动 I/O 模型 21
  1.9.5 异步 I/O 模型 21
  1.9.6 Java I/O 21
  1.9.7 Java NIO 22
 1.10 JVM 的类加载机制 28
  1.10.1 JVM 的类加载阶段 28
  1.10.2 类加载器 29
  1.10.3 双亲委派机制 30
  1.10.4 OSGI 32

第 2 章 Java 基础 33

 2.1 集合 33
  2.1.1 List：可重复 34
  2.1.2 Queue 34
  2.1.3 Set：不可重复 35
  2.1.4 Map 36
 2.2 异常分类及处理 39
  2.2.1 异常的概念 39
  2.2.2 异常分类 40
  2.2.3 异常处理方式：抛出异常、使用 try catch 捕获并处理异常 41
 2.3 反射机制 42
  2.3.1 动态语言的概念 42

- 2.3.2 反射机制的概念 ... 43
- 2.3.3 反射的应用 ... 43
- 2.3.4 Java 的反射 API ... 43
- 2.3.5 反射的步骤 ... 43
- 2.3.6 创建对象的两种方式 ... 45
- 2.3.7 Method 的 invoke 方法 ... 45

2.4 注解 ... 46
- 2.4.1 注解的概念 ... 46
- 2.4.2 标准元注解：@Target、@Retention、@Documented、@Inherited ... 46
- 2.4.3 注解处理器 ... 47

2.5 内部类 ... 49
- 2.5.1 静态内部类 ... 49
- 2.5.2 成员内部类 ... 50
- 2.5.3 局部内部类 ... 51
- 2.5.4 匿名内部类 ... 51

2.6 泛型 ... 52
- 2.6.1 泛型标记和泛型限定：E、T、K、V、N、? ... 53
- 2.6.2 泛型方法 ... 53
- 2.6.3 泛型类 ... 54
- 2.6.4 泛型接口 ... 55
- 2.6.5 类型擦除 ... 56

2.7 序列化 ... 56
- 2.7.1 Java 序列化 API 的使用 ... 57
- 2.7.2 序列化和反序列化 ... 58

第 3 章 Java 并发编程 ... 59

3.1 Java 线程的创建方式 ... 59
- 3.1.1 继承 Thread 类 ... 59
- 3.1.2 实现 Runnable 接口 ... 60
- 3.1.3 通过 ExecutorService 和 Callable<Class>实现有返回值的线程 ... 61
- 3.1.4 基于线程池 ... 62

3.2 线程池的工作原理 62
3.2.1 线程复用 63
3.2.2 线程池的核心组件和核心类 63
3.2.3 Java 线程池的工作流程 65
3.2.4 线程池的拒绝策略 66
3.3 5 种常用的线程池 68
3.3.1 newCachedThreadPool 68
3.3.2 newFixedThreadPool 68
3.3.3 newScheduledThreadPool 69
3.3.4 newSingleThreadExecutor 69
3.3.5 newWorkStealingPool 69
3.4 线程的生命周期 70
3.4.1 新建状态：New 71
3.4.2 就绪状态：Runnable 71
3.4.3 运行状态：Running 71
3.4.4 阻塞状态：Blocked 71
3.4.5 线程死亡：Dead 72
3.5 线程的基本方法 72
3.5.1 线程等待：wait 方法 72
3.5.2 线程睡眠：sleep 方法 73
3.5.3 线程让步：yield 方法 73
3.5.4 线程中断：interrupt 方法 73
3.5.5 线程加入：join 方法 74
3.5.6 线程唤醒：notify 方法 75
3.5.7 后台守护线程：setDaemon 方法 75
3.5.8 sleep 方法与 wait 方法的区别 76
3.5.9 start 方法与 run 方法的区别 76
3.5.10 终止线程的 4 种方式 77
3.6 Java 中的锁 79
3.6.1 乐观锁 79
3.6.2 悲观锁 79
3.6.3 自旋锁 80

- 3.6.4 synchronized 81
- 3.6.5 ReentrantLock 89
- 3.6.6 synchronized 和 ReentrantLock 的比较 94
- 3.6.7 Semaphore 95
- 3.6.8 AtomicInteger 96
- 3.6.9 可重入锁 97
- 3.6.10 公平锁与非公平锁 97
- 3.6.11 读写锁：ReadWriteLock 98
- 3.6.12 共享锁和独占锁 98
- 3.6.13 重量级锁和轻量级锁 99
- 3.6.14 偏向锁 99
- 3.6.15 分段锁 100
- 3.6.16 同步锁与死锁 100
- 3.6.17 如何进行锁优化 100
- 3.7 线程上下文切换 101
  - 3.7.1 上下文切换 102
  - 3.7.2 引起线程上下文切换的原因 102
- 3.8 Java 阻塞队列 103
  - 3.8.1 阻塞队列的主要操作 104
  - 3.8.2 Java 中的阻塞队列实现 108
- 3.9 Java 并发关键字 113
  - 3.9.1 CountDownLatch 113
  - 3.9.2 CyclicBarrier 114
  - 3.9.3 Semaphore 116
  - 3.9.4 volatile 关键字的作用 117
- 3.10 多线程如何共享数据 119
  - 3.10.1 将数据抽象成一个类，并将对这个数据的操作封装在类的方法中 119
  - 3.10.2 将 Runnable 对象作为一个类的内部类，将共享数据作为这个类的成员变量 121
- 3.11 ConcurrentHashMap 并发 122
  - 3.11.1 减小锁粒度 122
  - 3.11.2 ConcurrentHashMap 的实现 123

- 3.12 Java 中的线程调度 123
  - 3.12.1 抢占式调度 123
  - 3.12.2 协同式调度 124
  - 3.12.3 Java 线程调度的实现：抢占式 124
  - 3.12.4 线程让出 CPU 的情况 125
- 3.13 进程调度算法 125
  - 3.13.1 优先调度算法 125
  - 3.13.2 高优先权优先调度算法 126
  - 3.13.3 时间片的轮转调度算法 127
- 3.14 什么是 CAS 128
  - 3.14.1 CAS 的概念：比较并交换 128
  - 3.14.2 CAS 的特性：乐观锁 128
  - 3.14.3 CAS 自旋等待 129
- 3.15 ABA 问题 129
- 3.16 什么是 AQS 130
  - 3.16.1 AQS 的原理 130
  - 3.16.2 state：状态 131
  - 3.16.3 AQS 共享资源的方式：独占式和共享式 131

第 4 章　数据结构 133

- 4.1 栈及其 Java 实现 133
- 4.2 队列及其 Java 实现 136
- 4.3 链表 138
  - 4.3.1 链表的特点 139
  - 4.3.2 单向链表的操作及其 Java 实现 139
  - 4.3.3 双向链表及其 Java 实现 143
  - 4.3.4 循环链表 146
- 4.4 散列表 146
  - 4.4.1 常用的构造散列函数 147
  - 4.4.2 Hash 的应用 148
- 4.5 二叉排序树 148
  - 4.5.1 插入操作 149

   4.5.2 删除操作 149
   4.5.3 查找操作 151
   4.5.4 用 Java 实现二叉排序树 151
 4.6 红黑树 155
   4.6.1 红黑树的特性 156
   4.6.2 红黑树的左旋 156
   4.6.3 红黑树的右旋 157
   4.6.4 红黑树的添加 157
   4.6.5 红黑树的删除 158
 4.7 图 159
   4.7.1 无向图和有向图 159
   4.7.2 图的存储结构：邻接矩阵 160
   4.7.3 图的存储结构：邻接表 161
   4.7.4 图的遍历 162
 4.8 位图 164
   4.8.1 位图的数据结构 164
   4.8.2 位图的 Java 实现 165

第 5 章 Java 中的常用算法 167

 5.1 二分查找算法 167
   5.1.1 二分查找算法的原理 168
   5.1.2 二分查找算法的 Java 实现 168
 5.2 冒泡排序算法 169
   5.2.1 冒泡排序算法的原理 169
   5.2.2 冒泡排序算法的 Java 实现 170
 5.3 插入排序算法 171
   5.3.1 插入排序算法的原理 171
   5.3.2 插入排序算法的 Java 实现 172
 5.4 快速排序算法 173
   5.4.1 快速排序算法的原理 173
   5.4.2 快速排序算法的 Java 实现 174

5.5 希尔排序算法 175
5.5.1 希尔排序算法的原理 176
5.5.2 希尔排序算法的 Java 实现 177
5.6 归并排序算法 178
5.6.1 归并排序算法的原理 178
5.6.2 归并排序算法的 Java 实现 178
5.7 桶排序算法 180
5.7.1 桶排序算法的原理 180
5.7.2 桶排序算法的 Java 实现 181
5.8 基数排序算法 182
5.8.1 基数排序算法的原理 182
5.8.2 基数排序算法的 Java 实现 183
5.9 其他算法 184
5.9.1 剪枝算法 184
5.9.2 回溯算法 186
5.9.3 最短路径算法 186

第 6 章 网络与负载均衡 188
6.1 网络 188
6.1.1 OSI 七层网络模型 188
6.1.2 TCP/IP 四层网络模型 189
6.1.3 TCP 三次握手/四次挥手 190
6.1.4 HTTP 的原理 195
6.1.5 CDN 的原理 199
6.2 负载均衡 201
6.2.1 四层负载均衡与七层负载均衡的对比 201
6.2.2 负载均衡算法 203
6.2.3 LVS 的原理及应用 205
6.2.4 Nginx 反向代理与负载均衡 211

第 7 章 数据库及分布式事务 ... 214

7.1 数据库的基本概念及原则 ... 214
7.1.1 存储引擎 ... 214
7.1.2 创建索引的原则 ... 216
7.1.3 数据库三范式 ... 217
7.1.4 数据库事务 ... 218
7.1.5 存储过程 ... 219
7.1.6 触发器 ... 219

7.2 数据库的并发操作和锁 ... 220
7.2.1 数据库的并发策略 ... 220
7.2.2 数据库锁 ... 220
7.2.3 数据库分表 ... 223

7.3 数据库分布式事务 ... 223
7.3.1 CAP ... 223
7.3.2 两阶段提交协议 ... 224
7.3.3 三阶段提交协议 ... 225
7.3.4 分布式事务 ... 227

第 8 章 分布式缓存的原理及应用 ... 230

8.1 分布式缓存介绍 ... 230

8.2 Ehcache 的原理及应用 ... 231
8.2.1 Ehcache 的原理 ... 231
8.2.2 Ehcache 的应用 ... 234

8.3 Redis 的原理及应用 ... 235
8.3.1 Redis 的原理 ... 235
8.3.2 Redis 的应用 ... 249

8.4 分布式缓存设计的核心问题 ... 252
8.4.1 缓存预热 ... 253
8.4.2 缓存更新 ... 253
8.4.3 缓存淘汰策略 ... 253
8.4.4 缓存雪崩 ... 253

8.4.5 缓存穿透 254

8.4.6 缓存降级 255

第 9 章 设计模式 256

9.1 设计模式简介 256

9.2 工厂模式的概念及 Java 实现 259

9.3 抽象工厂模式的概念及 Java 实现 261

9.4 单例模式的概念及 Java 实现 265

9.5 建造者模式的概念及 Java 实现 268

9.6 原型模式的概念及 Java 实现 271

9.7 适配器模式的概念及 Java 实现 274

9.8 装饰者模式的概念及 Java 实现 280

9.9 代理模式的概念及 Java 实现 282

9.10 外观模式的概念及 Java 实现 284

9.11 桥接模式的概念及 Java 实现 288

9.12 组合模式的概念及 Java 实现 291

9.13 享元模式的概念及 Java 实现 293

9.14 策略模式的概念及 Java 实现 296

9.15 模板方法模式的概念及 Java 实现 299

9.16 观察者模式的概念及 Java 实现 302

9.17 迭代器模式的概念及 Java 实现 305

9.18 责任链模式的概念及 Java 实现 308

9.19 命令模式的概念及 Java 实现 312

9.20 备忘录模式的概念及 Java 实现 315

9.21 状态模式的概念及 Java 实现 317

9.22 访问者模式的概念及 Java 实现 320

9.23 中介者模式的概念及 Java 实现 324

9.24 解释器模式的概念及 Java 实现 328

第 1 章
JVM

1.1 JVM 的运行机制

JVM（Java Virtual Machine）是用于运行 Java 字节码的虚拟机，包括一套字节码指令集、一组程序寄存器、一个虚拟机栈、一个虚拟机堆、一个方法区和一个垃圾回收器。JVM 运行在操作系统之上，不与硬件设备直接交互。

Java 源文件在通过编译器之后被编译成相应的.Class 文件（字节码文件），.Class 文件又被 JVM 中的解释器编译成机器码在不同的操作系统（Windows、Linux、Mac）上运行。每种操作系统的解释器都是不同的，但基于解释器实现的虚拟机是相同的，这也是 Java 能够跨平台的原因。在一个 Java 进程开始运行后，虚拟机就开始实例化了，有多个进程启动就会实例化多个虚拟机实例。进程退出或者关闭，则虚拟机实例消亡，在多个虚拟机实例之间不能共享数据。

Java 程序的具体运行过程如下。

（1）Java 源文件被编译器编译成字节码文件。

（2）JVM 将字节码文件编译成相应操作系统的机器码。

（3）机器码调用相应操作系统的本地方法库执行相应的方法。

Java 虚拟机包括一个类加载器子系统（Class Loader SubSystem）、运行时数据区（Runtime Data Area）、执行引擎和本地接口库（Native Interface Library）。本地接口库通过调用本地方法库（Native Method Library）与操作系统交互，如图 1-1 所示。

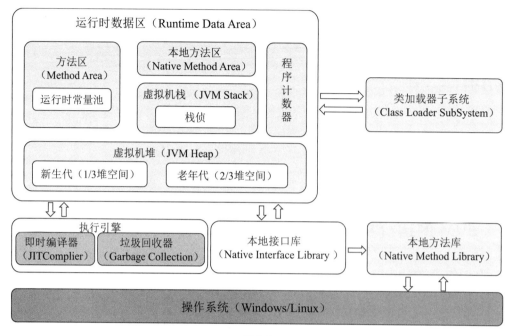

图 1-1

其中：

- 类加载器子系统用于将编译好的 .Class 文件加载到 JVM 中；
- 运行时数据区用于存储在 JVM 运行过程中产生的数据，包括程序计数器、方法区、本地方法区、虚拟机栈和虚拟机堆；
- 执行引擎包括即时编译器和垃圾回收器，即时编译器用于将 Java 字节码编译成具体的机器码，垃圾回收器用于回收在运行过程中不再使用的对象；
- 本地接口库用于调用操作系统的本地方法库完成具体的指令操作。

1.2 多线程

在多核操作系统上，JVM 允许在一个进程内同时并发执行多个线程。JVM 中的线程与操作系统中的线程是相互对应的，在 JVM 线程的本地存储、缓冲区分配、同步对象、栈、程序计数器等准备工作都完成时，JVM 会调用操作系统的接口创建一个与之对应的原生线程；在 JVM 线程运行结束时，原生线程随之被回收。操作系统负责调度所有线程，并为其分配 CPU 时间片，在原生线程初始化完毕时，就会调用 Java 线程的 run() 执行该线程；在线程结束时，会释放原生线程和 Java 线程所对应的资源。

在 JVM 后台运行的线程主要有以下几个。

◎ 虚拟机线程（JVM Thread）：虚拟机线程在 JVM 到达安全点（SafePoint）时出现。
◎ 周期性任务线程：通过定时器调度线程来实现周期性操作的执行。
◎ GC 线程：GC 线程支持 JVM 中不同的垃圾回收活动。
◎ 编译器线程：编译器线程在运行时将字节码动态编译成本地平台机器码，是 JVM 跨平台的具体实现。
◎ 信号分发线程：接收发送到 JVM 的信号并调用 JVM 方法。

1.3　JVM 的内存区域

JVM 的内存区域分为线程私有区域（程序计数器、虚拟机栈、本地方法区）、线程共享区域（堆、方法区）和直接内存，如图 1-2 所示。

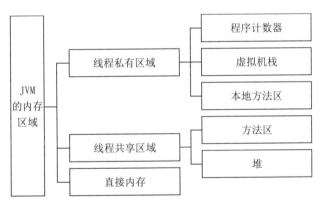

图 1-2

线程私有区域的生命周期与线程相同，随线程的启动而创建，随线程的结束而销毁。在 JVM 内，每个线程都与操作系统的本地线程直接映射，因此这部分内存区域的存在与否和本地线程的启动和销毁对应。

线程共享区域随虚拟机的启动而创建，随虚拟机的关闭而销毁。

直接内存也叫作堆外内存，它并不是 JVM 运行时数据区的一部分，但在并发编程中被频繁使用。JDK 的 NIO 模块提供的基于 Channel 与 Buffer 的 I/O 操作方式就是基于堆外内存实现的，NIO 模块通过调用 Native 函数库直接在操作系统上分配堆外内存，然后使用 DirectByteBuffer 对象作为这块内存的引用对内存进行操作，Java 进程可以通过堆外内存技术避免在 Java 堆和 Native 堆中来回复制数据带来的资源占用和性能消耗，因此堆外内存在高并发应用场景下被广泛使用（Netty、Flink、HBase、Hadoop 都有用到堆外内存）。

1.3.1 程序计数器：线程私有，无内存溢出问题

程序计数器是一块很小的内存空间，用于存储当前运行的线程所执行的字节码的行号指示器。每个运行中的线程都有一个独立的程序计数器，在方法正在执行时，该方法的程序计数器记录的是实时虚拟机字节码指令的地址；如果该方法执行的是 Native 方法，则程序计数器的值为空（Undefined）。

程序计数器属于"线程私有"的内存区域，它是唯一没有 Out Of Memory（内存溢出）的区域。

1.3.2 虚拟机栈：线程私有，描述 Java 方法的执行过程

虚拟机栈是描述 Java 方法的执行过程的内存模型，它在当前栈帧（Stack Frame）中存储了局部变量表、操作数栈、动态链接、方法出口等信息。同时，栈帧用来存储部分运行时数据及其数据结构，处理动态链接（Dynamic Linking）方法的返回值和异常分派（Dispatch Exception）。

栈帧用来记录方法的执行过程，在方法被执行时虚拟机会为其创建一个与之对应的栈帧，方法的执行和返回对应栈帧在虚拟机栈中的入栈和出栈。无论方法是正常运行完成还是异常完成（抛出了在方法内未被捕获的异常），都视为方法运行结束。图 1-3 展示了线程运行及栈帧变化的过程。线程 1 在 CPU1 上运行，线程 2 在 CPU2 上运行，在 CPU 资源不够时其他线程将处于等待状态（如图 3-1 中等待的线程 N），等待获取 CPU 时间片。而在线程内部，每个方法的执行和返回都对应一个栈帧的入栈和出栈，每个运行中的线程当前只有一个栈帧处于活动状态。

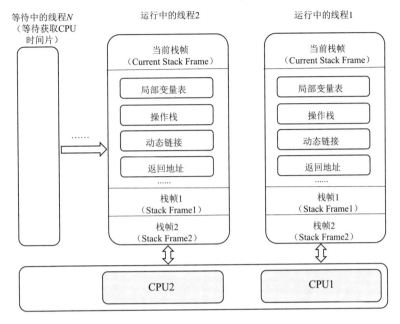

图 1-3

1.3.3 本地方法区：线程私有

本地方法区和虚拟机栈的作用类似，区别是虚拟机栈为执行 Java 方法服务，本地方法栈为 Native 方法服务。

1.3.4 堆：也叫作运行时数据区，线程共享

在 JVM 运行过程中创建的对象和产生的数据都被存储在堆中，堆是被线程共享的内存区域，也是垃圾收集器进行垃圾回收的最主要的内存区域。由于现代 JVM 采用**分代收集算法**，因此 Java 堆从 GC（Garbage Collection，垃圾回收）的角度还可以细分为：**新生代、老年代和永久代**。

1.3.5 方法区：线程共享

方法区也被称为永久代，用于存储常量、静态变量、类信息、即时编译器编译后的

机器码、运行时常量池等数据，如图1-4所示。

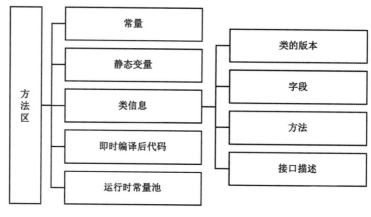

图1-4

JVM把GC分代收集扩展至方法区，即使用Java堆的永久代来实现方法区，这样JVM的垃圾收集器就可以像管理Java堆一样管理这部分内存。永久带的内存回收主要针对常量池的回收和类的卸载，因此可回收的对象很少。

常量被存储在运行时常量池（Runtime Constant Pool）中，是方法区的一部分。静态变量也属于方法区的一部分。在类信息（Class文件）中不但保存了类的版本、字段、方法、接口等描述信息，还保存了常量信息。

在即时编译后，代码的内容将在执行阶段（类加载完成后）被保存在方法区的运行时常量池中。Java虚拟机对Class文件每一部分的格式都有明确的规定，只有符合JVM规范的Class文件才能通过虚拟机的检查，然后被装载、执行。

1.4 JVM的运行时内存

JVM的运行时内存也叫作JVM堆，从GC的角度可以将JVM堆分为新生代、老年代和永久代。其中新生代默认占1/3堆空间，老年代默认占2/3堆空间，永久代占非常少的堆空间。新生代又分为Eden区、ServivorFrom区和ServivorTo区，Eden区默认占8/10新生代空间，ServivorFrom区和ServivorTo区默认分别占1/10新生代空间，如图1-5所示。

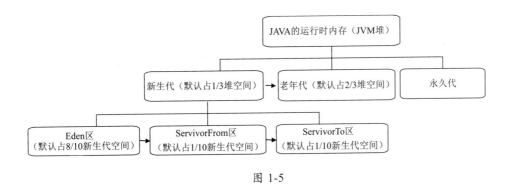

图 1-5

1.4.1 新生代：Eden 区、ServivorTo 区和 ServivorFrom 区

JVM 新创建的对象（除了大对象外）会被存放在新生代，默认占 1/3 堆内存空间。由于 JVM 会频繁创建对象，所以新生代会频繁触发 MinorGC 进行垃圾回收。新生代又分为 Eden 区、ServivorTo 区和 ServivorFrom 区，如下所述。

（1）Eden 区：Java 新创建的对象首先会被存放在 Eden 区，如果新创建的对象属于大对象，则直接将其分配到老年代。大对象的定义和具体的 JVM 版本、堆大小和垃圾回收策略有关，一般为 2KB～128KB，可通过 XX:PretenureSizeThreshold 设置其大小。在 Eden 区的内存空间不足时会触发 MinorGC，对新生代进行一次垃圾回收。

（2）ServivorTo 区：保留上一次 MinorGC 时的幸存者。

（3）ServivorFrom 区：将上一次 MinorGC 时的幸存者作为这一次 MinorGC 的被扫描者。

新生代的 GC 过程叫作 MinorGC，采用复制算法实现，具体过程如下。

（1）把在 Eden 区和 ServivorFrom 区中存活的对象复制到 ServivorTo 区。如果某对象的年龄达到老年代的标准（对象晋升老年代的标准由 XX:MaxTenuringThreshold 设置，默认为 15），则将其复制到老年代，同时把这些对象的年龄加 1；如果 ServivorTo 区的内存空间不够，则也直接将其复制到老年代；如果对象属于大对象（大小为 2KB～128KB 的对象属于大对象，例如通过 XX:PretenureSizeThreshold=2097152 设置大对象为 2MB，1024×1024×2Byte=2097152Byte=2MB），则也直接将其复制到老年代。

（2）清空 Eden 区和 ServivorFrom 区中的对象。

（3）将 ServivorTo 区和 ServivorFrom 区互换，原来的 ServivorTo 区成为下一次 GC 时的 ServivorFrom 区。

1.4.2 老年代

老年代主要存放有长生命周期的对象和大对象。老年代的 GC 过程叫作 MajorGC。在老年代，对象比较稳定，MajorGC 不会被频繁触发。在进行 MajorGC 前，JVM 会进行一次 MinorGC，在 MinorGC 过后仍然出现老年代空间不足或无法找到足够大的连续空间分配给新创建的大对象时，会触发 MajorGC 进行垃圾回收，释放 JVM 的内存空间。

MajorGC 采用标记清除算法，该算法首先会扫描所有对象并标记存活的对象，然后回收未被标记的对象，并释放内存空间。

因为要先扫描老年代的所有对象再回收，所以 MajorGC 的耗时较长。MajorGC 的标记清除算法容易产生内存碎片。在老年代没有内存空间可分配时，会抛出 Out Of Memory 异常。

1.4.3 永久代

永久代指内存的永久保存区域，主要存放 Class 和 Meta（元数据）的信息。Class 在类加载时被放入永久代。永久代和老年代、新生代不同，GC 不会在程序运行期间对永久代的内存进行清理，这也导致了永久代的内存会随着加载的 Class 文件的增加而增加，在加载的 Class 文件过多时会抛出 Out Of Memory 异常，比如 Tomcat 引用 Jar 文件过多导致 JVM 内存不足而无法启动。

需要注意的是，在 Java 8 中永久代已经被元数据区（也叫作元空间）取代。元数据区的作用和永久代类似，二者最大的区别在于：元数据区并没有使用虚拟机的内存，而是直接使用操作系统的本地内存。因此，元空间的大小不受 JVM 内存的限制，只和操作系统的内存有关。

在 Java 8 中，JVM 将类的元数据放入本地内存（Native Memory）中，将常量池和类的静态变量放入 Java 堆中，这样 JVM 能够加载多少元数据信息就不再由 JVM 的最大可用内存（MaxPermSize）空间决定，而由操作系统的实际可用内存空间决定。

1.5 垃圾回收与算法

1.5.1 如何确定垃圾

Java 采用引用计数法和可达性分析来确定对象是否应该被回收，其中，引用计数法容易产生循环引用的问题，可达性分析通过根搜索算法（GC Roots Tracing）来实现。根搜索算法以一系列 GC Roots 的点作为起点向下搜索，在一个对象到任何 GC Roots 都没有引用链相连时，说明其已经死亡。根搜索算法主要针对栈中的引用、方法区中的静态引用和 JNI 中的引用展开分析，如图 1-6 所示。

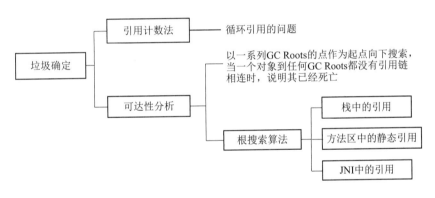

图 1-6

1. 引用计数法

在 Java 中如果要操作对象，就必须先获取该对象的引用，因此可以通过引用计数法来判断一个对象是否可以被回收。在为对象添加一个引用时，引用计数加 1；在为对象删除一个引用时，引进计数减 1；如果一个对象的引用计数为 0，则表示此刻该对象没有被引用，可以被回收。

引用计数法容易产生循环引用问题。循环引用指两个对象相互引用，导致它们的引用一直存在，而不能被回收，如图 1-7 所示，Object1 与 Object2 互为引用，如果采用引用计数法，则 Object1 和 Object2 由于互为引用，其引用计数一直为 1，因而无法被回收。

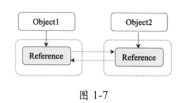

图 1-7

2. 可达性分析

为了解决引用计数法的循环引用问题，Java 还采用了可达性分析来判断对象是否可以被回收。具体做法是首先定义一些 GC Roots 对象，然后以这些 GC Roots 对象作为起点向下搜索，如果在 GC roots 和一个对象之间没有可达路径，则称该对象是不可达的。不可达对象要经过至少两次标记才能判定其是否可以被回收，如果在两次标记后该对象仍然是不可达的，则将被垃圾收集器回收。

1.5.2　Java 中常用的垃圾回收算法

Java 中常用的垃圾回收算法有标记清除（Mark-Sweep）、复制（Copying）、标记整理（Mark-Compact）和分代收集（Generational Collecting）这 4 种垃圾回收算法，如图 1-8 所示。

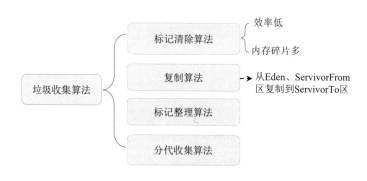

图 1-8

1. 标记清除算法

标记清除算法是基础的垃圾回收算法，其过程分为标记和清除两个阶段。在标记阶段标记所有需要回收的对象，在清除阶段清除可回收的对象并释放其所占用的内存空间，如图 1-9 所示。

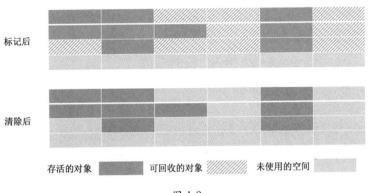

图 1-9

由于标记清除算法在清理对象所占用的内存空间后并没有重新整理可用的内存空间，因此如果内存中可被回收的小对象居多，则会引起内存碎片化的问题，继而引起大对象无法获得连续可用空间的问题。

2. 复制算法

复制算法是为了解决标记清除算法内存碎片化的问题而设计的。复制算法首先将内存划分为两块大小相等的内存区域，即区域 1 和区域 2，新生成的对象都被存放在区域 1 中，在区域 1 内的对象存储满后会对区域 1 进行一次标记，并将标记后仍然存活的对象全部复制到区域 2 中，这时区域 1 将不存在任何存活的对象，直接清理整个区域 1 的内存即可，如图 1-10 所示。

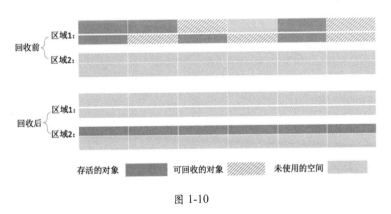

图 1-10

复制算法的内存清理效率高且易于实现，但由于同一时刻只有一个内存区域可用，即可用的内存空间被压缩到原来的一半，因此存在大量的内存浪费。同时，在系统中有大量长时间存活的对象时，这些对象将在内存区域 1 和内存区域 2 之间来回复制而影响系统的运行效率。因此，该算法只在对象为"朝生夕死"状态时运行效率较高。

3. 标记整理算法

标记整理算法结合了标记清除算法和复制算法的优点，其标记阶段和标记清除算法的标记阶段相同，在标记完成后将存活的对象移到内存的另一端，然后清除该端的对象并释放内存，如图 1-11 所示。

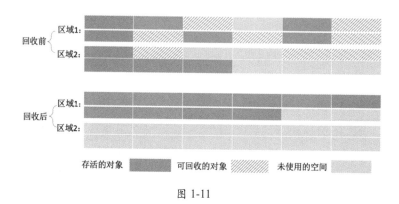

图 1-11

4. 分代收集算法

无论是标记清除算法、复制算法还是标记整理算法，都无法对所有类型（长生命周期、短生命周期、大对象、小对象）的对象都进行垃圾回收。因此，针对不同的对象类型，JVM 采用了不同的垃圾回收算法，该算法被称为分代收集算法。

分代收集算法根据对象的不同类型将内存划分为不同的区域，JVM 将堆划分为新生代和老年代。新生代主要存放新生成的对象，其特点是对象数量多但是生命周期短，在每次进行垃圾回收时都有大量的对象被回收；老年代主要存放大对象和生命周期长的对象，因此可回收的对象相对较少。因此，JVM 根据不同的区域对象的特点选择了不同的算法。

目前，大部分 JVM 在新生代都采用了复制算法，因为在新生代中每次进行垃圾回收时都有大量的对象被回收，需要复制的对象（存活的对象）较少，不存在大量的对象在内存中被来回复制的问题，因此采用复制算法能安全、高效地回收新生代大量的短生命周期的对象并释放内存。

JVM 将新生代进一步划分为一块较大的 Eden 区和两块较小的 Servivor 区，Servivor 区又分为 ServivorFrom 区和 ServivorTo 区。JVM 在运行过程中主要使用 Eden 区和 ServivorFrom 区，进行垃圾回收时会将在 Eden 区和 ServivorFrom 区中存活的对象复制到 ServivorTo 区，然后清理 Eden 区和 ServivorFrom 区的内存空间，如图 1-12 所示。

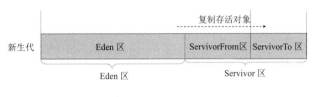

图 1-12

老年代主要存放生命周期较长的对象和大对象，因而每次只有少量非存活的对象被回收，因而在老年代采用标记清除算法。

在 JVM 中还有一个区域，即方法区的永久代，永久代用来存储 Class 类、常量、方法描述等。在永久代主要回收废弃的常量和无用的类。

JVM 内存中的对象主要被分配到新生代的 Eden 区和 ServivorFrom 区，在少数情况下会被直接分配到老年代。在新生代的 Eden 区和 ServivorFrom 区的内存空间不足时会触发一次 GC，该过程被称为 MinorGC。在 MinorGC 后，在 Eden 区和 ServivorFrom 区中存活的对象会被复制到 ServivorTo 区，然后 Eden 区和 ServivorFrom 区被清理。如果此时在 ServivorTo 区无法找到连续的内存空间存储某个对象，则将这个对象直接存储到老年代。若 Servivor 区的对象经过一次 GC 后仍然存活，则其年龄加 1。在默认情况下，对象在年龄达到 15 时，将被移到老年代。

1.6 Java 中的 4 种引用类型

在 Java 中一切皆对象，对象的操作是通过该对象的引用（Reference）实现的，Java 中的引用类型有 4 种，分别为强引用、软引用、弱引用和虚引用，如图 1-13 所示。

（1）强引用：在 Java 中最常见的就是强引用。在把一个对象赋给一个引用变量时，这个引用变量就是一个强引用。有强引用的对象一定为可达性状态，所以不会被垃圾回收机制回收。因此，强引用是造成 Java 内存泄漏（Memory Link）的主要原因。

（2）软引用：软引用通过 SoftReference 类实现。如果一个对象只有软引用，则在系统内存空间不足时该对象将被回收。

（3）弱引用：弱引用通过 WeakReference 类实现，如果一个对象只有弱引用，则在垃圾回收过程中一定会被回收。

（4）虚引用：虚引用通过 PhantomReference 类实现，虚引用和引用队列联合使用，主要用于跟踪对象的垃圾回收状态。

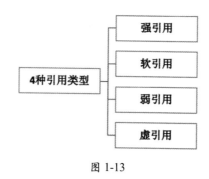

图 1-13

1.7 分代收集算法和分区收集算法

1.7.1 分代收集算法

JVM 根据对象存活周期的不同将内存划分为新生代、老年代和永久代，并根据各年代的特点分别采用不同的 GC 算法。

1. 新生代与复制算法

新生代主要存储短生命周期的对象，因此在垃圾回收的标记阶段会标记大量已死亡的对象及少量存活的对象，因此只需选用复制算法将少量存活的对象复制到内存的另一端并清理原区域的内存即可。

2. 老年代与标记整理算法

老年代主要存放长生命周期的对象和大对象，可回收的对象一般较少，因此 JVM 采用标记整理算法进行垃圾回收，直接释放死亡状态的对象所占用的内存空间即可。

1.7.2 分区收集算法

分区算法将整个堆空间划分为连续的大小不同的小区域，对每个小区域都单独进行内存使用和垃圾回收，这样做的好处是可以根据每个小区域内存的大小灵活使用和释放内存。

分区收集算法可以根据系统可接受的停顿时间，每次都快速回收若干个小区域的内存，以缩短垃圾回收时系统停顿的时间，最后以多次并行累加的方式逐步完成整个内存区域的垃圾回收。如果垃圾回收机制一次回收整个堆内存，则需要更长的系统停顿时间，长时间的系统停顿将影响系统运行的稳定性。

1.8 垃圾收集器

Java 堆内存分为新生代和老年代：新生代主要存储短生命周期的对象，适合使用复制算法进行垃圾回收；老年代主要存储长生命周期的对象，适合使用标记整理算法进行垃圾回收。因此，JVM 针对新生代和老年代分别提供了多种不同的垃圾收集器，针对新生代提供的垃圾收集器有 Serial、ParNew、Parallel Scavenge，针对老年代提供的垃圾收集器有 Serial Old、Parallel Old、CMS，还有针对不同区域的 G1 分区收集算法，如图 1-14 所示。

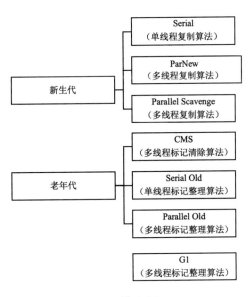

图 1-14

1.8.1　Serial 垃圾收集器：单线程，复制算法

Serial 垃圾收集器基于复制算法实现，它是一个单线程收集器，在它正在进行垃圾收集时，必须暂停其他所有工作线程，直到垃圾收集结束。

Serial 垃圾收集器采用了复制算法，简单、高效，对于单 CPU 运行环境来说，没有线程交互开销，可以获得最高的单线程垃圾收集效率，因此 Serial 垃圾收集器是 Java 虚拟机运行在 Client 模式下的新生代的默认垃圾收集器。

1.8.2　ParNew 垃圾收集器：多线程，复制算法

ParNew 垃圾收集器是 Serial 垃圾收集器的多线程实现，同样采用了复制算法，它采用多线程模式工作，除此之外和 Serial 收集器几乎一样。ParNew 垃圾收集器在垃圾收集过程中会暂停所有其他工作线程，是 Java 虚拟机运行在 Server 模式下的新生代的默认垃圾收集器。

ParNew 垃圾收集器默认开启与 CPU 同等数量的线程进行垃圾回收，在 Java 应用启动时可通过-XX:ParallelGCThreads 参数调节 ParNew 垃圾收集器的工作线程数。

1.8.3　Parallel Scavenge 垃圾收集器：多线程，复制算法

Parallel Scavenge 收集器是为提高新生代垃圾收集效率而设计的垃圾收集器，基于多线程复制算法实现，在系统吞吐量上有很大的优化，可以更高效地利用 CPU 尽快完成垃圾回收任务。

Parallel Scavenge 通过自适应调节策略提高系统吞吐量，提供了三个参数用于调节、控制垃圾回收的停顿时间及吞吐量，分别是控制最大垃圾收集停顿时间的-XX:MaxGCPauseMillis 参数，控制吞吐量大小的-XX:GCTimeRatio 参数和控制自适应调节策略开启与否的 UseAdaptiveSizePolicy 参数。

1.8.4　Serial Old 垃圾收集器：单线程，标记整理算法

Serial Old 垃圾收集器是 Serial 垃圾收集器的老年代实现，同 Serial 一样采用单线程执行，不同的是，Serial Old 针对老年代长生命周期的特点基于标记整理算法实现。Serial

Old 垃圾收集器是 JVM 运行在 Client 模式下的老年代的默认垃圾收集器。

新生代的 Serial 垃圾收集器和老年代的 Serial Old 垃圾收集器可搭配使用，分别针对 JVM 的新生代和老年代进行垃圾回收，其垃圾收集过程如图 1-15 所示。在新生代采用 Serial 垃圾收集器基于复制算法进行垃圾回收，未被其回收的对象在老年代被 Serial Old 垃圾收集器基于标记整理算法进行垃圾回收。

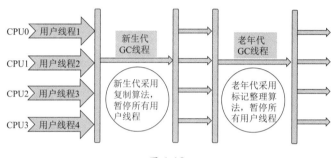

图 1-15

1.8.5 Parallel Old 垃圾收集器：多线程，标记整理算法

Parallel Old 垃圾收集器采用多线程并发进行垃圾回收，它根据老年代长生命周期的特点，基于多线程的标记整理算法实现。Parallel Old 垃圾收集器在设计上优先考虑系统吞吐量，其次考虑停顿时间等因素，如果系统对吞吐量的要求较高，则可以优先考虑新生代的 Parallel Scavenge 垃圾收集器和老年代的 Parallel Old 垃圾收集器的配合使用。

新生代的 Parallel Scavenge 垃圾收集器和老年代的 Parallel Old 垃圾收集器的搭配运行过程如图 1-16 所示。新生代基于 Parallel Scavenge 垃圾收集器的复制算法进行垃圾回收，老年代基于 Parallel Old 垃圾收集器的标记整理算法进行垃圾回收。

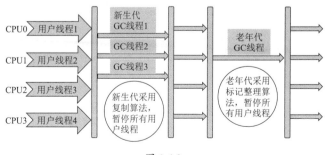

图 1-16

1.8.6 CMS 垃圾收集器

CMS（Concurrent Mark Sweep）垃圾收集器是为老年代设计的垃圾收集器，其主要目的是达到最短的垃圾回收停顿时间，基于线程的标记清除算法实现，以便在多线程并发环境下以最短的垃圾收集停顿时间提高系统的稳定性。

CMS 的工作机制相对复杂，垃圾回收过程包含如下 4 个步骤。

（1）初始标记：只标记和 GC Roots 直接关联的对象，速度很快，需要暂停所有工作线程。

（2）并发标记：和用户线程一起工作，执行 GC Roots 跟踪标记过程，不需要暂停工作线程。

（3）重新标记：在并发标记过程中用户线程继续运行，导致在垃圾回收过程中部分对象的状态发生变化，为了确保这部分对象的状态正确性，需要对其重新标记并暂停工作线程。

（4）并发清除：和用户线程一起工作，执行清除 GC Roots 不可达对象的任务，不需要暂停工作线程。

CMS 垃圾收集器在和用户线程一起工作时（并发标记和并发清除）不需要暂停用户线程，有效缩短了垃圾回收时系统的停顿时间，同时由于 CMS 垃圾收集器和用户线程一起工作，因此其并行度和效率也有很大提升。CMS 收集器的工作流程如图 1-17 所示。

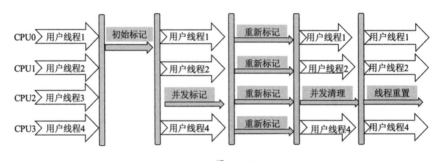

图 1-17

1.8.7 G1 垃圾收集器

G1（Garbage First）垃圾收集器为了避免全区域垃圾收集引起的系统停顿，将堆内存划分为大小固定的几个独立区域，独立使用这些区域的内存资源并且跟踪这些区域的垃圾收集进度，同时在后台维护一个优先级列表，在垃圾回收过程中根据系统允许的最长垃圾收集时间，优先回收垃圾最多的区域。G1 垃圾收集器通过内存区域独立划分使用和根据不同优先级回收各区域垃圾的机制，确保了 G1 垃圾收集器在有限时间内获得最高的垃圾收集效率。相对于 CMS 收集器，G1 垃圾收集器两个突出的改进。

◎ 基于标记整理算法，不产生内存碎片。
◎ 可以精确地控制停顿时间，在不牺牲吞吐量的前提下实现短停顿垃圾回收。

1.9 Java 网络编程模型

1.9.1 阻塞 I/O 模型

阻塞 I/O 模型是常见的 I/O 模型，在读写数据时客户端会发生阻塞。阻塞 I/O 模型的工作流程为：在用户线程发出 I/O 请求之后，内核会检查数据是否就绪，此时用户线程一直阻塞等待内存数据就绪；在内存数据就绪后，内核将数据复制到用户线程中，并返回 I/O 执行结果到用户线程，此时用户线程将解除阻塞状态并开始处理数据。典型的阻塞 I/O 模型的例子为 data = socket.read()，如果内核数据没有就绪，Socket 线程就会一直阻塞在 read() 中等待内核数据就绪。

1.9.2 非阻塞 I/O 模型

非阻塞 I/O 模型指用户线程在发起一个 I/O 操作后，无须阻塞便可以马上得到内核返回的一个结果。如果内核返回的结果为 false，则表示内核数据还没准备好，需要稍后再发起 I/O 操作。一旦内核中的数据准备好了，并且再次收到用户线程的请求，内核就会立刻将数据复制到用户线程中并将复制的结果通知用户线程。

在非阻塞 I/O 模型中，用户线程需要不断询问内核数据是否就绪，在内存数据还未就绪时，用户线程可以处理其他任务，在内核数据就绪后可立即获取数据并进行相应的操作。典型的非阻塞 I/O 模型一般如下：

```
while(true){
    data = socket.read();
```

```
    if(data == true){//1: 内核数据就绪
       //获取并处理内核数据
       break;
    }else{   //2: 内核数据未就绪,用户线程处理其他任务
    }
}
```

1.9.3 多路复用 I/O 模型

多路复用 I/O 模型是多线程并发编程用得较多的模型，Java NIO 就是基于多路复用 I/O 模型实现的。在多路复用 I/O 模型中会有一个被称为 Selector 的线程不断轮询多个 Socket 的状态，只有在 Socket 有读写事件时，才会通知用户线程进行 I/O 读写操作。

因为在多路复用 I/O 模型中只需一个线程就可以管理多个 Socket（阻塞 I/O 模型和非阻塞 I/O 模型需要为每个 Socket 都建立一个单独的线程处理该 Socket 上的数据），并且在真正有 Socket 读写事件时才会使用操作系统的 I/O 资源，大大节约了系统资源。

Java NIO 在用户的每个线程中都通过 selector.select()查询当前通道是否有事件到达，如果没有，则用户线程会一直阻塞。而多路复用 I/O 模型通过一个线程管理多个 Socket 通道，在 Socket 有读写事件触发时才会通知用户线程进行 I/O 读写操作。因此，多路复用 I/O 模型在连接数众多且消息体不大的情况下有很大的优势。尤其在物联网领域比如车载设备实时位置、智能家电状态等定时上报状态且字节数较少的情况下优势更加明显，一般一个经过优化后的 16 核 32GB 服务器能承载约 10 万台设备连接。

非阻塞 I/O 模型在每个用户线程中都进行 Socket 状态检查，而在多路复用 I/O 模型中是在系统内核中进行 Socket 状态检查的，这也是多路复用 I/O 模型比非阻塞 I/O 模型效率高的原因。

多路复用 I/O 模型通过在一个 Selector 线程上以轮询方式检测在多个 Socket 上是否有事件到达，并逐个进行事件处理和响应。因此，对于多路复用 I/O 模型来说，在事件响应体（消息体）很大时，Selector 线程就会成为性能瓶颈，导致后续的事件迟迟得不到处理，影响下一轮的事件轮询。在实际应用中，在多路复用方法体内一般不建议做复杂逻辑运算，只做数据的接收和转发，将具体的业务操作转发给后面的业务线程处理。

1.9.4 信号驱动 I/O 模型

在信号驱动 I/O 模型中,在用户线程发起一个 I/O 请求操作时,系统会为该请求对应的 Socket 注册一个信号函数,然后用户线程可以继续执行其他业务逻辑;在内核数据就绪时,系统会发送一个信号到用户线程,用户线程在接收到该信号后,会在信号函数中调用对应的 I/O 读写操作完成实际的 I/O 请求操作。

1.9.5 异步 I/O 模型

在异步 I/O 模型中,用户线程会发起一个 asynchronous read 操作到内核,内核在接收到 synchronous read 请求后会立刻返回一个状态,来说明请求是否成功发起,在此过程中用户线程不会发生任何阻塞。接着,内核会等待数据准备完成并将数据复制到用户线程中,在数据复制完成后内核会发送一个信号到用户线程,通知用户线程 asynchronous 读操作已完成。在异步 I/O 模型中,用户线程不需要关心整个 I/O 操作是如何进行的,只需发起一个请求,在接收到内核返回的成功或失败信号时说明 I/O 操作已经完成,直接使用数据即可。

在异步 I/O 模型中,I/O 操作的两个阶段(请求的发起、数据的读取)都是在内核中自动完成的,最终发送一个信号告知用户线程 I/O 操作已经完成,用户直接使用内存写好的数据即可,不需要再次调用 I/O 函数进行具体的读写操作,因此在整个过程中用户线程不会发生阻塞。

在信号驱动模型中,用户线程接收到信号便表示数据已经就绪,需要用户线程调用 I/O 函数进行实际的 I/O 读写操作,将数据读取到用户线程;而在异步 I/O 模型中,用户线程接收到信号便表示 I/O 操作已经完成(数据已经被复制到用户线程),用户可以开始使用该数据了。

异步 I/O 需要操作系统的底层支持,在 Java 7 中提供了 Asynchronous I/O 操作。

1.9.6 Java I/O

在整个 Java.io 包中最重要的是 5 个类和 1 个接口。5 个类指的是 File、OutputStream、InputStream、Writer、Reader,1 个接口指的是 Serializable。具体的使用方法请参考 JDK API。

1.9.7　Java NIO

Java NIO 的实现主要涉及三大核心内容：Selector（选择器）、Channel（通道）和 Buffer（缓冲区）。Selector 用于监听多个 Channel 的事件，比如连接打开或数据到达，因此，一个线程可以实现对多个数据 Channel 的管理。传统 I/O 基于数据流进行 I/O 读写操作；而 Java NIO 基于 Channel 和 Buffer 进行 I/O 读写操作，并且数据总是被从 Channel 读取到 Buffer 中，或者从 Buffer 写入 Channel 中。

Java NIO 和传统 I/O 的最大区别如下。

（1）I/O 是面向流的，NIO 是面向缓冲区的：在面向流的操作中，数据只能在一个流中连续进行读写，数据没有缓冲，因此字节流无法前后移动。而在 NIO 中每次都是将数据从一个 Channel 读取到一个 Buffer 中，再从 Buffer 写入 Channel 中，因此可以方便地在缓冲区中进行数据的前后移动等操作。该功能在应用层主要用于数据的粘包、拆包等操作，在网络不可靠的环境下尤为重要。

（2）传统 I/O 的流操作是阻塞模式的，NIO 的流操作是非阻塞模式的。在传统 I/O 下，用户线程在调用 read() 或 write() 进行 I/O 读写操作时，该线程将一直被阻塞，直到数据被读取或数据完全写入。NIO 通过 Selector 监听 Channel 上事件的变化，在 Channel 上有数据发生变化时通知该线程进行读写操作。对于读请求而言，在通道上有可用的数据时，线程将进行 Buffer 的读操作，在没有数据时，线程可以执行其他业务逻辑操作。对于写操作而言，在使用一个线程执行写操作将一些数据写入某通道时，只需将 Channel 上的数据异步写入 Buffer 即可，Buffer 上的数据会被异步写入目标 Channel 上，用户线程不需要等待整个数据完全被写入目标 Channel 就可以继续执行其他业务逻辑。

非阻塞 I/O 模型中的 Selector 线程通常将 I/O 的空闲时间用于执行其他通道上的 I/O 操作，所以一个 Selector 线程可以管理多个输入和输出通道，如图 1-18 所示。

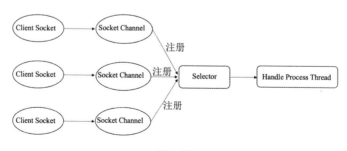

图 1-18

1. Channel

Channel 和 I/O 中的 Stream（流）类似，只不过 Stream 是单向的（例如 InputStream、OutputStream），而 Channel 是双向的，既可以用来进行读操作，也可以用来进行写操作。

NIO 中 Channel 的主要实现有：FileChannel、DatagramChannel、SocketChannel、ServerSocketChannel，分别对应文件的 I/O、UDP、TCP I/O、Socket Client 和 Socker Server 操作。

2. Buffer

Buffer 实际上是一个容器，其内部通过一个连续的字节数组存储 I/O 上的数据。在 NIO 中，Channel 在文件、网络上对数据的读取或写入都必须经过 Buffer。

如图 1-19 所示，客户端在向服务端发送数据时，必须先将数据写入 Buffer 中，然后将 Buffer 中的数据写到服务端对应的 Channel 上。服务端在接收数据时必须通过 Channel 将数据读入 Buffer 中，然后从 Buffer 中读取数据并处理。

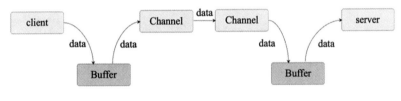

图 1-19

在 NIO 中，Buffer 是一个抽象类，对不同的数据类型实现不同的 Buffer 操作。常用的 Buffer 实现类有：ByteBuffer、IntBuffer、CharBuffer、LongBuffer、DoubleBuffer、FloatBuffer、ShortBuffer。

3. Selector

Selector 用于检测在多个注册的 Channel 上是否有 I/O 事件发生，并对检测到的 I/O 事件进行相应的响应和处理。因此通过一个 Selector 线程就可以实现对多个 Channel 的管理，不必为每个连接都创建一个线程，避免线程资源的浪费和多线程之间的上下文切换导致的开销。同时，Selector 只有在 Channel 上有读写事件发生时，才会调用 I/O 函数进行读写操作，可极大减少系统开销，提高系统的并发量。

4. Java NIO 使用

要实现 Java NIO，就需要分别实现 Server 和 Client。具体的 Server 实现代码如下：

```java
public class MyServer {
    private int size = 1024;
    private ServerSocketChannel serverSocketChannel;
    private ByteBuffer byteBuffer;
    private Selector selector;
    private int remoteClientNum = 0;
    public MyServer(int port) {
        try {
            //在构造函数中初始化 Channel 监听
            initChannel(port);
        } catch (IOException e) {
            e.printStackTrace();
            System.exit(-1);
        }
    }
    //Channel 的初始化
    public void initChannel(int port) throws IOException {
        //打开 Channel
        serverSocketChannel = ServerSocketChannel.open();
        //设置为非阻塞模式
        serverSocketChannel.configureBlocking(false);
        //绑定端口
        serverSocketChannel.bind(new InetSocketAddress(port));
        System.out.println("listener on port: " + port);
        //选择器的创建
        selector = Selector.open();
        //向选择器注册通道
        serverSocketChannel.register(selector, SelectionKey.OP_ACCEPT);
        //分配缓冲区的大小
        byteBuffer = ByteBuffer.allocate(size);
    }
    //监听器，用于监听 Channel 上的数据变化
    private void listener() throws Exception {
        while (true) {
            //返回的 int 值表示有多少个 Channel 处于就绪状态
            int n = selector.select();
            if (n == 0) {
                continue;
```

```java
        }
        //每个 selector 对应多个 SelectionKey，每个 SelectionKey 对应一个 Channel
        Iterator<SelectionKey> iterator =
                            selector.selectedKeys().iterator();
        while (iterator.hasNext()) {
            SelectionKey key = iterator.next();
            //如果 SelectionKey 处于连接就绪状态，则开始接收客户端的连接
            if (key.isAcceptable()) {
                //获取 Channel
                ServerSocketChannel server = (ServerSocketChannel) key.channel();
                //Channel 接收连接
                SocketChannel channel = server.accept();
                //Channel 注册
                registerChannel(selector, channel, SelectionKey.OP_READ);
                //远程客户端的连接数
                remoteClientNum++;
                System.out.println("online client num="+remoteClientNum);
                write(channel,"hello client".getBytes());
            }
            //如果通道已经处于读就绪状态
            if (key.isReadable()) {
                read(key);
            }
            iterator.remove();
        }
    }
}
private void read(SelectionKey key) throws IOException {
    SocketChannel socketChannel = (SocketChannel) key.channel();
    int count;
    byteBuffer.clear();
    //从通道中读数据到缓冲区
    while ((count = socketChannel.read(byteBuffer)) > 0) {
        //byteBuffer 写模式变为读模式
        byteBuffer.flip();
        while (byteBuffer.hasRemaining()) {
            System.out.print((char)byteBuffer.get());
        }
        byteBuffer.clear();
    }
    if (count < 0) {
```

```java
            socketChannel.close();
        }
    }
    private void write(SocketChannel channel,byte[] writeData) throws
IOException {
        byteBuffer.clear();
        byteBuffer.put(writeData);
        //byteBuffer 从写模式变成读模式
        byteBuffer.flip();
        //将缓冲区的数据写入通道中
        channel.write(byteBuffer);
    }
    private void registerChannel(Selector selector, SocketChannel channel,
int opRead) throws IOException {
        if (channel == null) {
            return;
        }
        channel.configureBlocking(false);
        channel.register(selector, opRead);
    }
    public static void main(String[] args) {
        try {
            MyServer myServer = new MyServer(9999);
            myServer.listener();
        } catch (Exception e) {
            e.printStackTrace();
        }
    }
}
```

在以上代码中定义了名为 MyServer 的服务端实现类,在该类中定义了 serverSocketChannel 用于 ServerSocketChannel 的建立和端口的绑定;byteBuffer 用于不同 Channel 之间的数据交互;selector 用于监听服务器各个 Channel 上数据的变化并做出响应。同时,在类构造函数中调用了初始化 ServerSocketChannel 的操作,定义了 listener 方法来监听 Channel 上的数据变化,解析客户端的数据并对客户端的请求做出响应。

具体的 Client 实现代码如下:

```java
public class MyClient {
    private int size = 1024;
    private ByteBuffer byteBuffer;
    private SocketChannel socketChannel;
    public void connectServer() throws IOException {
        socketChannel = socketChannel.open();
        socketChannel.connect(new InetSocketAddress("127.0.0.1", 9999));
        socketChannel.configureBlocking(false);
        byteBuffer = ByteBuffer.allocate(size);
        receive();
    }
    private void receive() throws IOException {
        while (true) {
            byteBuffer.clear();
            int count;
            //如果没有数据可读，则read方法一直阻塞，直到读取到新的数据
            while ((count = socketChannel.read(byteBuffer)) > 0) {
                byteBuffer.flip();
                while (byteBuffer.hasRemaining()) {
                    System.out.print((char)byteBuffer.get());
                }
                send2Server("say hi".getBytes());
                byteBuffer.clear();
            }
        }
    }
    private void send2Server(byte[] bytes) throws IOException {
        byteBuffer.clear();
        byteBuffer.put(bytes);
        byteBuffer.flip();
        socketChannel.write(byteBuffer);
    }
    public static void main(String[] args) throws IOException {
        new MyClient().connectServer();
    }
}
```

在以上代码中定义了 MyClient 类来实现客户端的 Channel 逻辑，其中，connectServer 方法用于和服务端建立连接，receive 方法用于接收服务端发来的数据，send2Server 用于向服务端发送数据。

1.10 JVM 的类加载机制

1.10.1 JVM 的类加载阶段

JVM 的类加载分为 5 个阶段：加载、验证、准备、解析、初始化。在类初始化完成后就可以使用该类的信息，在一个类不再被需要时可以从 JVM 中卸载，如图 1-20 所示。

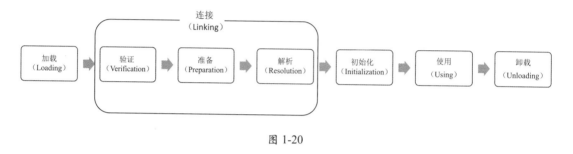

图 1-20

1. 加载

指 JVM 读取 Class 文件，并且根据 Class 文件描述创建 java.lang.Class 对象的过程。类加载过程主要包含将 Class 文件读取到运行时区域的方法区内，在堆中创建 java.lang.Class 对象，并封装类在方法区的数据结构的过程，在读取 Class 文件时既可以通过文件的形式读取，也可以通过 jar 包、war 包读取，还可以通过代理自动生成 Class 或其他方式读取。

2. 验证

主要用于确保 Class 文件符合当前虚拟机的要求，保障虚拟机自身的安全，只有通过验证的 Class 文件才能被 JVM 加载。

3. 准备

主要工作是在方法区中为类变量分配内存空间并设置类中变量的初始值。初始值指不同数据类型的默认值，这里需要注意 final 类型的变量和非 final 类型的变量在准备阶段的数据初始化过程不同。比如一个成员变量的定义如下：

```
public static long value = 1000;
```

在以上代码中，静态变量 value 在准备阶段的初始值是 0，将 value 设置为 1000 的动作是在对象初始化时完成的，因为 JVM 在编译阶段会将静态变量的初始化操作定义在构造器中。但是，如果将变量 value 声明为 final 类型：

```
public static final int value = 1000;
```

则 JVM 在编译阶段后会为 final 类型的变量 value 生成其对应的 ConstantValue 属性，虚拟机在准备阶段会根据 ConstantValue 属性将 value 赋值为 1000。

4. 解析

JVM 会将常量池中的符号引用替换为直接引用。

5. 初始化

主要通过执行类构造器的<client>方法为类进行初始化。<client>方法是在编译阶段由编译器自动收集类中静态语句块和变量的赋值操作组成的。JVM 规定，只有在父类的<client>方法都执行成功后，子类中的<client>方法才可以被执行。在一个类中既没有静态变量赋值操作也没有静态语句块时，编译器不会为该类生成<client>方法。

在发生以下几种情况时，JVM 不会执行类的初始化流程。

◎ 常量在编译时会将其常量值存入使用该常量的类的常量池中，该过程不需要调用常量所在的类，因此不会触发该常量类的初始化。
◎ 在子类引用父类的静态字段时，不会触发子类的初始化，只会触发父类的初始化。
◎ 定义对象数组，不会触发该类的初始化。
◎ 在使用类名获取 Class 对象时不会触发类的初始化。
◎ 在使用 Class.forName 加载指定的类时，可以通过 initialize 参数设置是否需要对类进行初始化。
◎ 在使用 ClassLoader 默认的 loadClass 方法加载类时不会触发该类的初始化。

1.10.2 类加载器

JVM 提供了 3 种类加载器，分别是启动类加载器、扩展类加载器和应用程序类加载器，如图 1-21 所示。

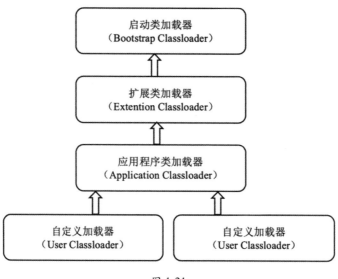

图 1-21

（1）启动类加载器：负责加载 Java_HOME/lib 目录中的类库，或通过-Xbootclasspath 参数指定路径中被虚拟机认可的类库。

（2）扩展类加载器：负责加载 Java_HOME/lib/ext 目录中的类库，或通过 java.ext.dirs 系统变量加载指定路径中的类库。

（3）应用程序类加载器：负责加载用户路径（classpath）上的类库。

除了上述 3 种类加载器，我们也可以通过继承 java.lang.ClassLoader 实现自定义的类加载器。

1.10.3 双亲委派机制

JVM 通过双亲委派机制对类进行加载。双亲委派机制指一个类在收到类加载请求后不会尝试自己加载这个类，而是把该类加载请求向上委派给其父类去完成，其父类在接收到该类加载请求后又会将其委派给自己的父类，以此类推，这样所有的类加载请求都被向上委派到启动类加载器中。若父类加载器在接收到类加载请求后发现自己也无法加载该类（通常原因是该类的 Class 文件在父类的类加载路径中不存在），则父类会将该信息反馈给子类并向下委派子类加载器加载该类，直到该类被成功加载，若找不到该类，则 JVM 会抛出 ClassNotFoud 异常。

双亲委派类加载机制的类加载流程如下，如图 1-22 所示。

（1）将自定义加载器挂载到应用程序类加载器。

（2）应用程序类加载器将类加载请求委托给扩展类加载器。

（3）扩展类加载器将类加载请求委托给启动类加载器。

（4）启动类加载器在加载路径下查找并加载 Class 文件，如果未找到目标 Class 文件，则交由扩展类加载器加载。

（5）扩展类加载器在加载路径下查找并加载 Class 文件，如果未找到目标 Class 文件，则交由应用程序类加载器加载。

（6）应用程序类加载器在加载路径下查找并加载 Class 文件，如果未找到目标 Class 文件，则交由自定义加载器加载。

（7）在自定义加载器下查找并加载用户指定目录下的 Class 文件，如果在自定义加载路径下未找到目标 Class 文件，则抛出 ClassNotFoud 异常。

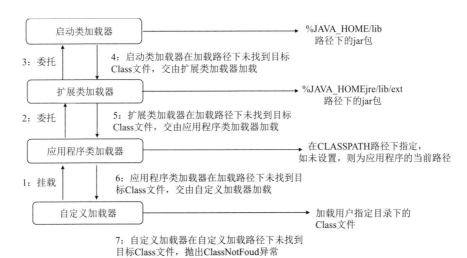

图 1-22

双亲委派机制的核心是保障类的唯一性和安全性。例如在加载 rt.jar 包中的 java.lang.Object 类时，无论是哪个类加载器加载这个类，最终都将类加载请求委托给启动类加载器加载，这样就保证了类加载的唯一性。如果在 JVM 中存在包名和类名相同的两个类，则该类将无法被加载，JVM 也无法完成类加载流程。

1.10.4 OSGI

OSGI（Open Service Gateway Initiative）是 Java 动态化模块化系统的一系列规范，旨在为实现 Java 程序的模块化编程提供基础条件。基于 OSGI 的程序可以实现模块级的热插拔功能，在程序升级更新时，可以只针对需要更新的程序进行停用和重新安装，极大提高了系统升级的安全性和便捷性。

OSGI 提供了一种面向服务的架构，该架构为组件提供了动态发现其他组件的功能，这样无论是加入组件还是卸载组件，都能被系统的其他组件感知，以便各个组件之间能更好地协调工作。

OSGI 不但定义了模块化开发的规范，还定义了实现这些规范所依赖的服务与架构，市场上也有成熟的框架对其进行实现和应用，但只有部分应用适合采用 OSGI 方式，因为它为了实现动态模块，不再遵循 JVM 类加载双亲委派机制和其他 JVM 规范，在安全性上有所牺牲。

第 2 章

Java 基础

本章将针对常用的 Java 基础知识展开详细的介绍，具体包含 Java 的集合、异常分类及处理、反射机制、注解、内部类、泛型、序列化这几部分内容。

2.1 集合

Java 的集合类被定义在 Java.util 包中，主要有 4 种集合，分别为 List、Queue、Set 和 Map，每种集合的具体分类如图 2-1 所示。

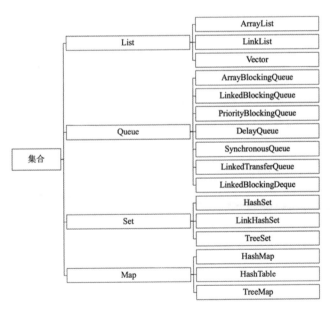

图 2-1

2.1.1 List：可重复

List 是非常常用的数据类型，是有序的 Collection，一共有三个实现类，分别是 ArrayList、Vector 和 LinkedList。

1. ArrayList：基于数组实现，增删慢，查询快，线程不安全

ArrayList 是使用最广泛的 List 实现类，其内部数据结构基于数组实现，提供了对 List 的增加（add）、删除（remove）和访问（get）功能。

ArrayList 的缺点是对元素必须连续存储，当需要在 ArrayList 的中间位置插入或者删除元素时，需要将待插入或者删除的节点后的所有元素进行移动，其修改代价较高，因此，ArrayList 不适合随机插入和删除的操作，更适合随机查找和遍历的操作。

ArrayList 不需要在定义时指定数组的长度，在数组长度不能满足存储要求时，ArrayList 会创建一个新的更大的数组并将数组中已有的数据复制到新的数组中。

2. Vector：基于数组实现，增删慢，查询快，线程安全

Vector 的数据结构和 ArrayList 一样，都是基于数组实现的，不同的是 Vector 支持线程同步，即同一时刻只允许一个线程对 Vector 进行写操作（新增、删除、修改），以保证多线程环境下数据的一致性，但需要频繁地对 Vector 实例进行加锁和释放锁操作，因此，Vector 的读写效率在整体上比 ArrayList 低。

3. LinkedList：基于双向链表实现，增删快，查询慢，线程不安全

LinkedList 采用双向链表结构存储元素，在对 LinkedList 进行插入和删除操作时，只需在对应的节点上插入或删除元素，并将上一个节点元素的下一个节点的指针指向该节点即可，数据改动较小，因此随机插入和删除效率很高。但在对 LinkedList 进行随机访问时，需要从链表头部一直遍历到该节点为止，因此随机访问速度很慢。除此之外，LinkedList 还提供了在 List 接口中未定义的方法，用于操作链表头部和尾部的元素，因此有时可以被当作堆栈、队列或双向队列使用。

2.1.2 Queue

Queue 是队列结构，Java 中的常用队列如下。

- ArrayBlockingQueue：基于数组数据结构实现的有界阻塞队列。
- LinkedBlockingQueue：基于链表数据结构实现的有界阻塞队列。
- PriorityBlockingQueue：支持优先级排序的无界阻塞队列。
- DelayQueue：支持延迟操作的无界阻塞队列。
- SynchronousQueue：用于线程同步的阻塞队列。
- LinkedTransferQueue：基于链表数据结构实现的无界阻塞队列。
- LinkedBlockingDeque：基于链表数据结构实现的双向阻塞队列。

2.1.3 Set：不可重复

Set 核心是独一无二的性质，适用于存储无序且值不相等的元素。对象的相等性在本质上是对象的 HashCode 值相同，Java 依据对象的内存地址计算出对象的 HashCode 值。如果想要比较两个对象是否相等，则必须同时覆盖对象的 hashCode 方法和 equals 方法，并且 hashCode 方法和 equals 方法的返回值必须相同。

1. HashSet：HashTable 实现，无序

HashSet 存放的是散列值，它是按照元素的散列值来存取元素的。元素的散列值是通过元素的 hashCode 方法计算得到的，HashSet 首先判断两个元素的散列值是否相等，如果散列值相等，则接着通过 equals 方法比较，如果 equls 方法返回的结果也为 true，HashSet 就将其视为同一个元素；如果 equals 方法返回的结果为 false，HashSet 就不将其视为同一个元素。

2. TreeSet：二叉树实现

TreeSet 基于二叉树的原理对新添加的对象按照指定的顺序排序（升序、降序），每添加一个对象都会进行排序，并将对象插入二叉树指定的位置。

Integer 和 String 等基础对象类型可以直接根据 TreeSet 的默认排序进行存储，而自定义的数据类型必须实现 Comparable 接口，并且覆写其中的 compareTo 函数才可以按照预定义的顺序存储。若覆写 compare 函数，则在升序时在 this.对象小于指定对象的条件下返回-1，在降序时在 this.对象大于指定对象的条件下返回 1。

3. LinkHashSet：HashTable 实现数据存储，双向链表记录顺序

LinkedHashSet 在底层使用 LinkedHashMap 存储元素，它继承了 HashSet，所有的方

法和操作都与 HashSet 相同，因此 LinkedHashSet 的实现比较简单，只提供了 4 个构造方法，并通过传递一个标识参数调用父类的构造器，在底层构造一个 LinkedHashMap 来记录数据访问，其他相关操作与父类 HashSet 相同，直接调用父类 HashSet 的方法即可。

2.1.4　Map

1. HashMap：数组+链表存储数据，线程不安全

HashMap 基于键的 HashCode 值唯一标识一条数据，同时基于键的 HashCode 值进行数据的存取，因此可以快速地更新和查询数据，但其每次遍历的顺序无法保证相同。HashMap 的 key 和 value 允许为 null。

HashMap 是非线程安全的，即在同一时刻有多个线程同时写 HashMap 时将可能导致数据的不一致。如果需要满足线程安全的条件，则可以用 Collections 的 synchronizedMap 方法使 HashMap 具有线程安全的能力，或者使用 ConcurrentHashMap。

HashMap 的数据结构如图 2-2 所示，其内部是一个数组，数组中的每个元素都是一个单向链表，链表中的每个元素都是嵌套类 Entry 的实例，Entry 实例包含 4 个属性：key、value、hash 值和用于指向单向链表下一个元素的 next。

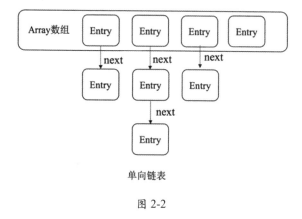

图 2-2

HashMap 常用的参数如下。

◎ capacity：当前数组的容量，默认为 16，可以扩容，扩容后数组的大小为当前的两倍，因此该值始终为2^n。

◎ loadFactor：负载因子，默认为 0.75。

◎ threshold：扩容的阈值，其值等于 capacity × loadFactor。

HashMap 在查找数据时，根据 HashMap 的 Hash 值可以快速定位到数组的具体下标，但是在找到数组下标后需要对链表进行顺序遍历直到找到需要的数据，时间复杂度为 $O(n)$。

为了减少链表遍历的开销，Java 8 对 HashMap 进行了优化，将数据结构修改为数组+链表或红黑树。在链表中的元素超过 8 个以后，HashMap 会将链表结构转换为红黑树结构以提高查询效率，因此其时间复杂度为 $O(\log N)$。Java 8 HashMap 的数据结构如图 2-3 所示。

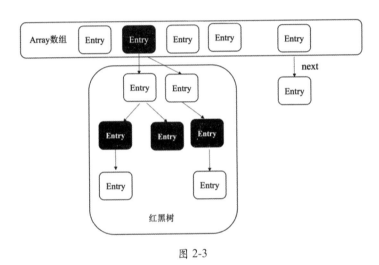

图 2-3

2. ConcurrentHashMap：分段锁实现，线程安全

与 HashMap 不同，ConcurrentHashMap 采用分段锁的思想实现并发操作，因此是线程安全的。ConcurrentHashMap 由多个 Segment 组成（Segment 的数量也是锁的并发度），每个 Segment 均继承自 ReentrantLock 并单独加锁，所以每次进行加锁操作时锁住的都是一个 Segment，这样只要保证每个 Segment 都是线程安全的，也就实现了全局的线程安全。ConcurrentHashMap 的数据结构如图 2-4 所示。

在 ConcurrentHashMap 中有个 concurrencyLevel 参数表示并行级别，默认是 16，也就是说 ConcurrentHashMap 默认由 16 个 Segments 组成，在这种情况下最多同时支持 16 个线程并发执行写操作，只要它们的操作分布在不同的 Segment 上即可。并行级别 concurrencyLevel 可以在初始化时设置，一旦初始化就不可更改。ConcurrentHashMap 的每个 Segment 内部的数据结构都和 HashMap 相同。

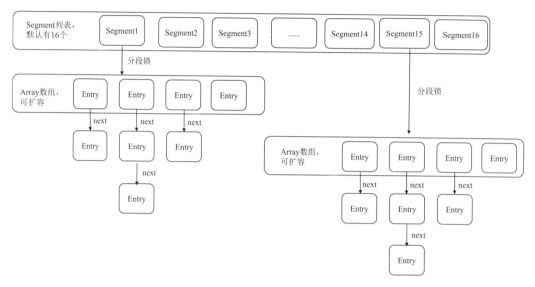

图 2-4

Java 8 在 ConcurrentHashMap 中引入了红黑树，具体的数据结构如图 2-5 所示。

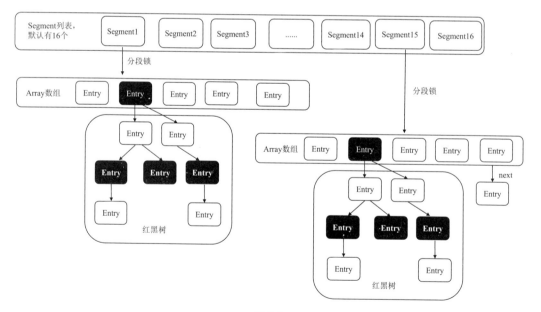

图 2-5

3. HashTable：线程安全

HashTable 是遗留类，很多映射的常用功能都与 HashMap 类似，不同的是它继承自 Dictionary 类，并且是线程安全的，同一时刻只有一个线程能写 HashTable，并发性不如 ConcurrentHashMap。

4. TreeMap：基于二叉树数据结构

TreeMap 基于二叉树数据结构存储数据，同时实现了 SortedMap 接口以保障元素的顺序存取，默认按键值的升序排序，也可以自定义排序比较器。

TreeMap 常用于实现排序的映射列表。在使用 TreeMap 时其 key 必须实现 Comparable 接口或采用自定义的比较器，否则会抛出 java.lang.ClassCastException 异常。

5. LinkedHashMap：基于 HashTable 数据结构，使用链表保存插入顺序

LinkedHashMap 为 HashMap 的子类，其内部使用链表保存元素的插入顺序，在通过 Iterator 遍历 LinkedHashMap 时，会按照元素的插入顺序访问元素。

2.2 异常分类及处理

我们在开发过程中难免会遇到各种各样的异常，如何处理异常直接影响到程序或系统的稳定性，有时在线上仅仅忘记处理一个空指针异常都有可能引起整个运行中的应用程序的崩溃，因此具备全面的异常处理处理知识和良好的异常处理习惯对于开发人员来说至关重要。

2.2.1 异常的概念

异常指在方法不能按照正常方式完成时，可以通过抛出异常的方式退出该方法，在异常中封装了方法执行过程中的错误信息及原因，调用方在获取该异常后可根据业务的情况选择处理该异常或者继续抛出该异常。

在方法在执行过程中出现异常时，Java 异常处理机制会将代码的执行权交给异常处理器，异常处理器根据在系统中定义的异常处理规则执行不同的异常处理逻辑（抛出异常或捕捉并处理异常）。

2.2.2 异常分类

在 Java 中，Throwable 是所有错误或异常的父类，Throwable 又可分为 Error 和 Exception，常见的 Error 有 AWTError、ThreadDeath，Exception 又可分为 RuntimeException 和 CheckedException，如图 2-6 所示。

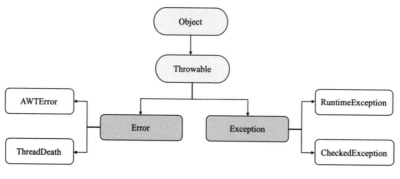

图 2-6

Error 指 Java 程序运行错误，如果程序在启动时出现 Error，则启动失败；如果程序在运行过程中出现 Error，则系统将退出进程。出现 Error 通常是因为系统的内部错误或资源耗尽，Error 不能被在运行过程中被动态处理。如果程序出现 Error，则系统能做的工作也只能有记录错误的成因和安全终止。

Exception 指 Java 程序运行异常，即运行中的程序发生了人们不期望发生的事件，可以被 Java 异常处理机制处理。Exception 也是程序开发中异常处理的核心，可分为 RuntimeException（运行时异常）和 CheckedException（检查异常），如图 2-7 所示。

- RuntimeException：指在 Java 虚拟机正常运行期间抛出的异常，RuntimeException 可以被捕获并处理，如果出现 RuntimeException，那么一定是程序发生错误导致的。我们通常需要抛出该异常或者捕获并处理该异常。常见的 RuntimeException 有 NullPointerException、ClassCastException、ArrayIndexOutOfBundsException 等。
- CheckedException：指在编译阶段 Java 编译器会检查 CheckedException 异常并强制程序捕获和处理此类异常，即要求程序在可能出现异常的地方通过 try catch 语句块捕获并处理异常。常见的 CheckedException 有由于 I/O 错误导致的 IOException、SQLException、ClassNotFoundException 等。该类异常一般由于打开错误的文件、SQL 语法错误、类不存在等引起。

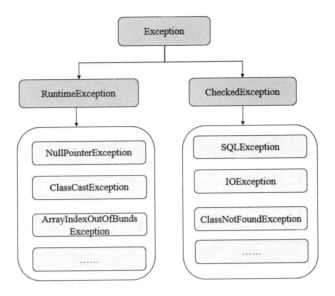

图 2-7

2.2.3 异常处理方式：抛出异常、使用 try catch 捕获并处理异常

异常处理方式有抛出异常和使用 try catch 语句块捕获并处理异常这两种方式。

（1）抛出异常：遇到异常时不进行具体处理，而是将异常抛给调用者，由调用者根据情况处理。有可能是直接捕获并处理，也有可能是继续向上层抛出异常。抛出异常有三种形式：throws、throw、系统自动抛出异常。其中，throws 作用在方法上，用于定义方法可能抛出的异常；throw 作用在方法内，表示明确抛出一个异常。具体的使用方法如下：

```java
public static void main(String[] args) {
    String str = "hello offer";
    int index = 10;
    if (index >= str.length())
    {
        //1：使用 throw 在方法内抛出异常
        throw new StringIndexOutOfBoundsException();
    }else {
        str.substring(0,index);
    }
}
```

```
//2：使用 throws 在方法上抛出异常
int div(int a,int b) throws Exception{return a/b;}
```

以上代码首先验证字符串的长度，如果长度不够，则通过 throw 关键字在方法内抛出一个 StringIndexOutOfBoundsException 异常，同时定义了一个 div 方法，使用 throws 关键字在该方法上定义一个异常。

（2）使用 try catch 捕获并处理异常：使用 try catch 捕获异常能够有针对性地处理每种可能出现的异常，并在捕获到异常后根据不同的情况做不同的处理。其使用过程比较简单：用 try catch 语句块将可能出现异常的代码包起来即可。具体的使用方法如下：

```
try {
    //具体的业务逻辑实现
  }catch (Exception e){
   //捕获异常并处理
  }
```

throw 和 throws 的区别如下。

- 位置不同：throws 作用在方法上，后面跟着的是异常的类；而 throw 作用在方法内，后面跟着的是异常的对象。
- 功能不同：throws 用来声明方法在运行过程中可能出现的异常，以便调用者根据不同的异常类型预先定义不同的处理方式；throw 用来抛出封装了异常信息的对象，程序在执行到 throw 时后续的代码将不再执行，而是跳转到调用者，并将异常信息抛给调用者。也就是说，throw 后面的语句块将无法被执行（finally 语句块除外）。

2.3 反射机制

2.3.1 动态语言的概念

动态语言指程序在运行时可以改变其结构的语言，比如新的属性或方法的添加、删除等结构上的变化。JavaScript、Ruby、Python 等都属于动态语言；C、C++不属于动态语言。从反射的角度来说，Java 属于半动态语言。

2.3.2 反射机制的概念

反射机制指在程序运行过程中,对任意一个类都能获取其所有属性和方法,并且对任意一个对象都能调用其任意一个方法。这种动态获取类和对象的信息,以及动态调用对象的方法的功能被称为 Java 语言的反射机制。

2.3.3 反射的应用

Java 中的对象有两种类型:编译时类型和运行时类型。编译时类型指在声明对象时所采用的类型,运行时类型指为对象赋值时所采用的类型。

在如下代码中,persion 对象的编译时类型为 Person,运行时类型为 Student,因此无法在编译时获取在 Student 类中定义的方法:

```
Person persion = new Student();
```

因此,程序在编译期间无法预知该对象和类的真实信息,只能通过运行时信息来发现该对象和类的真实信息,而其真实信息(对象的属性和方法)通常通过反射机制来获取,这便是 Java 语言中反射机制的核心功能。

2.3.4 Java 的反射 API

Java 的反射 API 主要用于在运行过程中动态生成类、接口或对象等信息,其常用 API 如下。

- ◎ Class 类:用于获取类的属性、方法等信息。
- ◎ Field 类:表示类的成员变量,用于获取和设置类中的属性值。
- ◎ Method 类:表示类的方法,用于获取方法的描述信息或者执行某个方法。
- ◎ Constructor 类:表示类的构造方法。

2.3.5 反射的步骤

反射的步骤如下。

(1)获取想要操作的类的 Class 对象,该 Class 对象是反射的核心,通过它可以调用类的任意方法。

（2）调用 Class 对象所对应的类中定义的方法，这是反射的使用阶段。

（3）使用反射 API 来获取并调用类的属性和方法等信息。

获取 Class 对象的 3 种方法如下。

（1）调用某个对象的 getClass 方法以获取该类对应的 Class 对象：

```
Person p = new Person();
Class clazz = p.getClass();
```

（2）调用某个类的 class 属性以获取该类对应的 Class 对象：

```
Class clazz = Person.class;
```

（3）调用 Class 类中的 forName 静态方法以获取该类对应的 Class 对象，这是最安全、性能也最好的方法：

```
Class clazz=Class.forName("fullClassPath"); //fullClassPath 为类的包路径及名称
```

我们在获得想要操作的类的 Class 对象后，可以通过 Class 类中的方法获取并查看该类中的方法和属性，具体代码如下：

```
//1：获取 Person 类的 Class 对象
Class clazz = Class.forName("hello.java.reflect.Persion");
//2：获取 Person 类的所有方法的信息
Method[] method = clazz.getDeclaredMethods();
for(Method m:method){
    System.out.println(m.toString());
}
 //3：获取 Person 类的所有成员的属性信息
Field[] field = clazz.getDeclaredFields();
for(Field f:field){
    System.out.println(f.toString());
}
//4：获取 Person 类的所有构造方法的信息
Constructor[] constructor = clazz.getDeclaredConstructors();
for(Constructor c:constructor){
    System.out.println(c.toString());
}
```

2.3.6 创建对象的两种方式

创建对象的两种方式如下。

- 使用 Class 对象的 newInstance 方法创建该 Class 对象对应类的实例，这种方法要求该 Class 对象对应的类有默认的空构造器。
- 先使用 Class 对象获取指定的 Constructor 对象，再调用 Constructor 对象的 newInstance 方法创建 Class 对象对应类的实例，通过这种方法可以选定构造方法创建实例。

创建对象的具体代码如下：

```
//1.1: 获取 Person 类的 Class 对象
Class clazz = Class.forName("hello.java.reflect.Persion");
//2.1: 使用 newInstane 方法创建对象
Person p = (Person) clazz.newInstance();
//1.2: 获取构造方法并创建对象
Constructor c = clazz.getDeclaredConstructor
            (String.class,String.class,int.class);
//2.2: 根据构造方法创建对象并设置属性
Person p1 = (Person) c.newInstance("李四","男",20);
```

2.3.7 Method 的 invoke 方法

Method 提供了关于类或接口上某个方法及如何访问该方法的信息，那么在运行的代码中如何动态调用该方法呢？答案就通过调用 Method 的 invoke 方法。我们通过 invoke 方法可以实现动态调用，比如可以动态传入参数及将方法参数化。具体过程为：获取对象的 Method，并调用 Method 的 invoke 方法，如下所述。

（1）获取 Method 对象：通过调用 Class 对象的 getMethod(String name, Class<?>... parameterTypes)返回一个 Method 对象，它描述了此 Class 对象所表示的类或接口指定的公共成员方法。name 参数是 String 类型，用于指定所需方法的名称。parameterTypes 参数是按声明顺序标识该方法的形参类型的 Class 对象的一个数组，如果 parameterTypes 为 null，则按空数组处理。

（2）调用 invoke 方法：指通过调用 Method 对象的 invoke 方法来动态执行函数。invoke 方法的具体使用代码如下：

```
//step 1:获取 Persion 类（hello.java.reflect.Persion）的 Class 对象
Class clz = Class.forName("hello.java.reflect.Persion");
//step 2:获取 Class 对象中的 setName 方法
Method method = clz.getMethod("setName",String.class);
//step 3:获取 Constructor 对象
Constructor constructor = clz.getConstructor();
//step 4:根据 Constructor 定义对象
Object object = constructor.newInstance();//
//step 5：调用 method 的 invoke 方法，这里的 method 表示 setName 方法
//因此，相当于动态调用 object 对象的 setName 方法并传入 alex 参数
method.invoke(object, "alex");
```

以上代码首先通过 Class.forName 方法获取 Persion 类的 Class 对象；然后调用 Persion 类的 Class 对象的 getMethod("setName",String.class)获取一个 method 对象；接着使用 Class 对象获取指定的 Constructor 对象并调用 Constructor 对象的 newInstance 方法创建 Class 对象对应类的实例；最后通过调用 method.invoke 方法实现动态调用，这样就通过反射动态生成类的对象并调用其方法。

2.4 注解

2.4.1 注解的概念

注解（Annotation）是 Java 提供的设置程序中元素的关联信息和元数据（MetaData）的方法，它是一个接口，程序可以通过反射获取指定程序中元素的注解对象，然后通过该注解对象获取注解中的元数据信息。

2.4.2 标准元注解：@Target、@Retention、@Documented、@Inherited

元注解（Meta-Annotation）负责注解其他注解。在 Java 中定义了 4 个标准的元注解类型@Target、@Retention、@Documented、@Inherited，用于定义不同类型的注解。

（1）@Target：@Target 说明了注解所修饰的对象范围。注解可被用于 packages、types（类、接口、枚举、注解类型）、类型成员（方法、构造方法、成员变量、枚举值）、方法参数和本地变量（循环变量、catch 参数等）。在注解类型的声明中使用了 target，可

更加明确其修饰的目标,target 的具体取值类型如表 2-1 所示。

表 2-1

序号	名称	修饰目标
1	TYPE	用于描述类、接口(包括注解类型)或 enum 声明
2	FIELD	用于描述域
3	METHOD	用于描述方法
4	PARAMETER	用于描述参数
5	CONSTRUCTOR	用于描述构造器
6	LOCAL_VARIABLE	用于描述局部变量
7	ANNOTATION_TYPE	用于声明一个注解
8	PACKAGE	用于描述包
9	TYPE_PARAMETER	对普通变量的声明
10	TYPE_USE	能标注任何类型的名称

(2)@Retention:@Retention 定义了该注解被保留的级别,即被描述的注解在什么级别有效,有以下 3 种类型。

◎ SOURCE:在源文件中有效,即在源文件中被保留。
◎ CLASS:在 Class 文件中有效,即在 Class 文件中被保留。
◎ RUNTIME:在运行时有效,即在运行时被保留。

(3)@Documented:@Documented 表明这个注解应该被 javadoc 工具记录,因此可以被 javadoc 类的工具文档化。

(4)@Inherited:@Inherited 是一个标记注解,表明某个被标注的类型是被继承的。如果有一个使用了@Inherited 修饰的 Annotation 被用于一个 Class,则这个注解将被用于该 Class 的子类。

2.4.3 注解处理器

注解用于描述元数据的信息,使用的重点在于对注解处理器的定义。Java SE5 扩展了反射机制的 API,以帮助程序快速构造自定义注解处理器。对注解的使用一般包含定义及使用注解接口,我们一般通过封装统一的注解工具来使用注解。

1. 定义注解接口

下面的代码定义了一个 FruitProvider 注解接口，其中有 name 和 address 两个属性：

```
//1：定义注解接口
@Target(ElementType.FIELD)
@Retention(RetentionPolicy.RUNTIME)
@Documented
public @interface FruitProvider {
    //供应商编号
    public int id() default -1;
    //供应商名称
    public String name() default "";
    //供应商地址
    public String address() default "";
}
```

2. 使用注解接口

下面的代码定义了一个 Apple 类，并通过注解方式定义了一个 FruitProvider：

```
public class Apple {
    //2：使用注解接口
    @FruitProvider(id = 1, name = "陕西红富士集团", address = "陕西省西安市")
    private String appleProvider;
    public void setAppleProvider(String appleProvider) {
        this.appleProvider = appleProvider;
    }
    public String getAppleProvider() {
        return appleProvider;
    }
}
```

3. 定义注解处理器

下面的代码定义了一个 FruitInfoUtil 注解处理器，并通过反射信息获取注解数据，最后通过 main 方法调用该注解处理器使用注解：

```
//3：定义注解处理器
public class FruitInfoUtil {
    public static void getFruitInfo(Class<?> clazz) {
        String strFruitProvicer = "供应商信息：";
```

```java
        Field[] fields = clazz.getDeclaredFields();//通过反射获取处理注解
        for (Field field : fields) {
            if (field.isAnnotationPresent(FruitProvider.class)) {
                FruitProvider fruitProvider = (FruitProvider)
                        field.getAnnotation(FruitProvider.class);
                //处理注解信息
                strFruitProvicer = " 供应商编号:" + fruitProvider.id() +
                    " 供应商名称:"+ fruitProvider.name() + " 供应商地址:"+
                    fruitProvider.address();
                System.out.println(strFruitProvicer);
            }
        }
    }
}
public class FruitRun {
    public static void main(String[] args) {
        FruitInfoUtil.getFruitInfo(Apple.class);
        //输出结果为:供应商编号：1 供应商名称：陕西红富士集团 供应商地址：陕西省西安市
    }
}
```

2.5 内部类

定义在类内部的类被称为内部类。内部类根据不同的定义方式，可分为静态内部类、成员内部类、局部内部类和匿名内部类这4种。

2.5.1 静态内部类

定义在类内部的静态类被称为静态内部类。静态内部类可以访问外部类的静态变量和方法；在静态内部类中可以定义静态变量、方法、构造函数等；静态内部类通过"外部类.静态内部类"的方式来调用，具体的实现代码如下：

```java
public class OuterClass {
    private static String className ="staticInnerClass";
    //定义一个静态内部类
    public static class StaticInnerClass {
        public void getClassName() {
            System.out.println("className:"+className );
```

```
        }
    }
    public static void main(String[] args) {
        //调用静态内部类
        OuterClass.StaticInnerClass staticInnerClass =
                    new OuterClass.StaticInnerClass();
        staticInnerClass.getClassName();
    }
}
```

上面的代码通过 public static class StaticInnerClass{}代码块定义了一个静态内部类 StaticInnerClass，然后定义了静态内部类的 getClassName 方法，在使用的过程中通过"外部类.静态内部类"的方式进行调用，具体的实现代码如下：

```
OuterClass.StaticInnerClass staticInnerClass = new
OuterClass.StaticInnerClass()
```

这样就定义一个静态内部类并可以像普通类那样调用静态内部类的方法。

Java 集合类 HashMap 在内部维护了一个静态内部类 Node 数组用于存放元素，但 Node 数组对使用者是透明的。像这种和外部类关系密切且不依赖外部类实例的类，可以使用静态内部类实现。

2.5.2 成员内部类

定义在类内部的非静态类叫作成员内部类，成员内部类不能定义静态方法和变量（final 修饰的除外），因为成员内部类是非静态的，而在 Java 的非静态代码块中不能定义静态方法和变量。成员内部类具体的实现代码如下：

```
public class OutClass{
  private static int a;
  private int b;
//定义一个成员内部类
  public class MemberInnerClass{
    public void print() {
        System.out.println(a);
        System.out.println(b);
    }
  }
}
```

从上述代码可以看到，在 OutClass 中通过 public class MemberInnerClass 定义了一个成员内部类，其使用方式和静态内部类相同。

2.5.3 局部内部类

定义在方法中的类叫作局部内部类。当一个类只需要在某个方法中使用某个特定的类时，可以通过局部类来优雅地实现，具体的实现代码如下：

```java
public class OutClass {
  private static int a;
  private int b;
  public void partClassTest(final int c) {
      final int d = 1;
      //在 partClassTest 方法中定义一个局部内部类 PastClass
      class PastClass{
          public void print() {
                  System.out.println(c);
              }
          }
      }
}
```

以上代码在 partClassTest 方法中通过 class PastClass{}语句块定义了一个局部内部类。

2.5.4 匿名内部类

匿名内部类指通过继承一个父类或者实现一个接口的方式直接定义并使用的类。匿名内部类没有 class 关键字，这是因为匿名内部类直接使用 new 生成一个对象的引用。具体的实现代码如下：

```java
public abstract class Worker{
  private String name;
   public String getName() {
      return name;
   }
   public void setName(String name) {
      this.name = name;
   }
   public abstract int workTime();
```

```
}
public class Test {
    public void test(Worker worker){
        System.out.println(worker.getName() + "工作时间: " +
                    worker.workTime());
    }
    public static void main(String[] args) {
        Test test = new Test();
        //在方法中定义并使用匿名内部类
        test.test(new Worker() {
            public int workTime() {
                return 8;
            }
            public String getName() {
                return "alex";
            }
        });
    }
}
```

在以上代码中首先定义了一个抽象类 Worker 和一个抽象方法 workTime，然后定义了一个 Test 类，在 Test 类中定义了一个方法，该方法接收一个 Worker 参数，这时匿名类需要的准备工作都已做好。在需要一个根据不同场景有不同实现的匿名内部类时，直接在 test 方法中新建匿名内部类并重写相关方法即可。

2.6 泛型

泛型的本质是参数化类型，泛型提供了编译时类型的安全检测机制，该机制允许程序在编译时检测非法的类型，比如要实现一个能够对字符串（String）、整形（Int）、浮点型（Float）、对象（Object）进行大小比较的方法，就可以使用 Java 泛型。

在不使用泛型的情况下，我们可以通过引用 Object 类型来实现参数的任意化，因为在 Java 中 Object 类是所有类的父类，但在具体使用时需要进行强制类型转换。强制类型转换要求开发者必须明确知道实际参数的引用类型，不然可能引起前置类型转换错误，在编译期无法识别这种错误，只能在运行期检测这种错误（即只有在程序运行出错时才能发现该错误）。而使用泛型的好处是在编译期就能够检查类型是否安全，同时所有强制性类型转换都是自动和隐式进行的，提高了代码的安全性和重用性。

2.6.1 泛型标记和泛型限定：E、T、K、V、N、？

在使用泛型前首先要了解有哪些泛型标记，如表 2-2 所示。

表 2-2

序 号	泛型标记	说　　明
1	E-Element	在集合中使用，表示在集合中存放的元素
2	T-Type	表示 Java 类，包括基本的类和我们自定义的类
3	K-Key	表示键，比如 Map 中的 key
4	V-Value	表示值
5	N-Number	表示数值类型
6	?	表示不确定的 Java 类型

类型通配符使用"?"表示所有具体的参数类型，例如 List<?>在逻辑上是 List<String>、List<Integer>等所有 List<具体类型实参>的父类。

在使用泛型的时候，若希望将类的继承关系加入泛型应用中，就需要对泛型做限定，具体的泛型限定有对泛型上线的限定和对泛型下线的限定。

1. 对泛型上限的限定：<? extends T>

在 Java 中使用通配符"?"和"extends"关键字指定泛型的上限，具体用法为<? extends T>，它表示该通配符所代表的类型是 T 类的子类或者接口 T 的子接口。

2. 对泛型下限的限定：<? super T>

在 Java 中使用通配符"?"和"super"关键字指定泛型的下限，具体用法为<? super T>，它表示该通配符所代表的类型是 T 类型的父类或者父接口。

2.6.2 泛型方法

泛型方法指将方法的参数类型定义为泛型，以便在调用时接收不同类型的参数。在方法的内部根据传递给泛型方法的不同参数类型执行不同的处理方法，具体用法如下：

```
public static void main(String[] args) {
    generalMethod("1",2,new Wroker());
}
```

```java
//定义泛型方法 generalMethod,printArray 为泛型参数列表
public static < T > void generalMethod( T ... inputArray )
{
    for ( T element : inputArray ){
        if (element instanceof Integer) {
            System.out.println("处理 Integer 类型数据中...");
        } else if (element instanceof String) {
            System.out.println("处理 String 类型数据中...");
        } else if (element instanceof Double) {
            System.out.println("处理 Double 类型数据中...");
        } else if (element instanceof Float) {
            System.out.println("处理 Float 类型数据中...");
        } else if (element instanceof Long) {
            System.out.println("处理 Long 类型数据中...");
        } else if (element instanceof Boolean) {
            System.out.println("处理 Boolean 类型数据中...");
        } else if (element instanceof Date) {
            System.out.println("处理 Date 类型数据中...");
        }
        else if (element instanceof Wroker) {
            System.out.println("处理 Wroker 类型数据中...");
        }
    }
}
```

以上代码通过 public static < T > void generalMethod(T ... inputArray)定义了一个泛型方法,该方法根据传入数据的不同类型执行不同的数据处理逻辑,然后通过 generalMethod("1",2,new Wroker())调用该泛型方法。注意,这里的第 1 个参数是 String 类型,第 2 个参数是 Integer 类型,第 3 个参数是 Wroker 类型(这里的 Wroker 是笔者自定义的一个类),程序会根据不同的类型做不同的处理。

2.6.3 泛型类

泛型类指在定义类时在类上定义了泛型,以便类在使用时可以根据传入的不同参数类型实例化不同的对象。

泛型类的具体使用方法是在类的名称后面添加一个或多个类型参数的声明部分,在多个泛型参数之间用逗号隔开。具体用法如下:

```java
//定义一个泛型类
public class GeneralClass<T> {
  public static void main(String[] args) {
    //根据需求初始化不同的类型
    GeneralClass<Integer> genInt =new GeneralClass<Integer>();
    genInt.add(1);
    GeneralClass<String> genStr =new GeneralClass<String>();
    genStr.add("2");
  }
  private T t;
  public void add(T t) {
    this.t = t;
  }
  public T get() {
    return t;
  }
}
```

在以上代码中通过 public class GeneralClass<T>定义了一个泛型类,可根据不同的需求参数化不同的类型(参数化类型指编译器可以自动定制作用于特定类型的类),比如参数化一个字符串类型的泛型类对象:

`new GeneralClass<String>()`。

2.6.4 泛型接口

泛型接口的声明和泛型类的声明类似,通过在接口名后面添加类型参数的声明部分来实现。泛型接口的具体类型一般在实现类中进行声明,不同类型的实现类处理不同的业务逻辑。具体的实现代码如下:

```java
//定义一个泛型接口
public interface IGeneral<T> {
   public T getId();
}
//定义泛型接口的实现类
public class GeneralIntergerImpl implements IGeneral<Integer>{
   @Override
   public Integer getId() {
      Random random = new Random(100);
      return random.nextInt();
   }
```

```
public static void main(String[] args) {
    //使用泛型
    GeneralIntergerImpl gen = new GeneralIntergerImpl();
    System.out.println(gen.getId());
}
}
```

以上代码通过 public interface IGeneral<T>定义了一个泛型接口，并通过 public class GeneralIntergerImpl implements IGeneral<Integer>定义了一个 Integer 类型的实现类。

2.6.5 类型擦除

在编码阶段采用泛型时加上的类型参数，会被编译器在编译时去掉，这个过程就被称为类型擦除。因此，泛型主要用于编译阶段。在编译后生成的 Java 字节代码文件中不包含泛型中的类型信息。例如，编码时定义的 List<Integer>和 List<String>在经过编译后统一为 List。JVM 所读取的只是 List，由泛型附加的类型信息对 JVM 来说是不可见的。

Java 类型的擦除过程为：首先，查找用来替换类型参数的具体类（该具体类一般为 Object），如果指定了类型参数的上界，则以该上界作为替换时的具体类；然后，把代码中的类型参数都替换为具体的类。

2.7 序列化

Java 对象在 JVM 运行时被创建、更新和销毁，当 JVM 退出时，对象也会随之销毁，即这些对象的生命周期不会比 JVM 的生命周期更长。但在现实应用中，我们常常需要将对象及其状态在多个应用之间传递、共享，或者将对象及其状态持久化，在其他地方重新读取被保存的对象及其状态继续进行处理。这就需要通过将 Java 对象序列化来实现。

在使用 Java 序列化技术保存对象及其状态信息时，对象及其状态信息会被保存在一组字节数组中，在需要时再将这些字节数组反序列化为对象。注意，对象序列化保存的是对象的状态，即它的成员变量，因此类中的静态变量不会被序列化。

对象序列化除了用于持久化对象，在 RPC（远程过程调用）或者网络传输中也经常被使用。

2.7.1　Java 序列化 API 的使用

Java 序列化 API 为处理对象序列化提供了一个标准机制，具体的 Java 系列化需要注意以下事项。

- 类要实现序列化功能，只需实现 java.io.Serializable 接口即可。
- 序列化和反序列化必须保持序列化的 ID 一致，一般使用 private static final long serialVersionUID 定义序列化 ID。
- 序列化并不保存静态变量。
- 在需要序列化父类变量时，父类也需要实现 Serializable 接口。
- 使用 Transient 关键字可以阻止该变量被序列化，在被反序列化后，transient 变量的值被设为对应类型的初始值，例如，int 类型变量的值是 0，对象类型变量的值是 null。

具体的序列化实现代码如下：

```java
import java.io.Serializable;
//通过实现 Serializable 接口定义可序列化的 Worker 类
public class Wroker implements Serializable {
    //定义序列化的 ID
    private static final long serialVersionUID = 123456789L;
    //name 属性将被序列化
    private String name;
    //transient 修饰的变量不会被序列化
    private transient int salary;
    //静态变量属于类信息，不属于对象的状态，因此不会被序列化
    static int age =100;
    public String getName() {
        return name;
    }
    public void setName(String name) {
        this.name = name;
    }
}
```

以上代码通过 implements Serializable 实现了一个序列化的类。注意，transient 修饰的属性和 static 修饰的静态属性不会被序列化。

对象通过序列化后在网络上传输时，基于网络安全，我们可以在序列化前将一些敏

感字段（用户名、密码、身份证号码）使用秘钥进行加密，在反序列化后再基于秘钥对数据进行解密。这样即使数据在网络中被劫持，由于缺少秘钥也无法对数据进行解析，这样可以在一定程度上保证序列化对象的数据安全。

2.7.2 序列化和反序列化

在 Java 生态中有很多优秀的序列化框架，比如 arvo、protobuf、thrift、fastjson。我们也可以基于 JDK 原生的 ObjectOutputStream 和 ObjectInputStream 类实现对象进行序列化及反序列化，并调用其 writeObject 和 readObject 方法实现自定义序列化策略。具体的实现代码如下：

```java
public static void main(String[] args) throws Exception {
    //序列化数据到磁盘
    FileOutputStream fos = new FileOutputStream("worker.out");
    ObjectOutputStream oos = new ObjectOutputStream(fos);
    Wroker testObject = new Wroker();
    testObject.setName("alex");
    oos.writeObject(testObject);
    oos.flush();
    oos.close();
    //反序列化磁盘数据并解析数据状态
    FileInputStream fis = new FileInputStream("worker.out");
    ObjectInputStream ois = new ObjectInputStream(fis);
    Wroker deTest = (Wroker) ois.readObject();
    System.out.println(deTest.getName());
}
```

以上代码通过文件流的方式将 wroker 对象的状态写入磁盘中，在需要使用的时候再以文件流的方式将其读取并反序列化成我们需要的对象及其状态数据。

第 3 章
Java 并发编程

相对于传统的单线程，多线程能够在操作系统多核配置的基础上，能够更好地利用服务器的多个 CPU 资源，使程序运行起来更加高效。Java 通过提供对多线程的支持来在一个进程内并发执行多个线程，每个线程都并行执行不同的任务，以满足编写高效率程序的要求。

3.1 Java 线程的创建方式

常见的 Java 线程的 4 种创建方式分别为：继承 Thread 类、实现 Runnable 接口、通过 ExecutorService 和 Callable<Class>实现有返回值的线程、基于线程池，如图 3-1 所示。

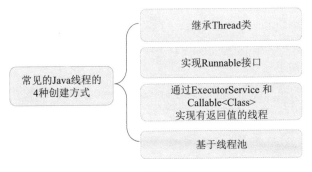

图 3-1

3.1.1 继承 Thread 类

Thread 类实现了 Runnable 接口并定义了操作线程的一些方法，我们可以通过继承

Thread 类的方式创建一个线程。具体实现为创建一个类并继承 Thread 接口，然后实例化线程对象并调用 start 方法启动线程。start 方法是一个 native 方法，通过在操作系统上启动一个新线程，并最终执行 run 方法来启动一个线程。run 方法内的代码是线程类的具体实现逻辑。具体的实现代码如下：

```java
//step 1：通过继承 Thread 类创建 NewThread 线程
public class NewThread extends Thread {
    public void run() {
     System.out.println("create a thread by extends Thread");
    }
}
//step 2：实例化一个 NewThread 线程对象
NewThread newThread = new NewThread();
//step 3：调用 start 方法启动 NewThread 线程
newThread .start();
```

以上代码定义了一个名为 NewThread 的线程类，该类继承了 Thread，run 方法内的代码为线程的具体执行逻辑，在使用该线程时只需新建一个该线程的对象并调用其 start 方法即可。

3.1.2 实现 Runnable 接口

基于 Java 编程语言的规范，如果子类已经继承（extends）了一个类，就无法再直接继承 Thread 类，此时可以通过实现 Runnable 接口创建线程。具体的实现过程为：通过实现 Runnable 接口创建 ChildrenClassThread 线程，实例化名称为 childrenThread 的线程实例，创建 Thread 类的实例并传入 childrenThread 线程实例，调用线程的 start 方法启动线程。具体的实现代码如下：

```java
//step 1：通过实现 Runnable 接口方式创建 ChildrenClassThread 线程
public class ChildrenClassThread extends SuperClass implements Runnable {
    public void run() {
     System.out.println("create a thread by implements Runnable ");
    }
}
//step 2:实例化一个 ChildrenClassThread 对象
ChildrenClassThread childrenThread = new ChildrenClassThread();
//step 3:创建一个线程对象并将其传入已经实例化好的 childrenThread 实例
Thread thread = new Thread(childrenThread);
//step 4：调用 start 方法启动一个线程
thread.start();
```

事实上，在传入一个实现了 Runnable 的线程实例 target 给 Thread 后，Thread 的 run 方法在执行时就会调用 target.run 方法并执行该线程具体的实现逻辑。在 JDK 源码中，run 方法的实现代码如下：

```java
@Override
public void run() {
    if (target != null) {
        target.run();
    }
}
```

3.1.3 通过 ExecutorService 和 Callable<Class>实现有返回值的线程

有时，我们需要在主线程中开启多个线程并发执行一个任务，然后收集各个线程执行返回的结果并将最终结果汇总起来，这时就要用到 Callable 接口。具体的实现方法为：创建一个类并实现 Callable 接口，在 call 方法中实现具体的运算逻辑并返回计算结果。具体的调用过程为：创建一个线程池、一个用于接收返回结果的 Future List 及 Callable 线程实例，使用线程池提交任务并将线程执行之后的结果保存在 Future 中，在线程执行结束后遍历 Future List 中的 Future 对象，在该对象上调用 get 方法就可以获取 Callable 线程任务返回的数据并汇总结果，实现代码如下：

```java
//step 1：通过实现 Callable 接口创建 MyCallable 线程
public class MyCallable implements Callable<String> {
    private String name;
    public MyCallable(String name){//通过构造函数为线程传递参数，以定义线程的名称
        this.name = name;
    }
    @Override
    public String call() throws Exception {//call 方法内为线程实现逻辑
        return name;
    }
}
//step 2：创建一个固定大小为 5 的线程池
ExecutorService pool = Executors.newFixedThreadPool(5);
//step 3：创建多个有返回值的任务列表 list
List<Future> list = new ArrayList<Future>();
for (int i = 0; i < 5; i++) {
    //step 4：创建一个有返回值的线程实例
    Callable c = new MyCallable(i + " ");
```

```
//step 5:提交线程，获取 Future 对象并将其保存到 Future List 中
   Future future = pool.submit(c);
   System.out.println("submit a callable thread:" +i);
   list.add(future);
}
//step 6:关闭线程池，等待线程执行结束
pool.shutdown();
//step 7:遍历所有线程的运行结果
for (Future future :list) {
  //从 Future 对象上获取任务的返回值，并将结果输出到控制台
   System.out.println("get the result from callable thread:"+
                      f.get().toString())
}
```

3.1.4　基于线程池

线程是非常宝贵的计算资源，在每次需要时创建并在运行结束后销毁是非常浪费资源的。我们可以使用缓存策略并使用线程池来创建线程，具体过程为创建一个线程池并用该线程池提交线程任务，实现代码如下：

```
//step 1:创建大小为 10 的线程池
ExecutorService threadPool = Executors.newFixedThreadPool(10);
 for(int i =0 ;i<10;i++){
//step 2:提交多个线程任务并执行
    threadPool.execute(new Runnable() {
        @Override
        public void run() {
          System.out.println(Thread.currentThread().getName() + "is running");
            }
        });
    }
}
```

3.2　线程池的工作原理

Java 线程池主要用于管理线程组及其运行状态，以便 Java 虚拟机更好地利用 CPU 资源。Java 线程池的工作原理为：JVM 先根据用户的参数创建一定数量的可运行的线程任务，并将其放入队列中，在线程创建后启动这些任务，如果线程数量超过了最大线程数

量（用户设置的线程池大小），则超出数量的线程排队等候，在有任务执行完毕后，线程池调度器会发现有可用的线程，进而再次从队列中取出任务并执行。

线程池的主要作用是线程复用、线程资源管理、控制操作系统的最大并发数，以保证系统高效（通过线程资源复用实现）且安全（通过控制最大线程并发数实现）地运行。

3.2.1 线程复用

在 Java 中，每个 Thread 类都有一个 start 方法。在程序调用 start 方法启动线程时，Java 虚拟机会调用该类的 run 方法。前面说过，在 Thread 类的 run 方法中其实调用了 Runnable 对象的 run 方法，因此可以继承 Thread 类，在 start 方法中不断循环调用传递进来的 Runnable 对象，程序就会不断执行 run 方法中的代码。可以将在循环方法中不断获取的 Runnable 对象存放在 Queue 中，当前线程在获取下一个 Runnable 对象之前可以是阻塞的，这样既能有效控制正在执行的线程个数，也能保证系统中正在等待执行的其他线程有序执行。这样就简单实现了一个线程池，达到了线程复用的效果。

3.2.2 线程池的核心组件和核心类

Java 线程池主要由以下 4 个核心组件组成。

◎ 线程池管理器：用于创建并管理线程池。
◎ 工作线程：线程池中执行具体任务的线程。
◎ 任务接口：用于定义工作线程的调度和执行策略，只有线程实现了该接口，线程中的任务才能够被线程池调度。
◎ 任务队列：存放待处理的任务，新的任务将会不断被加入队列中，执行完成的任务将被从队列中移除。

Java 中的线程池是通过 Executor 框架实现的，在该框架中用到了 Executor、Executors、ExecutorService、ThreadPoolExecutor、Callable、Future、FutureTask 这几个核心类，具体的继承关系如图 3-2 所示。

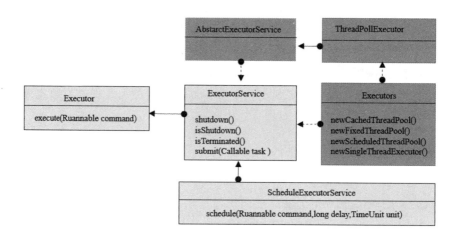

图 3-2

其中,ThreadPoolExecutor 是构建线程的核心方法,该方法的定义如下:

```
public ThreadPoolExecutor(int corePoolSize,int maximumPoolSize,long
    keepAliveTime,TimeUnit unit,BlockingQueue<Runnable> workQueue) {
    this(corePoolSize, maximumPoolSize, keepAliveTime, unit, workQueue,
    Executors.defaultThreadFactory(), defaultHandler);
}
```

ThreadPoolExecutor 构造函数的具体参数如表 3-1 所示。

表 3-1

序 号	参 数	说 明
1	corePoolSize	线程池中核心线程的数量
2	maximumPoolSize	线程池中最大线程的数量
3	keepAliveTime	当前线程数量超过 corePoolSize 时,空闲线程的存活时间
4	unit	keepAliveTime 的时间单位
5	workQueue	任务队列,被提交但尚未被执行的任务存放的地方
6	threadFactory	线程工厂,用于创建线程,可使用默认的线程工厂或自定义线程工厂
7	handler	由于任务过多或其他原因导致线程池无法处理时的任务拒绝策略

3.2.3 Java 线程池的工作流程

Java 线程池的工作流程为：线程池刚被创建时，只是向系统申请一个用于执行线程队列和管理线程池的线程资源。在调用 execute() 添加一个任务时，线程池会按照以下流程执行任务。

- ◎ 如果正在运行的线程数量少于 corePoolSize（用户定义的核心线程数），线程池就会立刻创建线程并执行该线程任务。
- ◎ 如果正在运行的线程数量大于等于 corePoolSize，该任务就将被放入阻塞队列中。
- ◎ 在阻塞队列已满且正在运行的线程数量少于 maximumPoolSize 时，线程池会创建非核心线程立刻执行该线程任务。
- ◎ 在阻塞队列已满且正在运行的线程数量大于等于 maximumPoolSize 时，线程池将拒绝执行该线程任务并抛出 RejectExecutionException 异常。
- ◎ 在线程任务执行完毕后，该任务将被从线程池队列中移除，线程池将从队列中取下一个线程任务继续执行。
- ◎ 在线程处于空闲状态的时间超过 keepAliveTime 时间时，正在运行的线程数量超过 corePoolSize，该线程将会被认定为空闲线程并停止。因此在线程池中所有线程任务都执行完毕后，线程池会收缩到 corePoolSize 大小。

具体的流程如图 3-3 所示。

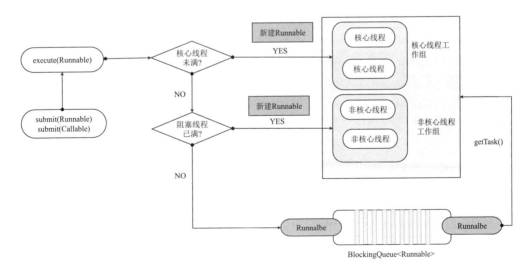

图 3-3

3.2.4 线程池的拒绝策略

若线程池中的核心线程数被用完且阻塞队列已排满,则此时线程池的线程资源已耗尽,线程池将没有足够的线程资源执行新的任务。为了保证操作系统的安全,线程池将通过拒绝策略处理新添加的线程任务。JDK 内置的拒绝策略有 AbortPolicy、CallerRunsPolicy、DiscardOldestPolicy、DiscardPolicy 这 4 种,默认的拒绝策略在 ThreadPoolExecutor 中作为内部类提供。在默认的拒绝策略不能满足应用的需求时,可以自定义拒绝策略。

1. AbortPolicy

AbortPolicy 直接抛出异常,阻止线程正常运行,具体的 JDK 源码如下:

```java
public static class AbortPolicy implements RejectedExecutionHandler {
    public AbortPolicy() { }
    public void rejectedExecution(Runnable r, ThreadPoolExecutor e) {
        //直接抛出异常信息,不做任何处理
        throw new RejectedExecutionException("Task " + r.toString() +
                                             " rejected from " +e.toString());
    }
}
```

2. CallerRunsPolicy

CallerRunsPolicy 的拒绝策略为:如果被丢弃的线程任务未关闭,则执行该线程任务。注意,CallerRunsPolicy 拒绝策略不会真的丢弃任务。具体的 JDK 实现源码如下:

```java
public void rejectedExecution(Runnable r, ThreadPoolExecutor e) {
    if (!e.isShutdown()) {
        r.run();//执行被丢弃的任务 r
    }
}
```

3. DiscardOldestPolicy

DiscardOldestPolicy 的拒绝策略为:移除线程队列中最早的一个线程任务,并尝试提交当前任务。具体的 JDK 实现源码如下:

```java
public void rejectedExecution(Runnable r, ThreadPoolExecutor e) {
    if (!e.isShutdown()) {
```

```
            e.getQueue().poll();//丢弃（移除）线程队列中最老（最后）的一个线程任务
            e.execute(r);//尝试提交当前任务
        }
}
```

4. DiscardPolicy

DiscardPolicy 的拒绝策略为：丢弃当前的线程任务而不做任何处理。如果系统允许在资源不足的情况下丢弃部分任务，则这将是保障系统安全、稳定的一种很好的方案。具体的 JDK 实现源码如下：

```
//直接丢弃线程，不做任何处理
public void rejectedExecution(Runnable r, ThreadPoolExecutor e) {
}
```

5. 自定义拒绝策略

以上 4 种拒绝策略均实现了 RejectedExecutionHandler 接口，若无法满足实际需要，则用户可以自己扩展 RejectedExecutionHandler 接口来实现拒绝策略，并捕获异常来实现自定义拒绝策略。下面实现一个自定义拒绝策略 DiscardOldestNPolicy，该策略根据传入的参数丢弃最老的 N 个线程，以便在出现异常时释放更多的资源，保障后续线程任务整体、稳定地运行。具体的 JDK 实现源码如下：

```
public class DiscardOldestNPolicy  implements RejectedExecutionHandler {
    private int discardNumber = 5;
    private  List<Runnable> discardList =new ArrayList<Runnable>();
    public DiscardOldestNPolicy  (int discardNumber) {
        this.discardNumber = discardNumber;
    }
    public void rejectedExecution(Runnable r, ThreadPoolExecutor e) {
        if(e.getQueue().size() > discardNumber){
            //step 1: 批量移除线程队列中的 discardNumber 个线程任务
            e.getQueue().drainTo(discardList,discardNumber);
            discardList.clear();//step 2: 清空 discardList 列表
            if (!e.isShutdown()) {
                e.execute(r);//step 3: 尝试提交当前任务
            }
        }
    }
}
```

3.3　5 种常用的线程池

Java 定义了 Executor 接口并在该接口中定义了 execute()用于执行一个线程任务，然后通过 ExecutorService 实现 Executor 接口并执行具体的线程操作。ExecutorService 接口有多个实现类可用于创建不同的线程池，如表 3-2 所示是 5 种常用的线程池。

表 3-2

名　称	说　明
newCachedThreadPool	可缓存的线程池
newFixedThreadPool	固定大小的线程池
newScheduledThreadPool	可做任务调度的线程池
newSingleThreadExecutor	单个线程的线程池
newWorkStealingPool	足够大小的线程池，JDK 1.8 新增

3.3.1　newCachedThreadPool

newCachedThreadPool 用于创建一个缓存线程池。之所以叫缓存线程池，是因为它在创建新线程时如果有可重用的线程，则重用它们，否则重新创建一个新的线程并将其添加到线程池中。对于执行时间很短的任务而言，newCachedThreadPool 线程池能很大程度地重用线程进而提高系统的性能。

在线程池的 keepAliveTime 时间超过默认的 60 秒后，该线程会被终止并从缓存中移除，因此在没有线程任务运行时，newCachedThreadPool 将不会占用系统的线程资源。

在创建线程时需要执行申请 CPU 和内存、记录线程状态、控制阻塞等多项工作，复杂且耗时。因此，在有执行时间很短的大量任务需要执行的情况下，newCachedThreadPool 能够很好地复用运行中的线程（任务已经完成但未关闭的线程）资源来提高系统的运行效率。具体的创建方式如下：

```
ExecutorService cachedThreadPool = Executors.newCachedThreadPool();
```

3.3.2　newFixedThreadPool

newFixedThreadPool 用于创建一个固定线程数量的线程池，并将线程资源存放在队列中循环使用。在 newFixedThreadPool 线程池中，若处于活动状态的线程数量大于等于核心线程池的数量，则新提交的任务将在阻塞队列中排队，直到有可用的线程资源，具体的创建方式如下：

```
ExecutorService fixedThreadPool = Executors.newFixedThreadPool(5);
```

3.3.3　newScheduledThreadPool

newScheduledThreadPool 创建了一个可定时调度的线程池，可设置在给定的延迟时间后执行或者定期执行某个线程任务：

```
    ScheduledExecutorService scheduledThreadPool=
                    Executors.newScheduledThreadPool(3);
//1:创建一个延迟3秒执行的线程
scheduledThreadPool.schedule(newRunnable(){
        @Override
        public void run() {
            System.out.println("delay 3 seconds execu.");
}}, 3, TimeUnit.SECONDS);
//2:创建一个延迟1秒执行且每3秒执行一次的线程
scheduledThreadPool.scheduleAtFixedRate(newRunnable(){
    @Override
    public void run() {
     System.out.println("delay 1 seconds,repeat execute every 3 seconds");
}},1,3,TimeUnit.SECONDS);
```

3.3.4　newSingleThreadExecutor

newSingleThreadExecutor 线程池会保证永远有且只有一个可用的线程，在该线程停止或发生异常时，newSingleThreadExecutor 线程池会启动一个新的线程来代替该线程继续执行任务：

```
ExecutorService singleThread = Executors.newSingleThreadExecutor();
```

3.3.5　newWorkStealingPool

newWorkStealingPool 创建持有足够线程的线程池来达到快速运算的目的，在内部通过使用多个队列来减少各个线程调度产生的竞争。这里所说的有足够的线程指 JDK 根据当前线程的运行需求向操作系统申请足够的线程，以保障线程的快速执行，并很大程度地使用系统资源，提高并发计算的效率，省去用户根据 CPU 资源估算并行度的过程。当然，如果开发者想自己定义线程的并发数，则也可以将其作为参数传入。

3.4　线程的生命周期

线程的生命周期分为新建（New）、就绪（Runnable）、运行（Running）、阻塞（Blocked）和死亡（Dead）这 5 种状态。在系统运行过程中不断有新的线程被创建，旧的线程在执行完毕后被清理，线程在排队获取共享资源或者锁时将被阻塞，因此运行中的线程会在就绪、阻塞、运行状态之间来回切换。线程的具体状态转化流程如图 3-4 所示。

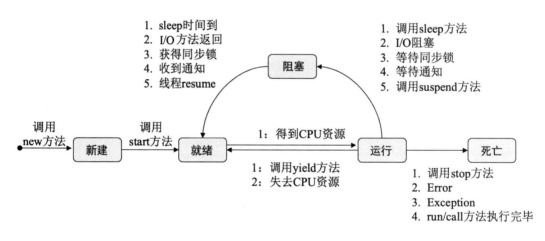

图 3-4

其流程如下所述。

（1）调用 new 方法新建一个线程，这时线程处于新建状态。

（2）调用 start 方法启动一个线程，这时线程处于就绪状态。

（3）处于就绪状态的线程等待线程获取 CPU 资源，在等待其获取 CPU 资源后线程会执行 run 方法进入运行状态。

（4）正在运行的线程在调用了 yield 方法或失去处理器资源时，会再次进入就绪状态。

（5）正在执行的线程在执行了 sleep 方法、I/O 阻塞、等待同步锁、等待通知、调用 suspend 方法等操作后，会挂起并进入阻塞状态，进入 Blocked 池。

（6）阻塞状态的线程由于出现 sleep 时间已到、I/O 方法返回、获得同步锁、收到通知、调用 resume 方法等情况，会再次进入就绪状态，等待 CPU 时间片的轮询。该线程在获取 CPU 资源后，会再次进入运行状态。

（7）处于运行状态的线程，在调用 run 方法或 call 方法正常执行完成、调用 stop 方法停止线程或者程序执行错误导致异常退出时，会进入死亡状态。

3.4.1 新建状态：New

在 Java 中使用 new 关键字创建一个线程，新创建的线程将处于新建状态。在创建线程时主要是为线程分配内存并初始化其成员变量的值。

3.4.2 就绪状态：Runnable

新建的线程对象在调用 start 方法之后将转为就绪状态。此时 JVM 完成了方法调用栈和程序计数器的创建，等待该线程的调度和运行。

3.4.3 运行状态：Running

就绪状态的线程在竞争到 CPU 的使用权并开始执行 run 方法的线程执行体时，会转为运行状态，处于运行状态的线程的主要任务就是执行 run 方法中的逻辑代码。

3.4.4 阻塞状态：Blocked

运行中的线程会主动或被动地放弃 CPU 的使用权并暂停运行，此时该线程将转为阻塞状态，直到再次进入可运行状态，才有机会再次竞争到 CPU 使用权并转为运行状态。阻塞的状态分为以下三种。

（1）等待阻塞：在运行状态的线程调用 o.wait 方法时，JVM 会把该线程放入等待队列（Waitting Queue）中，线程转为阻塞状态。

（2）同步阻塞：在运行状态的线程尝试获取正在被其他线程占用的对象同步锁时，JVM 会把该线程放入锁池（Lock Pool）中，此时线程转为阻塞状态。

（3）其他阻塞：运行状态的线程在执行 Thread.sleep(long ms)、Thread.join()或者发出 I/O 请求时，JVM 会把该线程转为阻塞状态。直到 sleep()状态超时、Thread.join()等待线程终止或超时，或者 I/O 处理完毕，线程才重新转为可运行状态。

3.4.5 线程死亡：Dead

线程在以下面三种方式结束后转为死亡状态。

◎ 线程正常结束：run 方法或 call 方法执行完成。
◎ 线程异常退出：运行中的线程抛出一个 Error 或未捕获的 Exception，线程异常退出。
◎ 手动结束：调用线程对象的 stop 方法手动结束运行中的线程（该方式会瞬间释放线程占用的同步对象锁，导致锁混乱和死锁，不推荐使用）。

3.5 线程的基本方法

线程相关的基本方法有 wait、notify、notifyAll、sleep、join、yield 等，这些方法控制线程的运行，并影响线程的状态变化。

3.5.1 线程等待：wait 方法

调用 wait 方法的线程会进入 WAITING 状态，只有等到其他线程的通知或被中断后才会返回。需要注意的是，在调用 wait 方法后会释放对象的锁，因此 wait 方法一般被用于同步方法或同步代码块中。

3.5.2 线程睡眠：sleep 方法

调用 sleep 方法会导致当前线程休眠。与 wait 方法不同的是，sleep 方法不会释放当前占有的锁，会导致线程进入 TIMED-WATING 状态，而 wait 方法会导致当前线程进入 WATING 状态。

3.5.3 线程让步：yield 方法

调用 yield 方法会使当前线程让出（释放）CPU 执行时间片，与其他线程一起重新竞争 CPU 时间片。在一般情况下，优先级高的线程更有可能竞争到 CPU 时间片，但这不是绝对的，有的操作系统对线程的优先级并不敏感。

3.5.4 线程中断：interrupt 方法

interrupt 方法用于向线程发行一个终止通知信号，会影响该线程内部的一个中断标识位，这个线程本身并不会因为调用了 interrupt 方法而改变状态（阻塞、终止等）。状态的具体变化需要等待接收到中断标识的程序的最终处理结果来判定。对 interrupt 方法的理解需要注意以下 4 个核心点。

◎ 调用 interrupt 方法并不会中断一个正在运行的线程，也就是说处于 Running 状态的线程并不会因为被中断而终止，仅仅改变了内部维护的中断标识位而已。具体的 JDK 源码如下：

```
public static boolean interrupted() {
    return currentThread().isInterrupted(true);
}
public boolean isInterrupted() {
    return isInterrupted(false);
}
```

◎ 若因为调用 sleep 方法而使线程处于 TIMED-WATING 状态，则这时调用 interrupt 方法会抛出 InterruptedException，使线程提前结束 TIMED-WATING 状态。

◎ 许多声明抛出 InterruptedException 的方法如 Thread.sleep(long mills)，在抛出异常前都会清除中断标识位，所以在抛出异常后调用 isInterrupted 方法将会返回 false。

◎ 中断状态是线程固有的一个标识位，可以通过此标识位安全终止线程。比如，在想终止一个线程时，可以先调用该线程的 interrupt 方法，然后在线程的 run 方法中根据该线程 isInterrupted 方法的返回状态值安全终止线程。

```java
public class SafeInterruptThread extends Thread {
    @Override
    public void run() {
        if (!Thread.currentThread().isInterrupted()) {
            try {
                //1：这里处理正常的线程业务逻辑
                sleep(10);
            } catch (InterruptedException e) {
                Thread.currentThread().interrupt();    //重新设置中断标识
            }
        }
        if (Thread.currentThread().isInterrupted()){
            //2：处理线程结束前必要的一些资源释放和清理工作，比如释放锁、
            //存储数据到持久化层、发出异常通知等，用于实现线程的安全退出
            sleep(10);
        }
    }
}
//3：定义一个可安全退出的线程
SafeInterruptThread thread = new SafeInterruptThread();
//4：安全退出线程
thread.interrupt();
```

3.5.5　线程加入：join 方法

join 方法用于等待其他线程终止，如果在当前线程中调用一个线程的 join 方法，则当前线程转为阻塞状态，等到另一个线程结束，当前线程再由阻塞状态转为就绪状态，等待获取 CPU 的使用权。在很多情况下，主线程生成并启动了子线程，需要等到子线程返回结果并收集和处理再退出，这时就要用到 join 方法，具体的使用方法如下：

```java
System.out.println("子线程运行开始!");
ChildThread childThread = new ChildThread();
childThread.join();//等待子线程 childThread 执行结束
System.out.println("子线 join()结束，开始运行主线程");
```

3.5.6 线程唤醒：notify 方法

Object 类有个 notify 方法，用于唤醒在此对象监视器上等待的一个线程，如果所有线程都在此对象上等待，则会选择唤醒其中一个线程，选择是任意的。

我们通常调用其中一个对象的 wait 方法在对象的监视器上等待，直到当前线程放弃此对象上的锁定，才能继续执行被唤醒的线程，被唤醒的线程将以常规方式与在该对象上主动同步的其他线程竞争。类似的方法还有 notifyAll，用于唤醒在监视器上等待的所有线程。

3.5.7 后台守护线程：setDaemon 方法

setDaemon 方法用于定义一个守护线程，也叫作"服务线程"，该线程是后台线程，有一个特性，即为用户线程提供公共服务，在没有用户线程可服务时会自动离开。

守护线程的优先级较低，用于为系统中的其他对象和线程提供服务。将一个用户线程设置为守护线程的方法是在线程对象创建之前用线程对象的 setDaemon(true)来设置。

在后台守护线程中定义的线程也是后台守护线程。后台守护线程是 JVM 级别的，比如垃圾回收线程就是一个经典的守护线程，在我们的程序中不再有任何线程运行时，程序就不会再产生垃圾，垃圾回收器也就无事可做，所以在回收 JVM 上仅剩的线程时，垃圾回收线程会自动离开。它始终在低级别的状态下运行，用于实时监控和管理系统中的可回收资源。

守护线程是运行在后台的一种特殊线程，独立于控制终端并且周期性地执行某种任务或等待处理某些已发生的事件。也就是说，守护线程不依赖于终端，但是依赖于 JVM，与 JVM "同生共死"。在 JVM 中的所有线程都是守护线程时，JVM 就可以退出了，如果还有一个或一个以上的非守护线程，则 JVM 不会退出。

至此，对影响线程的核心方法基本介绍完毕，各方法对线程状态的影响如图 3-5 所示。

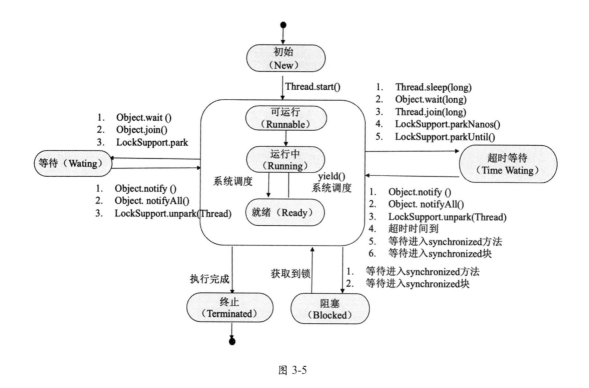

图 3-5

3.5.8 sleep 方法与 wait 方法的区别

sleep 方法与 wait 方法的区别如下。

- sleep 方法属于 Thread 类，wait 方法则属于 Object 类。
- sleep 方法暂停执行指定的时间，让出 CPU 给其他线程，但其监控状态依然保持，在指定的时间过后又会自动恢复运行状态。
- 在调用 sleep 方法的过程中，线程不会释放对象锁。
- 在调用 wait 方法时，线程会放弃对象锁，进入等待此对象的等待锁池，只有针对此对象调用 notify 方法后，该线程才能进入对象锁池准备获取对象锁，并进入运行状态。

3.5.9 start 方法与 run 方法的区别

start 方法与 run 方法的区别如下。

◎ start 方法用于启动线程，真正实现了多线程运行。在调用了线程的 start 方法后，线程会在后台执行，无须等待 run 方法体的代码执行完毕，就可以继续执行下面的代码。
◎ 在通过调用 Thread 类的 start 方法启动一个线程时，此线程处于就绪状态，并没有运行。
◎ run 方法也叫作线程体，包含了要执行的线程的逻辑代码，在调用 run 方法后，线程就进入运行状态，开始运行 run 方法中的代码。在 run 方法运行结束后，该线程终止，CPU 再调度其他线程。

3.5.10 终止线程的 4 种方式

1. 正常运行结束

指线程体执行完成，线程自动结束。

2. 使用退出标志退出线程

在一般情况下，在 run 方法执行完毕时，线程会正常结束。然而，有些线程是后台线程，需要长时间运行，只有在系统满足某些特殊条件后，才能触发关闭这些线程。这时可以使用一个变量来控制循环，比如设置一个 boolean 类型的标志，并通过设置这个标志为 true 或 false 来控制 while 循环是否退出，具体的实现代码如下：

```java
public class ThreadSafe extends Thread {
    public volatile boolean exit = false;
    public void run() {
        while (!exit){
            //执行业务逻辑代码
        }
    }
}
```

以上代码在线程中定义了一个退出标志 exit，exit 的默认值为 false。在定义 exit 时使用了一个 Java 关键字 volatile，这个关键字用于使 exit 线程同步安全，也就是说在同一时刻只能有一个线程修改 exit 的值，在 exit 为 true 时，while 循环退出。

3. 使用 Interrupt 方法终止线程

使用 interrupt 方法终止线程有以下两种情况。

（1）线程处于阻塞状态。例如，在使用了 sleep、调用锁的 wait 或者调用 socket 的 receiver、accept 等方法时，会使线程处于阻塞状态。在调用线程的 interrupt 方法时，会抛出 InterruptException 异常。我们通过代码捕获该异常，然后通过 break 跳出状态检测循环，可以有机会结束这个线程的执行。通常很多人认为只要调用 interrupt 方法就会结束线程，这实际上理解有误，一定要先捕获 InterruptedException 异常再通过 break 跳出循环，才能正常结束 run 方法。具体的实现代码如下：

```
public class ThreadSafe extends Thread {
    public void run() {
        while (!isInterrupted()){ //在非阻塞过程中通过判断中断标志来退出
            try{
                Thread.sleep(5*1000);//在阻塞过程中捕获中断异常来退出
            }catch(InterruptedException e){
                e.printStackTrace();
                break;//在捕获到异常后执行break跳出循环
            }
        }
    }
}
```

（2）线程未处于阻塞状态。此时，使用 isInterrupted 方法判断线程的中断标志来退出循环。在调用 interrupt 方法时，中断标志会被设置为 true，并不能立刻退出线程，而是执行线程终止前的资源释放操作，等待资源释放完毕后退出该线程。

4. 使用 stop 方法终止线程：不安全

在程序中可以直接调用 Thread.stop 方法强行终止线程，但这是很危险的，就像突然关闭计算机的电源，而不是正常关机一样，可能会产生不可预料的后果。

在程序使用 Thread.stop 方法终止线程时，该线程的子线程会抛出 ThreadDeatherror 错误，并且释放子线程持有的所有锁。加锁的代码块一般被用于保护数据的一致性，如果在调用 Thread.stop 方法后导致该线程所持有的所有锁突然释放而使锁资源不可控制，被保护的数据就可能出现不一致的情况，其他线程在使用这些被破坏的数据时，有可能使程序运行错误。因此，并不推荐采用这种方法终止线程。

3.6　Java 中的锁

Java 中的锁主要用于保障多并发线程情况下数据的一致性。在多线程编程中为了保障数据的一致性，我们通常需要在使用对象或者方法之前加锁，这时如果有其他线程也需要使用该对象或者该方法，则首先要获得锁，如果某个线程发现锁正在被其他线程使用，就会进入阻塞队列等待锁的释放，直到其他线程执行完成并释放锁，该线程才有机会再次获取锁进行操作。这样就保障了在同一时刻只有一个线程持有该对象的锁并修改对象，从而保障数据的安全。

锁从乐观和悲观的角度可分为乐观锁和悲观锁，从获取资源的公平性角度可分为公平锁和非公平锁，从是否共享资源的角度可分为共享锁和独占锁，从锁的状态的角度可分为偏向锁、轻量级锁和重量级锁。同时，在 JVM 中还巧妙设计了自旋锁以更快地使用 CPU 资源。下面将详细介绍这些锁。

3.6.1　乐观锁

乐观锁采用乐观的思想处理数据，在每次读取数据时都认为别人不会修改该数据，所以不会上锁，但在更新时会判断在此期间别人有没有更新该数据，通常采用在写时先读出当前版本号然后加锁的方法。具体过程为：比较当前版本号与上一次的版本号，如果版本号一致，则更新，如果版本号不一致，则重复进行读、比较、写操作。

Java 中的乐观锁大部分是通过 CAS（Compare And Swap，比较和交换）操作实现的，CAS 是一种原子更新操作，在对数据操作之前首先会比较当前值跟传入的值是否一样，如果一样则更新，否则不执行更新操作，直接返回失败状态。

3.6.2　悲观锁

悲观锁采用悲观思想处理数据，在每次读取数据时都认为别人会修改数据，所以每次在读写数据时都会上锁，这样别人想读写这个数据时就会阻塞、等待直到拿到锁。

Java 中的悲观锁大部分基于 AQS（Abstract Queued Synchronized，抽象的队列同步器）架构实现。AQS 定义了一套多线程访问共享资源的同步框架，许多同步类的实现都依赖于它，例如常用的 Synchronized、ReentrantLock、Semaphore、CountDownLatch 等。该框架下的锁会先尝试以 CAS 乐观锁去获取锁，如果获取不到，则会转为悲观锁（如 RetreenLock）。

3.6.3 自旋锁

自旋锁认为：如果持有锁的线程能在很短的时间内释放锁资源，那么那些等待竞争锁的线程就不需要做内核态和用户态之间的切换进入阻塞、挂起状态，只需等一等（也叫作自旋），在等待持有锁的线程释放锁后即可立即获取锁，这样就避免了用户线程在内核状态的切换上导致的锁时间消耗。

线程在自旋时会占用 CPU，在线程长时间自旋获取不到锁时，将会产 CPU 的浪费，甚至有时线程永远无法获取锁而导致 CPU 资源被永久占用，所以需要设定一个自旋等待的最大时间。在线程执行的时间超过自旋等待的最大时间后，线程会退出自旋模式并释放其持有的锁。

1. 自旋锁的优缺点

自旋锁的优缺点如下。

◎ 优点：自旋锁可以减少 CPU 上下文的切换，对于占用锁的时间非常短或锁竞争不激烈的代码块来说性能大幅度提升，因为自旋的 CPU 耗时明显少于线程阻塞、挂起、再唤醒时两次 CPU 上下文切换所用的时间。

◎ 缺点：在持有锁的线程占用锁时间过长或锁的竞争过于激烈时，线程在自旋过程中会长时间获取不到锁资源，将引起 CPU 的浪费。所以在系统中有复杂锁依赖的情况下不适合采用自旋锁。

2. 自旋锁的时间阈值

自旋锁用于让当前线程占着 CPU 的资源不释放，等到下次自旋获取锁资源后立即执行相关操作。但是如何选择自旋的执行时间呢？如果自旋的执行时间太长，则会有大量的线程处于自旋状态且占用 CPU 资源，造成系统资源浪费。因此，对自旋的周期选择将直接影响到系统的性能！

JDK 的不同版本所采用的自旋周期不同，JDK 1.5 为固定 DE 时间，JDK 1.6 引入了适应性自旋锁。适应性自旋锁的自旋时间不再是固定值，而是由上一次在同一个锁上的自旋时间及锁的拥有者的状态来决定的，可基本认为一个线程上下文切换的时间是就一个最佳时间。

3.6.4 synchronized

synchronized 关键字用于为 Java 对象、方法、代码块提供线程安全的操作。synchronized 属于独占式的悲观锁，同时属于可重入锁。在使用 synchronized 修饰对象时，同一时刻只能有一个线程对该对象进行访问；在 synchronized 修饰方法、代码块时，同一时刻只能有一个线程执行该方法体或代码块，其他线程只有等待当前线程执行完毕并释放锁资源后才能访问该对象或执行同步代码块。

Java 中的每个对象都有个 monitor 对象，加锁就是在竞争 monitor 对象。对代码块加锁是通过在前后分别加上 monitorenter 和 monitorexit 指令实现的，对方法是否加锁是通过一个标记位来判断的。

1. synchronized 的作用范围

synchronized 的作用范围如下。

- synchronized 作用于成员变量和非静态方法时，锁住的是对象的实例，即 this 对象。
- synchronized 作用于静态方法时，锁住的是 Class 实例，因为静态方法属于 Class 而不属于对象。
- synchronized 作用于一个代码块时，锁住的是所有代码块中配置的对象。

2. synchronized 的用法简介

synchronized 作用于成员变量和非静态方法时，锁住的是对象的实例，具体的代码实现如下：

```java
public static void main(String[] args) {
    final SynchronizedDemo synchronizedDemo = new SynchronizedDemo();
    new Thread(new Runnable() {
        @Override
        public void run() {
            synchronizedDemo.generalMethod1();
        }
    }).start();
    new Thread(new Runnable() {
        @Override
        public void run() {
```

```
                synchronizedDemo.generalMethod2();
            }
        }).start();
    }
    //synchronized 修饰普通的同步方法，锁住的是当前实例对象
    public synchronized void generalMethod1() {
        try {
            for(int i = 1 ; i<3;i++) {
                System.out.println("generalMethod1 execute " +i+" time");
                Thread.sleep(3000);
            }
        } catch (InterruptedException e) {
            e.printStackTrace();
        }
    }
    //synchronized 修饰普通的同步方法，锁住的是当前实例对象
    public synchronized void generalMethod2() {
        try {
            for(int i = 1 ; i<3;i++) {
                System.out.println("generalMethod2 execute "+i+" time");
                Thread.sleep(3000);
            }
        } catch (InterruptedException e) {
            e.printStackTrace();
        }
    }
```

上面的程序定义了两个使用 synchronized 修饰的普通方法，然后在 main 函数中定义对象的实例并发执行各个方法。我们看到，线程 1 会等待线程 2 执行完成才能执行，这是因为 synchronized 锁住了当前的对象实例 synchronizedDemo 导致的。具体的执行结果如下：

```
generalMethod1 execute 1 time
generalMethod1 execute 2 time
generalMethod2 execute 1 time
generalMethod2 execute 2 time
```

稍微把程序修改一下，定义两个实例分别调用两个方法，程序就能并发执行起来了：

```
final SynchronizedDemo synchronizedDemo = new SynchronizedDemo();
    final SynchronizedDemo synchronizedDemo2 = new SynchronizedDemo();
        new Thread(new Runnable() {
```

```
            @Override
            public void run() {
                synchronizedDemo.generalMethod1();
            }
        }).start();
        new Thread(new Runnable() {
            @Override
            public void run() {
                synchronizedDemo2.generalMethod2();
            }
        }).start();
```

具体的执行结果如下：

```
generalMethod1 execute 1 time
generalMethod2 execute 1 time
generalMethod1 execute 2 time
generalMethod2 execute 2 time
```

synchronized 作用于静态同步方法，锁住的是当前类的 Class 对象，具体的使用代码如下，我们只需在以上方法上加上 static 关键字即可：

```
public static void main(String[] args) {
    final SynchronizedDemo synchronizedDemo = new SynchronizedDemo();
    final SynchronizedDemo synchronizedDemo2 = new SynchronizedDemo();
    new Thread(new Runnable() {
        @Override
        public void run() {
            synchronizedDemo.generalMethod1();
        }
    }).start();
    new Thread(new Runnable() {
        @Override
        public void run() {
            synchronizedDemo2.generalMethod2();
        }
    }).start();
}
//synchronized 静态同步方法，锁住的是当前类的 Class 对象
public static synchronized void generalMethod1() {
    try {
        for(int i = 1 ; i<3;i++) {
```

```
                System.out.println("generalMethod1 execute " +i+" time");
                Thread.sleep(3000);
            }
        } catch (InterruptedException e) {
            e.printStackTrace();
        }
    }

    //synchronized用于静态同步方法,锁住的是当前类的Class对象
    public static synchronized void generalMethod2() {
        try {
            for(int i = 1 ; i<3;i++) {
                System.out.println("generalMethod2 execute "+i+" time");
                Thread.sleep(3000);
            }
        } catch (InterruptedException e) {
            e.printStackTrace();
        }
    }
```

以上代码首先定义了两个 static 的 synchronized 方法,然后定义了两个实例分别执行这两个方法,具体的执行结果如下:

```
generalMethod1 execute 1 time
generalMethod1 execute 2 time
generalMethod2 execute 1 time
generalMethod2 execute 2 time
```

我们通过日志能清晰地看到,因为 static 方法是属于 Class 的,并且 Class 的相关数据在 JVM 中是全局共享的,因此静态方法锁相当于类的一个全局锁,会锁住所有调用该方法的线程。

synchronized 作用于一个代码块时,锁住的是在代码块中配置的对象。具体的实现代码如下:

```
 String lockA = "lockA";
final SynchronizedDemo synchronizedDemo = new SynchronizedDemo();
    new Thread(new Runnable() {
        @Override
        public void run() {
            synchronizedDemo.blockMethod1();
        }
```

```
        }).start();
        new Thread(new Runnable() {
            @Override
            public void run() {
                synchronizedDemo.blockMethod2();
            }
        }).start();
//synchronized用于方法块，锁住的是在括号里面配置的对象
public    void blockMethod1() {
    try {
        synchronized (lockA) {
            for(int i = 1 ; i<3;i++) {
                System.out.println("Method 1 execute");
                Thread.sleep(3000);
            }
        }
    } catch (InterruptedException e) {
        e.printStackTrace();
    }
}
//synchronized用于方法块，锁住的是在括号里面配置的对象
public    void blockMethod2() {
    try {
        synchronized (lockA) {
            for(int i = 1 ; i<3;i++) {
                System.out.println("Method 2 execute");
                Thread.sleep(3000);
            }
        }
    } catch (InterruptedException e) {
        e.printStackTrace();
    }
}
```

以上代码的执行结果很简单，由于两个方法都需要获取名为 lockA 的锁，所以线程 1 会等待线程 2 执行完成后才能获取该锁并执行：

```
Method 1 execute
Method 1 execute
Method 2 execute
Method 2 execute
```

我们在写多线程程序时可能会出现 A 线程依赖 B 线程中的资源，而 B 线程又依赖于 A 线程中的资源的情况，这时就可能出现死锁。我们在开发时要杜绝资源相互调用的情况。如下所示就是一段典型的死锁代码：

```java
String lockA = "lockA";
String lockB = "lockB";
public static void main(String[] args) {
    final SynchronizedDemo synchronizedDemo = new SynchronizedDemo();
    new Thread(new Runnable() {
        @Override
        public void run() {
            synchronizedDemo.blockMethod1();
        }
    }).start();
    new Thread(new Runnable() {
        @Override
        public void run() {
            synchronizedDemo.blockMethod2();
        }
    }).start();

}
//synchronizedyoghurt 用于同步方法块，锁住的是括号里面的对象
public  void blockMethod1() {
    try {
        synchronized (lockA) {
            for(int i = 1 ; i<3;i++) {
                System.out.println("Method 1 execute");
                Thread.sleep(3000);
                synchronized (lockB){}
            }
        }
    } catch (InterruptedException e) {
        e.printStackTrace();
    }
}
//synchronizedyoghurt 用于同步方法块，锁住的是括号里面的对象
public  void blockMethod2() {
    try {
        synchronized (lockB) {
            for(int i = 1 ; i<3;i++) {
```

```
                System.out.println("Method 2 execute");
                Thread.sleep(3000);
                synchronized (lockA){}
            }
        }
    } catch (InterruptedException e) {
        e.printStackTrace();
    }
}
```

通过以上代码可以看出，在 blockMethod1 方法中，synchronized(lockA)在第一次循环执行后使用 synchronized(lockB)锁住了 lockB，下次执行等待 lockA 锁释放后才能继续；而在 blockMethod2 方法中，synchronized (lockB) 在第一次循环执行后使用 ynchronized(lockA)锁住了 lockA，等待 lockB 释放后才能进行下一次执行。这样就出现 blockMethod1 等待 blockMethod2 释放 lockA，而 blockMethod2 等待 blockMethod1 释放 lockB 的情况，就出现了死锁。执行结果是两个线程都挂起，等待对方释放资源：

```
Method 1 execute
Method 2 execute
Thread block……
```

3. synchronized 的实现原理

在 synchronized 内部包括 ContentionList、EntryList、WaitSet、OnDeck、Owner、!Owner 这 6 个区域，每个区域的数据都代表锁的不同状态。

- ContentionList：锁竞争队列，所有请求锁的线程都被放在竞争队列中。
- EntryList：竞争候选列表，在 Contention List 中有资格成为候选者来竞争锁资源的线程被移动到了 Entry List 中。
- WaitSet：等待集合，调用 wait 方法后被阻塞的线程将被放在 WaitSet 中。
- OnDeck：竞争候选者，在同一时刻最多只有一个线程在竞争锁资源，该线程的状态被称为 OnDeck。
- Owner：竞争到锁资源的线程被称为 Owner 状态线程。
- !Owner：在 Owner 线程释放锁后，会从 Owner 的状态变成!Owner。

synchronized 在收到新的锁请求时首先自旋，如果通过自旋也没有获取锁资源，则将被放入锁竞争队列 ContentionList 中。

为了防止锁竞争时 ContentionList 尾部的元素被大量的并发线程进行 CAS 访问而影

响性能，Owner 线程会在释放锁资源时将 ContentionList 中的部分线程移动到 EntryList 中，并指定 EntryList 中的某个线程（一般是最先进入的线程）为 OnDeck 线程。Owner 线程并没有直接把锁传递给 OnDeck 线程，而是把锁竞争的权利交给 OnDeck，让 OnDeck 线程重新竞争锁。在 Java 中把该行为称为"竞争切换"，该行为牺牲了公平性，但提高了性能。

获取到锁资源的 OnDeck 线程会变为 Owner 线程，而未获取到锁资源的线程仍然停留在 EntryList 中。

Owner 线程在被 wait 方法阻塞后，会被转移到 WaitSet 队列中，直到某个时刻被 notify 方法或者 notifyAll 方法唤醒，会再次进入 EntryList 中。ContentionList、EntryList、WaitSet 中的线程均为阻塞状态，该阻塞是由操作系统来完成的（在 Linux 内核下是采用 pthread_mutex_lock 内核函数实现的）。

Owner 线程在执行完毕后会释放锁的资源并变为!Owner 状态，如图 3-6 所示。

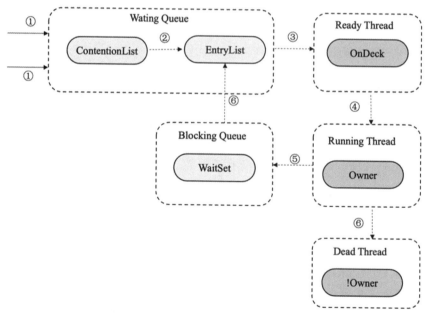

图 3-6

在 synchronized 中，在线程进入 ContentionList 之前，等待的线程会先尝试以自旋的方式获取锁，如果获取不到就进入 ContentionList，该做法对于已经进入队列的线程是不公平的，因此 synchronized 是非公平锁。另外，自旋获取锁的线程也可以直接抢占

OnDeck 线程的锁资源。

synchronized 是一个重量级操作，需要调用操作系统的相关接口，性能较低，给线程加锁的时间有可能超过获取锁后具体逻辑代码的操作时间。

JDK 1.6 对 synchronized 做了很多优化，引入了适应自旋、锁消除、锁粗化、轻量级锁及偏向锁等以提高锁的效率。锁可以从偏向锁升级到轻量级锁，再升级到重量级锁。这种升级过程叫作锁膨胀。在 JDK 1.6 中默认开启了偏向锁和轻量级锁，可以通过-XX:UseBiasedLocking 禁用偏向锁。

3.6.5 ReentrantLock

ReentrantLock 继承了 Lock 接口并实现了在接口中定义的方法，是一个可重入的独占锁。ReentrantLock 通过自定义队列同步器（Abstract Queued Sychronized，AQS）来实现锁的获取与释放。

独占锁指该锁在同一时刻只能被一个线程获取，而获取锁的其他线程只能在同步队列中等待；可重入锁指该锁能够支持一个线程对同一个资源执行多次加锁操作。

ReentrantLock 支持公平锁和非公平锁的实现。公平指线程竞争锁的机制是公平的，而非公平指不同的线程获取锁的机制是不公平的。

ReentrantLock 不但提供了 synchronized 对锁的操作功能，还提供了诸如可响应中断锁、可轮询锁请求、定时锁等避免多线程死锁的方法。

1. ReentrantLock 的用法

ReentrantLock 有显式的操作过程，何时加锁、何时释放锁都在程序员的控制之下。具体的使用流程是定义一个 ReentrantLock，在需要加锁的地方通过 lock 方法加锁，等资源使用完成后再通过 unlock 方法释放锁。具体的实现代码如下：

```
public class ReenterLockDemo implements Runnable{
    //step 1:定义一个ReentrantLock
    public static ReentrantLock lock = new ReentrantLock();
    public static int i = 0;
    public void run() {
        for (int j = 0;j<10;j++) {
            lock.lock();//step 2:加锁
```

```java
            //lock.lock();可重入锁
            try {
                i++;
            }finally {
                lock.unlock();//step 3:释放锁
                //lock.unlock();可重入锁
            }
        }
    }
    public static void main(String[] args) throws InterruptedException {
        ReenterLockDemo reenterLock = new ReenterLockDemo();
        Thread t1 = new Thread(reenterLock);
        t1.start();
        t1.join();
        System.out.println(i);
    }
}
```

ReentrantLock 之所以被称为可重入锁，是因为 ReentrantLock 锁可以反复进入。即允许连续两次获得同一把锁，两次释放同一把锁。将上述代码中的注释部分去掉后，程序仍然可以正常执行。注意，获取锁和释放锁的次数要相同，如果释放锁的次数多于获取锁的次数，Java 就会抛出 java.lang.IllegalMonitorStateException 异常；如果释放锁的次数少于获取锁的次数，该线程就会一直持有该锁，其他线程将无法获取锁资源。

2. ReentrantLock 如何避免死锁：响应中断、可轮询锁、定时锁

（1）响应中断：在 synchronized 中如果有一个线程尝试获取一把锁，则其结果是要么获取锁继续执行，要么保持等待。ReentrantLock 还提供了可响应中断的可能，即在等待锁的过程中，线程可以根据需要取消对锁的请求。具体的实现代码如下：

```java
 public class InterruptiblyLock {
public   ReentrantLock lock1 = new ReentrantLock();//step 1:第 1 把锁 lock1
public   ReentrantLock lock2 = new ReentrantLock();//step 2:第 2 把锁 lock2
public Thread lock1(){
    Thread t = new Thread(new Runnable(){
        public void run(){
            try {
                lock1.lockInterruptibly(); //step 3.1:如果当前线程未被中断，则获取锁
                try {
                    Thread.sleep(500);//step 4.1:sleep 500ms，这里执行具体的业务逻辑
```

```java
                } catch (InterruptedException e) {
                    e.printStackTrace();
                }
                lock2.lockInterruptibly();
                System.out.println(Thread.currentThread().getName()+
                        ", 执行完毕! ");
            } catch (InterruptedException e) {
                e.printStackTrace();
            } finally {
                //step 5.1:在业务逻辑执行结束后，检查当前线程是否持有该锁，如果持有则释放该锁
                if (lock1.isHeldByCurrentThread()) {
                    lock1.unlock();
                }
                if (lock2.isHeldByCurrentThread()) {
                    lock2.unlock();
                }
                System.out.println(Thread.currentThread().getName() +
                        ", 退出。");
            }
        }
    });
    t.start();
    return t;
}

public Thread lock2(){
    Thread t = new Thread(new Runnable(){
        public void run(){
            try {
                lock2.lockInterruptibly();//step 3.2:如果当前线程未被中断，则获取锁
                try {
                    Thread.sleep(500); //step 4.2:sleep 500ms，这里执行具体业务逻辑
                } catch (InterruptedException e) {
                    e.printStackTrace();
                }
                lock1.lockInterruptibly();
                System.out.println(Thread.currentThread().getName()+
                        ", 执行完毕! ");
            } catch (InterruptedException e) {
                e.printStackTrace();
            } finally {
```

```
                    //step 5.2:在业务逻辑执行结束后,检查当前线程是否保持该锁,如果持有则释放该锁
                    if (lock1.isHeldByCurrentThread()) {
                        lock1.unlock();
                    }
                    if (lock2.isHeldByCurrentThread()) {
                        lock2.unlock();
                    }
                    System.out.println(Thread.currentThread().getName() +
                      ",退出。");
                }
            }
        });
        t.start();
        return t;
    }
    public static void main(String[] args) throws InterruptedException {
        long time = System.currentTimeMillis();
        InterruptiblyLock interruptiblyLock = new InterruptiblyLock();
        Thread thread1 = interruptiblyLock.lock1();
        Thread thread2 = interruptiblyLock.lock2();
        //自旋一段时间,如果等待时间过长,则可能发生了死锁等问题,主动中断并释放锁
        while (true){
            if(System.currentTimeMillis() - time >=3000){
                thread2.interrupt();  //中断线程1
            }
        }
    }
}
```

在以上代码中,在线程 thread1 和 thread2 启动后,thread1 先占用 lock1,再占用 lock2;thread2 则先占用 lock2,后占用 lock1,这便形成了 thread1 和 thread2 之间的相互等待,在两个线程都启动时便处于死锁状态。在 while 循环中,如果等待时间过长,则这里可设定为 3s,如果可能发生了死锁等问题,thread2 就会主动中断(interrupt),释放对 lock1 的申请,同时释放已获得的 lock2,让 thread1 顺利获得 lock2,继续执行下去。输出结果如下:

```
java.lang.InterruptedException
……
Thread-1,退出。
Thread-0,执行完毕!
Thread-0,退出。
```

（2）可轮询锁：通过 boolean tryLock()获取锁。如果有可用锁，则获取该锁并返回 true，如果无可用锁，则立即返回 false。

（3）定时锁：通过 boolean tryLock(long time,TimeUnit unit) throws InterruptedException 获取定时锁。如果在给定的时间内获取到了可用锁，且当前线程未被中断，则获取该锁并返回 true。如果在给定的时间内获取不到可用锁，将禁用当前线程，并且在发生以下三种情况之前，该线程一直处于休眠状态。

- 当前线程获取到了可用锁并返回 true。
- 当前线程在进入此方法时设置了该线程的中断状态，或者当前线程在获取锁时被中断，则将抛出 InterruptedException，并清除当前线程的已中断状态。
- 当前线程获取锁的时间超过了指定的等待时间，则将返回 false。如果设定的时间小于等于 0，则该方法将完全不等待。

3. Lock 接口的主要方法

Lock 接口的主要方法如下。

- void lock()：给对象加锁，如果锁未被其他线程使用，则当前线程将获取该锁；如果锁正在被其他线程持有，则将禁用当前线程，直到当前线程获取锁。
- boolean tryLock()：试图给对象加锁，如果锁未被其他线程使用，则将获取该锁并返回 true，否则返回 false。tryLock()和 lock()的区别在于 tryLock()只是"试图"获取锁，如果没有可用锁，就会立即返回。lock()在锁不可用时会一直等待，直到获取到可用锁。
- tryLock(long timeout TimeUnit unit)：创建定时锁，如果在给定的等待时间内有可用锁，则获取该锁。
- void unlock()：释放当前线程所持有的锁。锁只能由持有者释放，如果当前线程并不持有该锁却执行该方法，则抛出异常。
- Condition newCondition()：创建条件对象，获取等待通知组件。该组件和当前锁绑定，当前线程只有获取了锁才能调用该组件的 await()，在调用后当前线程将释放锁。
- getHoldCount()：查询当前线程保持此锁的次数，也就是此线程执行 lock 方法的次数。
- getQueueLength()：返回等待获取此锁的线程估计数，比如启动 5 个线程，1 个线程获得锁，此时返回 4。

- getWaitQueueLength(Condition condition)：返回在 Condition 条件下等待该锁的线程数量。比如有 5 个线程用同一个 condition 对象，并且这 5 个线程都执行了 condition 对象的 await 方法，那么执行此方法将返回 5。
- hasWaiters(Condition condition)：查询是否有线程正在等待与给定条件有关的锁，即对于指定的 contidion 对象，有多少线程执行了 condition.await 方法。
- hasQueuedThread(Thread thread)：查询给定的线程是否等待获取该锁。
- hasQueuedThreads()：查询是否有线程等待该锁。
- isFair()：查询该锁是否为公平锁。
- isHeldByCurrentThread()：查询当前线程是否持有该锁，线程执行 lock 方法的前后状态分别是 false 和 true。
- isLock()：判断此锁是否被线程占用。
- lockInterruptibly()：如果当前线程未被中断，则获取该锁。

4. 公平锁与非公平锁

ReentrantLock 支持公平锁和非公平锁两种方式。公平锁指锁的分配和竞争机制是公平的，即遵循先到先得原则。非公平锁指 JVM 遵循随机、就近原则分配锁的机制。

ReentrantLock 通过在构造函数 ReentrantLock(boolean fair) 中传递不同的参数来定义不同类型的锁，默认的实现是非公平锁。这是因为，非公平锁虽然放弃了锁的公平性，但是执行效率明显高于公平锁。如果系统没有特殊的要求，一般情况下建议使用非公平锁。

5. tryLock、lock 和 lockInterruptibly 的区别

tryLock、lock 和 lockInterruptibly 的区别如下。

- tryLock 若有可用锁，则获取该锁并返回 true，否则返回 false，不会有延迟或等待；tryLock(long timeout,TimeUnit unit) 可以增加时间限制，如果超过了指定的时间还没获得锁，则返回 false。
- lock 若有可用锁，则获取该锁并返回 true，否则会一直等待直到获取可用锁。
- 在锁中断时 lockInterruptibly 会抛出异常，lock 不会。

3.6.6 synchronized 和 ReentrantLock 的比较

synchronized 和 ReentrantLock 的共同点如下。

- ◎ 都用于控制多线程对共享对象的访问。
- ◎ 都是可重入锁。
- ◎ 都保证了可见性和互斥性。

synchronized 和 ReentrantLock 的不同点如下。

- ◎ ReentrantLock 显式获取和释放锁；synchronized 隐式获取和释放锁。为了避免程序出现异常而无法正常释放锁，在使用 ReentrantLock 时必须在 finally 控制块中进行解锁操作。
- ◎ ReentrantLock 可响应中断、可轮回，为处理锁提供了更多的灵活性。
- ◎ ReentrantLock 是 API 级别的，synchronized 是 JVM 级别的。
- ◎ ReentrantLock 可以定义公平锁。
- ◎ ReentrantLock 通过 Condition 可以绑定多个条件。
- ◎ 二者的底层实现不一样：synchronized 是同步阻塞，采用的是悲观并发策略；Lock 是同步非阻塞，采用的是乐观并发策略。
- ◎ Lock 是一个接口，而 synchronized 是 Java 中的关键字，synchronized 是由内置的语言实现的。
- ◎ 我们通过 Lock 可以知道有没有成功获取锁，通过 synchronized 却无法做到。
- ◎ Lock 可以通过分别定义读写锁提高多个线程读操作的效率。

3.6.7 Semaphore

Semaphore 是一种基于计数的信号量，在定义信号量对象时可以设定一个阈值，基于该阈值，多个线程竞争获取许可信号，线程竞争到许可信号后开始执行具体的业务逻辑，业务逻辑在执行完成后释放该许可信号。在许可信号的竞争队列超过阈值后，新加入的申请许可信号的线程将被阻塞，直到有其他许可信号被释放。Semaphore 的基本用法如下：

```
//step 1：创建一个计数阈值为 5 的信号量对象，即只能有 5 个线程同时访问
Semaphore semp = new Semaphore(5);
try {
    //step 2：申请许可
    semp.acquire();
    try {
        //step 3：执行业务逻辑
    } catch (Exception e) {
    } finally {
```

```
                //step 4：释放许可
                semp.release();
            }
        } catch (InterruptedException e) {
        }
```

Semaphore 对锁的申请和释放和 ReentrantLock 类似，通过 acquire 方法和 release 方法来获取和释放许可信号资源。Semaphone.acquire 方法默认和 ReentrantLock.lockInterruptibly 方法的效果一样，为可响应中断锁，也就是说在等待许可信号资源的过程中可以被 Thread.interrupt 方法中断而取消对许可信号的申请。

此外，Semaphore 也实现了可轮询的锁请求、定时锁的功能，以及公平锁与非公平锁的机制。对公平与非公平锁的定义在构造函数中设定。

Semaphore 的锁释放操作也需要手动执行，因此，为了避免线程因执行异常而无法正常释放锁，释放锁的操作必须在 finally 代码块中完成。

Semaphore 也可以用于实现一些对象池、资源池的构建，比如静态全局对象池、数据库连接池等。此外，我们也可以创建计数为 1 的 Semaphore，将其作为一种互斥锁的机制（也叫二元信号量，表示两种互斥状态），同一时刻只能有一个线程获取该锁。

3.6.8 AtomicInteger

我们知道，在多线程程序中，诸如++i 或 i++等运算不具有原子性，因此不是安全的线程操作。我们可以通过 synchronized 或 ReentrantLock 将该操作变成一个原子操作，但是 synchronized 和 ReentrantLock 均属于重量级锁。因此 JVM 为此类原子操作提供了一些原子操作同步类，使得同步操作（线程安全操作）更加方便、高效，它便是 AtomicInteger。

AtomicInteger 为提供原子操作的 Integer 的类，常见的原子操作类还有 AtomicBoolean、AtomicInteger、AtomicLong、AtomicReference 等，它们的实现原理相同，区别在于运算对象的类型不同。还可以通过 AtomicReference<V>将一个对象的所有操作都转化成原子操作。AtomicInteger 的性能通常是 synchronized 和 ReentrantLock 的好几倍。具体用法如下：

```
class AtomicIntegerDemo implements Runnable {
    //step 1：定义一个原子操作数
    static AtomicInteger safeCounter = new AtomicInteger(0);
```

```
        public void run() {
            for (int m = 0; m < 1000000; m++) {
                safeCounter.getAndIncrement();//step 2：对原子操作数执行自增操作
            }
        }
    };
    public class AtomicIntegerDemoTest {
        public static void main(String[] args) throws InterruptedException {
            AtomicIntegerDemo mt = new AtomicIntegerDemo();
            Thread t1 = new Thread(mt);
            Thread t2 = new Thread(mt);
            t1.start();
            t2.start();
            Thread.sleep(500);
            System.out.println(mt.safeCounter.get());
        }
    }
```

3.6.9　可重入锁

可重入锁也叫作递归锁，指在同一线程中，在外层函数获取到该锁之后，内层的递归函数仍然可以继续获取该锁。在 Java 环境下，ReentrantLock 和 synchronized 都是可重入锁。

3.6.10　公平锁与非公平锁

- 公平锁（Fair Lock）指在分配锁前检查是否有线程在排队等待获取该锁，优先将锁分配给排队时间最长的线程。
- 非公平锁（Nonfair Lock）指在分配锁时不考虑线程排队等待的情况，直接尝试获取锁，在获取不到锁时再排到队尾等待。

因为公平锁需要在多核的情况下维护一个锁线程等待队列，基于该队列进行锁的分配，因此效率比非公平锁低很多。Java 中的 synchronized 是非公平锁，ReentrantLock 默认的 lock 方法采用的是非公平锁。

3.6.11 读写锁：ReadWriteLock

在 Java 中通过 Lock 接口及对象可以方便地为对象加锁和释放锁，但是这种锁不区分读写，叫作普通锁。为了提高性能，Java 提供了读写锁。读写锁分为读锁和写锁两种，多个读锁不互斥，读锁与写锁互斥。在读的地方使用读锁，在写的地方使用写锁，在没有写锁的情况下，读是无阻塞的。

如果系统要求共享数据可以同时支持很多线程并发读，但不能支持很多线程并发写，那么使用读锁能很大程度地提高效率；如果系统要求共享数据在同一时刻只能有一个线程在写，且在写的过程中不能读取该共享数据，则需要使用写锁。

一般做法是分别定义一个读锁和一个写锁，在读取共享数据时使用读锁，在使用完成后释放读锁，在写共享数据时使用写锁，在使用完成后释放写锁。在 Java 中，通过读写锁的接口 java.util.concurrent.locks.ReadWriteLoc 的实现类 ReentrantReadWriteLock 来完成对读写锁的定义和使用。具体用法如下：

```java
public class SeafCache {
 private final Map<String, Object> cache = new HashMap<String, Object>();
 private final ReentrantReadWriteLock rwlock = new ReentrantReadWriteLock();
        private final Lock readLock = rwlock.readLock();      //step 1：定义读锁
        private final Lock writeLock = rwlock.writeLock();    //step 2：定义写锁
        //step 3：在读数据时加读锁
        public Object get(String key) {
            readLock.lock();
            try { return cache.get(key); }
            finally { readLock.unlock(); }
        }
        //step 4：在写数据时加写锁
        public Object put(String key, Object value) {
            writeLock.lock();
            try { return cache.put(key, value); }
            finally { writeLock.unlock(); }
        }
}
```

3.6.12 共享锁和独占锁

Java 并发包提供的加锁模式分为独占锁和共享锁。

◎ 独占锁：也叫互斥锁，每次只允许一个线程持有该锁，ReentrantLock 为独占锁的实现。
◎ 共享锁：允许多个线程同时获取该锁，并发访问共享资源。ReentrantReadWriteLock 中的读锁为共享锁的实现。

ReentrantReadWriteLock 的加锁和解锁操作最终都调用内部类 Sync 提供的方法。Sync 对象通过继承 AQS（Abstract Queued Synchronizer）进行实现。AQS 的内部类 Node 定义了两个常量 SHARED 和 EXCLUSIVE，分别标识 AQS 队列中等待线程的锁获取模式。

独占锁是一种悲观的加锁策略，同一时刻只允许一个读线程读取锁资源，限制了读操作的并发性；因为并发读线程并不会影响数据的一致性，因此共享锁采用了乐观的加锁策略，允许多个执行读操作的线程同时访问共享资源。

3.6.13 重量级锁和轻量级锁

重量级锁是基于操作系统的互斥量（Mutex Lock）而实现的锁，会导致进程在用户态与内核态之间切换，相对开销较大。

synchronized 在内部基于监视器锁（Monitor）实现，监视器锁基于底层的操作系统的 Mutex Lock 实现，因此 synchronized 属于重量级锁。重量级锁需要在用户态和核心态之间做转换，所以 synchronized 的运行效率不高。

JDK 在 1.6 版本以后，为了减少获取锁和释放锁所带来的性能消耗及提高性能，引入了轻量级锁和偏向锁。

轻量级锁是相对于重量级锁而言的。轻量级锁的核心设计是在没有多线程竞争的前提下，减少重量级锁的使用以提高系统性能。轻量级锁适用于线程交替执行同步代码块的情况（即互斥操作），如果同一时刻有多个线程访问同一个锁，则将会导致轻量级锁膨胀为重量级锁。

3.6.14 偏向锁

除了在多线程之间存在竞争获取锁的情况，还会经常出现同一个锁被同一个线程多次获取的情况。偏向锁用于在某个线程获取某个锁之后，消除这个线程锁重入的开销，看起来似乎是这个线程得到了该锁的偏向（偏袒）。

偏向锁的主要目的是在同一个线程多次获取某个锁的情况下尽量减少轻量级锁的执行路径，因为轻量级锁的获取及释放需要多次 CAS（Compare and Swap）原子操作，而偏向锁只需要在切换 ThreadID 时执行一次 CAS 原子操作，因此可以提高锁的运行效率。

在出现多线程竞争锁的情况时，JVM 会自动撤销偏向锁，因此偏向锁的撤销操作的耗时必须少于节省下来的 CAS 原子操作的耗时。

综上所述，轻量级锁用于提高线程交替执行同步块时的性能，偏向锁则在某个线程交替执行同步块时进一步提高性能。

锁的状态总共有 4 种：无锁、偏向锁、轻量级锁和重量级锁。随着锁竞争越来越激烈，锁可能从偏向锁升级到轻量级锁，再升级到重量级锁，但在 Java 中锁只单向升级，不会降级。

3.6.15 分段锁

分段锁并非一种实际的锁，而是一种思想，用于将数据分段并在每个分段上都单独加锁，把锁进一步细粒度化，以提高并发效率。ConcurrentHashMap 在内部就是使用分段锁实现的。

3.6.16 同步锁与死锁

在有多个线程同时被阻塞时，它们之间若相互等待对方释放锁资源，就会出现死锁。为了避免出现死锁，可以为锁操作添加超时时间，在线程持有锁超时后自动释放该锁。

3.6.17 如何进行锁优化

1. 减少锁持有的时间

减少锁持有的时间指只在有线程安全要求的程序上加锁来尽量减少同步代码块对锁的持有时间。

2. 减小锁粒度

减小锁粒度指将单个耗时较多的锁操作拆分为多个耗时较少的锁操作来增加锁的并

行度，减少同一个锁上的竞争。在减少锁的竞争后，偏向锁、轻量级锁的使用率才会提高。减小锁粒度最典型的案例就是 ConcurrentHashMap 中的分段锁。

3. 锁分离

锁分离指根据不同的应用场景将锁的功能进行分离，以应对不同的变化，最常见的锁分离思想就是读写锁（ReadWriteLock），它根据锁的功能将锁分离成读锁和写锁，这样读读不互斥，读写互斥，写写互斥，既保证了线程的安全性，又提高了性能。

操作分离思想可以进一步延伸为只要操作互不影响，就可以进一步拆分，比如 LinkedBlockingQueue 从头部取出数据，并从尾部加入数据。

4. 锁粗化

锁粗化指为了保障性能，会要求尽可能将锁的操作细化以减少线程持有锁的时间，但是如果锁分得太细，将会导致系统频繁获取锁和释放锁，反而影响性能的提升。在这种情况下，建议将关联性强的锁操作集中起来处理，以提高系统整体的效率。

5. 锁消除

在开发中经常会出现在不需要使用锁的情况下误用了锁操作而引起性能下降，这多数是因为程序编码不规范引起的。这时，我们需要检查并消除这些不必要的锁来提高系统的性能。

3.7 线程上下文切换

CPU 利用时间片轮询来为每个任务都服务一定的时间，然后把当前任务的状态保存下来，继续服务下一个任务。任务的状态保存及再加载就叫作线程的上下文切换。

- 进程：指一个运行中的程序的实例。在一个进程内部可以有多个线程在同时运行，并与创建它的进程共享同一地址空间（一段内存区域）和其他资源。
- 上下文：指线程切换时 CPU 寄存器和程序计数器所保存的当前线程的信息。
- 寄存器：指 CPU 内部容量较小但速度很快的内存区域（与之对应的是 CPU 外部相对较慢的 RAM 主内存）。寄存器通过对常用值（通常是运算的中间值）的快速访问来加快计算机程序运行的速度。

- 程序计数器：是一个专用的寄存器，用于表明指令序列中 CPU 正在执行的位置，存储的值为正在执行的指令的位置或者下一个将被执行的指令的位置，这依赖于特定的系统。

3.7.1 上下文切换

上下文切换指的是内核（操作系统的核心）在 CPU 上对进程或者线程进行切换。上下文切换过程中的信息被保存在进程控制块（PCB-Process Control Block）中。PCB 又被称作切换桢（SwitchFrame）。上下文切换的信息会一直被保存在 CPU 的内存中，直到被再次使用。上下文的切换流程如下。

（1）挂起一个进程，将这个进程在 CPU 中的状态（上下文信息）存储于内存的 PCB 中。

（2）在 PCB 中检索下一个进程的上下文并将其在 CPU 的寄存器中恢复。

（3）跳转到程序计数器所指向的位置（即跳转到进程被中断时的代码行）并恢复该进程。

时间片轮转方式使多个任务在同一 CPU 上的执行有了可能，具体过程如图 3-7 所示。

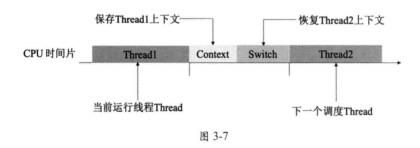

图 3-7

3.7.2 引起线程上下文切换的原因

引起线程上下文切换的原因如下。

- 当前正在执行的任务完成，系统的 CPU 正常调度下一个任务。
- 当前正在执行的任务遇到 I/O 等阻塞操作，调度器挂起此任务，继续调度下一个任务。

- 多个任务并发抢占锁资源，当前任务没有抢到锁资源，被调度器挂起，继续调度下一个任务。
- 用户的代码挂起当前任务，比如线程执行 sleep 方法，让出 CPU。
- 硬件中断。

3.8 Java 阻塞队列

队列是一种只允许在表的前端进行删除操作，而在表的后端进行插入操作的线性表。阻塞队列和一般队列的不同之处在于阻塞队列是"阻塞"的，这里的阻塞指的是操作队列的线程的一种状态。在阻塞队列中，线程阻塞有如下两种情况。

- 消费者阻塞：在队列为空时，消费者端的线程都会被自动阻塞（挂起），直到有数据放入队列，消费者线程会被自动唤醒并消费数据，如图 3-8 所示。

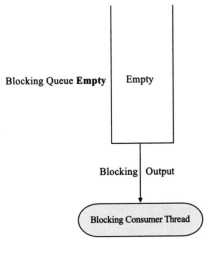

图 3-8

- 生产者阻塞：在队列已满且没有可用空间时，生产者端的线程都会被自动阻塞（挂起），直到队列中有空的位置腾出，线程会被自动唤醒并生产数据，如图 3-9 所示。

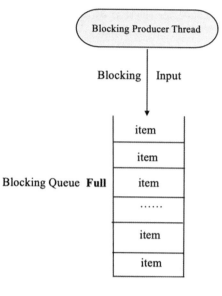

图 3-9

3.8.1 阻塞队列的主要操作

阻塞队列的主要操作有插入操作和移除操作。插入操作有 add(e)、offer(e)、put(e)、offer(e,time,unit)，移除操作有 remove()、poll()、take()、poll(time,unit)，具体介绍如下。

1. 插入操作

（1）public abstract boolean add(E paramE)：将指定的元素插入队列中，在成功时返回 true，如果当前没有可用的空间，则抛出 IllegalStateException。如果该元素是 null，则抛出 NullPointerException 异常。JDK 源码的实现如下：

```
public boolean add(E e) {
    //添加一个数据，如果添加成功，则返回 true
    if (offer(e))
        return true;
    //如果添加失败，则返回异常
    else
        throw new IllegalStateException("Queue full");
}
```

（2）public abstract boolean offer(E paramE)：将指定的元素插入队列中，在成功时返回 true，如果当前没有可用的空间，则返回 false。JDK 源码的实现如下：

```java
public boolean offer(E e) {
    checkNotNull(e);
    final ReentrantLock lock = this.lock;
    lock.lock();//获取锁
    try {
        if (count == items.length)//如果队列满了，则返回 false
            return false;
        else {
            enqueue(e);//如果队列有空间，则将元素加入队列中
            return true;
        }
    } finally {
        lock.unlock();//释放锁
    }
}
```

（3）offer(E o, long timeout, TimeUnit unit)：将指定的元素插入队列中，可以设定等待的时间，如果在设定的等待时间内仍不能向队列中加入元素，则返回 false。

（4）public abstract void put(E paramE) throws InterruptedException：将指定的元素插入队列中，如果队列已经满了，则阻塞、等待可用的队列空间的释放，直到有可用的队列空间释放且插入成功为止。JDK 源码的实现如下：

```java
public void put(E e) throws InterruptedException {
    checkNotNull(e);
    final ReentrantLock lock = this.lock;
    lock.lockInterruptibly();//获取独占锁
    try {
        while (count == items.length) //阻塞等待可用空间的释放
            notFull.await();
        enqueue(e);//将元素加入队列中
    } finally {
        lock.unlock();//释放锁
    }
}
```

2. 获取数据操作

（1）poll()：取走队列队首的对象，如果取不到数据，则返回 null。JDK 源码的实现如下：

```java
public E poll() {
    final ReentrantLock lock = this.lock;
    lock.lock();//获取锁操作
    try {
        //如果获取不到数据(count == 0)，则返回 null
        return (count == 0) ? null : dequeue();
    } finally {
        lock.unlock();//释放锁
    }
}
```

（2）poll(long timeout, TimeUnit unit)：取走队列队首的对象，如果在指定的时间内队列有数据可取，则返回队列中的数据，否则等待一定时间，在等待超时并且没有数据可取时，返回 null。

（3）take()：取走队列队首的对象，如果队列为空，则进入阻塞状态等待，直到队列有新的数据被加入，再及时取出新加入的数据。JDK 源码的实现如下：

```java
public E take() throws InterruptedException {
    final ReentrantLock lock = this.lock;
    lock.lockInterruptibly();//获取独占锁
    try {
        //如果队列为空，则进入阻塞状态，直到能取到数据为止
        while (count == 0)
            notEmpty.await();
        return dequeue();//取出元素
    } finally {
        lock.unlock();//释放锁
    }
}
```

（4）drainTo(Collection collection)：一次性从队列中批量获取所有可用的数据对象，同时可以指定获取数据的个数，通过该方法可以提升获取数据的效率，避免多次频繁操作引起的队列锁定。JDK 源码的实现如下：

```java
public int drainTo(Collection<? super E> c, int maxElements) {
    checkNotNull(c);
```

```java
        if (c == this)
            throw new IllegalArgumentException();
        if (maxElements <= 0)
            return 0;
        final Object[] items = this.items;
        final ReentrantLock lock = this.lock; //获取锁操作
        lock.lock();
        try {
            int n = Math.min(maxElements, count); //获取队列中指定个数的元素
            int take = takeIndex;
            int i = 0;
            try {
                while (i < n) {
                    @SuppressWarnings("unchecked")
                    E x = (E) items[take];
                    c.add(x); //循环插入元素到集合中
                    items[take] = null;
                    if (++take == items.length)
                        take = 0;
                    i++;
                }
                return n;
            } finally {
                //Restore invariants even if c.add() threw
                //如果在 drainTo 过程中有新的数据加入，则处理该数据
                if (i > 0) {
                    count -= i;
                    takeIndex = take;
                    if (itrs != null) {
                        if (count == 0)
                            itrs.queueIsEmpty();
                        else if (i > take)
                            itrs.takeIndexWrapped();
                    }
                    for (; i > 0 && lock.hasWaiters(notFull); i--)
                        notFull.signal(); //唤醒等待的生产者线程
                }
            }
        } finally {
            lock.unlock();//释放锁
        }
    }
```

3.8.2 Java 中的阻塞队列实现

Java 中的阻塞队列有：ArrayBlockingQueue、LinkedBlockingQueue、PriorityBlockingQueue、DelayQueue、SynchronousQueue、LinkedTransferQueue、LinkedBlockingDeque。具体的功能如表 3-3 所示。

表 3-3

序 号	名 称	说 明
1	ArrayBlockingQueue	基于数组结构实现的有界阻塞队列
2	LinkedBlockingQueue	基于链表结构实现的有界阻塞队列
3	PriorityBlockingQueue	支持优先级排序的无界阻塞队列
4	DelayQueue	基于优先级队列实现的无界阻塞队列
5	SynchronousQueue	用于控制互斥操作的阻塞队列
6	LinkedTransferQueue	基于链表结构实现的无界阻塞队列
7	LinkedBlockingDeque	基于链表结构实现的双向阻塞队列

1. ArrayBlockingQueue

ArrayBlockingQueue 是基于数组实现的有界阻塞队列。ArrayBlockingQueue 队列按照先进先出原则对元素进行排序，在默认情况下不保证元素操作的公平性。

队列操作的公平性指在生产者线程或消费者线程发生阻塞后再次被唤醒时，按照阻塞的先后顺序操作队列，即先阻塞的生产者线程优先向队列中插入元素，先阻塞的消费者线程优先从队列中获取元素。因为保证公平性会降低吞吐量，所以如果要处理的数据没有先后顺序，则对其可以使用非公平处理的方式。我们可以通过以下代码创建一个公平或者非公平的阻塞队列：

```
//大小为 1000 的公平队列
final ArrayBlockingQueue fairQueue = new ArrayBlockingQueue(1000,true);
//大小为 1000 的非公平队列
final ArrayBlockingQueue fairQueue = new ArrayBlockingQueue(1000,false);
```

2. LinkedBlockingQueue

LinkedBlockingQueue 是基于链表实现的阻塞队列，同 ArrayListBlockingQueue 类似，此队列按照先进先出原则对元素进行排序；LinkedBlockingQueue 对生产者端和消费者端分别采用了两个独立的锁来控制数据同步，我们可以将队列头部的锁理解为写锁，将队列尾部的锁理解为读锁，因此生产者和消费者可以基于各自独立的锁并行地操作队列中的数据，队列的并发性能较高。具体用法如下：

```
final LinkedBlockingQueue linkueue = new LinkedBlockingQueue(100);
```

3. PriorityBlockingQueue

PriorityBlockingQueue 是一个支持优先级的无界队列。元素在默认情况下采用自然顺序升序排列。可以自定义实现 compareTo 方法来指定元素进行排序规则，或者在初始化 PriorityBlockingQueue 时指定构造参数 Comparator 来实现对元素的排序。注意：如果两个元素的优先级相同，则不能保证该元素的存储和访问顺序。具体用法如下：

```
public class Data implements Comparable<Data>{
    private String id;
    private Integer number;//排序字段 number
    public Integer getNumber() {
        return number;
    }
    public void setNumber(Integer number) {
        this.number = number;
    }
    @Override
    public int compareTo(Data o) {//自定义排序规则：将 number 自动作为排序字段
        return this.number.compareTo(o.getNumber());
    }
}
//定义可排序的阻塞队列，根据 data 的 number 属性大小由小到大排序
 final PriorityBlockingQueue<Data> priorityQueue = new PriorityBlockingQueue<Data>();
```

4. DelayQueue

DelayQueue 是一个支持延时获取元素的无界阻塞队列，在队列底层使用 PriorityQueue 实现。DelayQueue 队列中的元素必须实现 Delayed 接口，该接口定义了在创建元素时该元素的延迟时间，在内部通过为每个元素的操作加锁来保障数据的一致性。只有在延迟时间到后才能从队列中提取元素。我们可以将 DelayQueue 运用于以下场景中。

◎ 缓存系统的设计：可以用 DelayQueue 保存缓存元素的有效期，使用一个线程循

环查询 DelayQueue，一旦能从 DelayQueue 中获取元素，则表示缓存的有效期到了。
◎ 定时任务调度：使用 DelayQueue 保存即将执行的任务和执行时间，一旦从 DelayQueue 中获取元素，就表示任务开始执行，Java 中的 TimerQueue 就是使用 DelayQueue 实现的。

在具体使用时，延迟对象必须先实现 Delayed 类并实现其 getDelay 方法和 compareTo 方法，才可以在延迟队列中使用：

```java
public class DelayData implements Delayed {
    private Integer number;//延迟对象的排序字段
    private long delayTime = 50000;//设置队列 5s 延迟获取
    public Integer getNumber() {
        return number;
    }
    public void setNumber(Integer number) {
        this.number = number;
    }
    @Override
    public long getDelay(TimeUnit unit) {
        return this.delayTime;
    }
    @Override
    public int compareTo(Delayed o) {
        DelayData compare = (DelayData) o;
        return this.number.compareTo(compare.getNumber());
    }
    public static void main(String[] args) {
        //创建延时队列
        DelayQueue<DelayData> queue = new DelayQueue<DelayData>();
        //实时添加数据
        queue.add(new DelayData());
        while (true){
            try {
                //延迟 5s 后才能获取数据
                DelayData data = queue.take();
            }catch (Exception e){
            }
        }
    }
```

5. SynchronousQueue

SynchronousQueue 是一个不存储元素的阻塞队列。SynchronousQueue 中的每个 put 操作都必须等待一个 take 操作完成，否则不能继续添加元素。我们可以将 SynchronousQueue 看作一个"快递员"，它负责把生产者线程的数据直接传递给消费者线程，非常适用于传递型场景，比如将在一个线程中使用的数据传递给另一个线程使用。SynchronousQueue 的吞吐量高于 LinkedBlockingQueue 和 ArrayBlockingQueue。具体的使用方法如下：

```java
public class SynchronousQueueDemo {
    public static void main(String[] args) throws InterruptedException {
        SynchronousQueue<Integer> queue = new SynchronousQueue<Integer>();
        new Producer(queue).start();
        new Customer(queue).start();
    }
    static class Producer extends Thread{//生产者线程
        SynchronousQueue<Integer> queue;
        public Producer(SynchronousQueue<Integer> queue){
            this.queue = queue;
        }
        @Override
        public void run(){
            while(true){
                try {
                    int product = new Random().nextInt(1000);
                    //生产一个随机数作为数据放入队列
                    queue.put(product);
                    System.out.println("product a data:"+product);
                } catch (InterruptedException e) {
                    e.printStackTrace();
                }

                System.out.println(queue.isEmpty());
            }
        }
    }
    static class Customer extends Thread{//消费者线程
        SynchronousQueue<Integer> queue;
        public Customer(SynchronousQueue<Integer> queue){
            this.queue = queue;
```

```
        }
        @Override
        public void run(){
            while(true){
                try {
                    int data = queue.take();
                    System.out.println("customer a data:"+data);
                } catch (InterruptedException e) {
                    e.printStackTrace();
                }
            }
        }
    }
}
```

6. LinkedTransferQueue

LinkedTransferQueue 是基于链表结构实现的无界阻塞 TransferQueue 队列。相对于其他阻塞队列，LinkedTransferQueue 多了 transfer、tryTransfer 和 tryTransfer(E e, long timeout, TimeUnit unit)方法。

- transfer 方法：如果当前有消费者正在等待接收元素，transfer 方法就会直接把生产者传入的元素投递给消费者并返回 true。如果没有消费者在等待接收元素，transfer 方法就会将元素存放在队列的尾部（tail）节点，直到该元素被消费后才返回。

- tryTransfer 方法：首先尝试能否将生产者传入的元素直接传给消费者，如果没有消费者等待接收元素，则返回 false。和 transfer 方法的区别是，无论消费者是否接收元素，tryTransfer 方法都立即返回，而 transfer 方法必须等到元素被消费后才返回。

- tryTransfer(E e, long timeout, TimeUnit unit)方法：首先尝试把生产者传入的元素直接传给消费者，如果没有消费者，则等待指定的时间，在超时后如果元素还没有被消费，则返回 false，否则返回 true。

7. LinkedBlockingDeque

LinkedBlockingDeque 是基于链表结构实现的双向阻塞队列，可以在队列的两端分别执行插入和移出元素操作。这样，在多线程同时操作队列时，可以减少一半的锁资源竞争，提高队列的操作效率。

LinkedBlockingDeque 相比其他阻塞队列，多了 addFirst、addLast、offerFirst、offerLast、peekFirst、peekLast 等方法。以 First 结尾的方法表示在队列头部执行插入（add）、获取（peek）、移除（offer）操作；以 Last 结尾的方法表示在队列的尾部执行插入、获取、移除操作。

在初始化 LinkedBlockingDeque 时，可以设置队列的大小以防止内存溢出，双向阻塞队列也常被用于工作窃取模式。

3.9　Java 并发关键字

3.9.1　CountDownLatch

CountDownLatch 类位于 java.util.concurrent 包下，是一个同步工具类，允许一个或多个线程一直等待其他线程的操作执行完后再执行相关操作。

CountDownLatch 基于线程计数器来实现并发访问控制，主要用于主线程等待其他子线程都执行完毕后执行相关操作。其使用过程为：在主线程中定义 CountDownLatch，并将线程计数器的初始值设置为子线程的个数，多个子线程并发执行，每个子线程在执行完毕后都会调用 countDown 函数将计数器的值减 1，直到线程计数器为 0，表示所有的子线程任务都已执行完毕，此时在 CountDownLatch 上等待的主线程将被唤醒并继续执行。

我们利用 CountDownLatch 可以实现类似计数器的功能。比如有一个主任务，它要等待其他两个任务都执行完毕之后才能执行，此时就可以利用 CountDownLatch 来实现这种功能。具体实现如下：

```
//step 1:定义大小为2 的CountDownLatch
final CountDownLatch latch = new CountDownLatch(2);
 new Thread(){public void run() {
     try {
         System.out.println("子线程1"+"正在执行");
          Thread.sleep(3000);
         System.out.println("子线程1"+"执行完毕");
          latch.countDown();//step 2.1:在子线程1执行完毕后调用countDown方法
       }catch (Exception e){
```

```
        } }}.start();
new Thread(){ public void run() {
  try {
    System.out.println("子线程2" +"正在执行");
    Thread.sleep(3000);
    System.out.println("子线程2"+"执行完毕");
    latch.countDown();//step 2.2: 在子线程 2 执行完毕后调用 countDown 方法
  }catch (Exception e){
  } }}.start();
try {
  System.out.println("等待两个子线程执行完毕...");
  latch.await();//step 3：在 CountDownLatch 上等待子线程执行完毕
  //step 4:子线程执行完毕，开始执行主线程
  System.out.println("两个子线程已经执行完毕,继续执行主线程");
}catch (Exception e){
  e.printStackTrace();
}
```

以上代码片段先定义了一个大小为 2 的 CountDownLatch，然后定义了两个子线程并启动该子线程，子线程执行完业务代码后在执行 latch.countDown()时减少一个信号量，表示自己已经执行完成。主线程调用 latch.await()阻塞等待，在所有线程都执行完成并调用了 countDown 函数时，表示所有线程均执行完成，这时程序会主动唤醒主线程并开始执行主线程的业务逻辑。

3.9.2 CyclicBarrier

CyclicBarrier（循环屏障）是一个同步工具，可以实现让一组线程等待至某个状态之后再全部同时执行。在所有等待线程都被释放之后，CyclicBarrier 可以被重用。CyclicBarrier 的运行状态叫作 Barrier 状态，在调用 await 方法后，线程就处于 Barrier 状态。

CyclicBarrier 中最重要的方法是 await 方法，它有两种实现。

◎ public int await()：挂起当前线程直到所有线程都为 Barrier 状态再同时执行后续的任务。

◎ public int await(long timeout, TimeUnit unit)：设置一个超时时间，在超时时间过后，如果还有线程未达到 Barrier 状态，则不再等待，让达到 Barrier 状态的线程继续执行后续的任务。

CyclicBarrier 的具体使用方法如下：

```java
public static void main(String[] args) {
    int N = 4;
    //step 1: 定义 CyclicBarrier
    CyclicBarrier barrier  = new CyclicBarrier(N);
    for(int i=0;i<N;i++)
        new BusinessThread (barrier).start();
    }
    //step 2: 定义业务线程
    static class  BusinessThread extends Thread{
      private CyclicBarrier cyclicBarrier;
      //通过构造函数向线程传入 cyclicBarrier
      public BusinessThread (CyclicBarrier cyclicBarrier) {
          this.cyclicBarrier = cyclicBarrier;
      }
      @Override
      public void run() {
          try {
              //step 3：执行业务线程逻辑，这里 sleep 5s
              Thread.sleep(5000);
    System.out.println("线程执行前准备工作完成,等待其他线程准备工作完成");
              //step 3：业务线程执行完成，等待其他线程也成为 Barrier 状态
              cyclicBarrier.await();
          } catch (InterruptedException e) {
              e.printStackTrace();
          }catch(BrokenBarrierException e){
              e.printStackTrace();
          }
//step 4：所有线程已经成为 Barrier 状态，开始执行下一项任务
System.out.println("所有线程准备工作均完成,执行下一项任务");
//这里写需要并发执行的下一阶段的工作代码
      }
    }
```

以上代码先定义了一个 CyclicBarrier，然后循环启动了多个线程，每个线程都通过构造函数将 CyclicBarrier 传入线程中，在线程内部开始执行第 1 阶段的工作，比如查询数据等；等第 1 阶段的工作处理完成后，再调用 cyclicBarrier.await 方法等待其他线程也完成第 1 阶段的工作（CyclicBarrier 让一组线程等待到达某个状态再一起执行）；等其他线程也执行完第 1 阶段的工作，便可执行并发操作的下一项任务，比如数据分发等。

3.9.3　Semaphore

Semaphore 指信号量，用于控制同时访问某些资源的线程个数，具体做法为通过调用 acquire()获取一个许可，如果没有许可，则等待，在许可使用完毕后通过 release()释放该许可，以便其他线程使用。

Semaphore 常被用于多个线程需要共享有限资源的情况，比如办公室有两台打印机，但是有 5 个员工需要使用，一台打印机同时只能被一个员工使用，其他员工排队等候，且只有该打印机被使用完毕并释放后其他员工方可使用，这时就可以通过 Semaphore 来实现：

```
int printNnmber = 5; //step 1：设置线程数，即员工数量
Semaphore semaphore = new Semaphore(2); //step 2：设置并发数，即打印机数量
for(int i=0;i< printNnmber;i++)
    new Worker(i,semaphore).start();
}
static class Worker extends Thread{
    private int num;
    private Semaphore semaphore;
    public Worker(int num,Semaphore semaphore){
        this.num = num;
        this.semaphore = semaphore;
    }
    @Override
    public void run() {
        try {
            semaphore.acquire();//step 3：线程申请资源，即员工申请打印机
            System.out.println("员工"+this.num+"占用一个打印机...");
            Thread.sleep(2000);
            System.out.println("员工"+this.num+"打印完成，释放出打印机");
            semaphore.release(); //step 4：线程释放资源，即员工在使用完成后释放打印机
        } catch (InterruptedException e) {
            e.printStackTrace();
        }
    }
}
```

在以上代码中首先定义了一个数量为 2 的 Semaphore，然后定义了一个工作线程 Worker 并通过构造函数将 Semaphore 传入线程内部。在线程调用 semaphore.acquire()时开始申请许可并执行业务逻辑，在线程业务逻辑执行完成后调用 semaphore.release()释放许可以便其他线程使用。

在 Semaphore 类中有以下几个比较重要的方法。

- public void acquire()：以阻塞的方式获取一个许可，在有可用许可时返回该许可，在没有可用许可时阻塞等待，直到获得许可。
- public void acquire(int permits)：同时获取 permits 个许可。
- public void release()：释放某个许可。
- public void release(int permits)：释放 permits 个许可。
- public boolean tryAcquire()：以非阻塞方式获取一个许可，在有可用许可时获取该许可并返回 true，否则返回 false，不会等待。
- public boolean tryAcquire(long timeout,TimeUnit unit)：如果在指定的时间内获取到可用许可，则返回 true，否则返回 false。
- public boolean tryAcquire(int permits)：如果成功获取 permits 个许可，则返回 true，否则立即返回 false。
- public boolean tryAcquire(int permits,long timeout,TimeUnit unit)：如果在指定的时间内成功获取 permits 个许可，则返回 true，否则返回 false。
- availablePermits()：查询可用的许可数量。

CountDownLatch、CyclicBarrier、Semaphore 的区别如下。

- CountDownLatch 和 CyclicBarrier 都用于实现多线程之间的相互等待，但二者的关注点不同。CountDownLatch 主要用于主线程等待其他子线程任务均执行完毕后再执行接下来的业务逻辑单元，而 CyclicBarrier 主要用于一组线程互相等待大家都达到某个状态后，再同时执行接下来的业务逻辑单元。此外，CountDownLatch 是不可以重用的，而 CyclicBarrier 是可以重用的。
- Semaphore 和 Java 中的锁功能类似，主要用于控制资源的并发访问。

3.9.4　volatile 关键字的作用

Java 除了使用了 synchronized 保证变量的同步，还使用了稍弱的同步机制，即 volatile 变量。volatile 也用于确保将变量的更新操作通知到其他线程。

volatile 变量具备两种特性：一种是保证该变量对所有线程可见，在一个线程修改了变量的值后，新的值对于其他线程是可以立即获取的；一种是 volatile 禁止指令重排，即 volatile 变量不会被缓存在寄存器中或者对其他处理器不可见的地方，因此在读取 volatile 类型的变量时总会返回最新写入的值。

因为在访问 volatile 变量时不会执行加锁操作,也就不会执行线程阻塞,因此 volatile 变量是一种比 synchronized 关键字更轻量级的同步机制。volatile 主要适用于一个变量被多个线程共享,多个线程均可针对这个变量执行赋值或者读取的操作。

在有多个线程对普通变量进行读写时,每个线程都首先需要将数据从内存中复制变量到 CPU 缓存中,如果计算机有多个 CPU,则线程可能都在不同的 CPU 中被处理,这意味着每个线程都需要将同一个数据复制到不同的 CPU Cache 中,这样在每个线程都针对同一个变量的数据做了不同的处理后就可能存在数据不一致的情况。具体的多线程读写流程如图 3-10 所示。

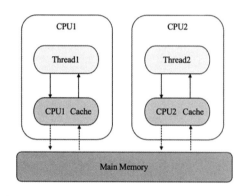

图 3-10

如果将变量声明为 volatile,JVM 就能保证每次读取变量时都直接从内存中读取,跳过 CPU Cache 这一步,有效解决了多线程数据同步的问题。具体的流程如图 3-11 所示。

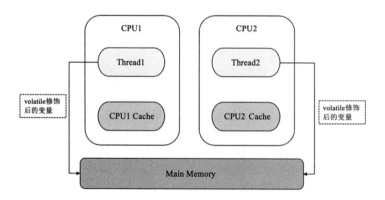

图 3-11

需要说明的是，volatile 关键字可以严格保障变量的单次读、写操作的原子性，但并不能保证像 i++这种操作的原子性，因为 i++在本质上是读、写两次操作。volatile 在某些场景下可以代替 synchronized，但是 volatile 不能完全取代 synchronized 的位置，只有在一些特殊场景下才适合使用 volatile。比如，必须同时满足下面两个条件才能保证并发环境的线程安全。

◎ 对变量的写操作不依赖于当前值（比如 i++），或者说是单纯的变量赋值（boolean flag = true）。

◎ 该变量没有被包含在具有其他变量的不变式中，也就是说在不同的 volatile 变量之间不能互相依赖，只有在状态真正独立于程序内的其他内容时才能使用 volatile。

volatile 关键字的使用方法比较简单，直接在定义变量时加上 volatile 关键字即可：

```
volatile boolean flag = false;
```

3.10 多线程如何共享数据

在 Java 中进行多线程通信主要是通过共享内存实现的，共享内存主要有三个关注点：可见性、有序性、原子性。Java 内存模型（JVM）解决了可见性和有序性的问题，而锁解决了原子性的问题。在理想情况下，我们希望做到同步和互斥来实现数据在多线程环境下的一致性和安全性。常用的实现多线程数据共享的方式有将数据抽象成一个类，并将对这个数据的操作封装在类的方法中；将 Runnable 对象作为一个类的内部类，将共享数据作为这个类的成员变量。

3.10.1 将数据抽象成一个类，并将对这个数据的操作封装在类的方法中

这种方式只需要在方法上加 synchronized 关键字即可做到数据的同步，具体的代码实现如下：

```
public class MyData {
//step 1: 将数据抽象成 MyData 类，并将数据的操作（add、dec 方法）作为类的方法
    private int j=0;
    public synchronized void add(){
        j++;
        System.out.println("线程"+Thread.currentThread().getName()+"j为: "+j);
```

```java
    }
    public synchronized void dec(){
        j--;
        System.out.println("线程"+Thread.currentThread().getName()+"j 为: "+j);
    }
    public int getData(){
        return j;
    }
}
public class AddRunnable implements Runnable{
    MyData data;
    //step 2: 线程使用该类的对象并调用类的方法对数据进行操作
    public AddRunnable(MyData data){
        this.data= data;
    }
    public void run() {
        data.add();
    }
}
public class DecRunnable implements Runnable {
    MyData data;
    public DecRunnable(MyData data){
        this.data = data;
    }
    public void run() {
        data.dec();
    }
}
public static void main(String[] args) {
    MyData data = new MyData();
    Runnable add = new AddRunnable(data);
    Runnable dec = new DecRunnable(data);
    for(int i=0;i<2;i++){
        new Thread(add).start();
        new Thread(dec).start();
    }
```

在以上代码中首先定义了一个 MyData 类, 并在其中定义了变量 j 和对该变量的操作方法。注意, 在这里对数据 j 操作的方法需要使用 synchronized 修饰, 以保障在多个并发线程访问对象 j 时执行加锁操作, 以便同时只有一个线程有权利访问, 可保障数据的一致性; 然后定义了一个名为 AddRunnable 的线程, 该线程通过构造函数将 MyData 作为参数传入线程内部,而线程内部的 run 函数在执行数据操作时直接调用 MyData 的 add 方法对数据进行加 1 操作,这样便实现了线程内数据操作的安全性。还定义了一个名为 DecRunnable 的线程并通过构造函数将 MyData 作为参数传入线程的内存中,在 run 函数中直接调用 MyData 的 dec 方法实现了对数据进行减 1 的操作。

在应用时需要注意的是,如果两个线程 AddRunnable 和 DecRunnable 需要保证数据操作的原子性和一致性,就必须在传参时使用同一个 data 对象入参。这样无论启动多少个线程执行对 data 数据的操作,都能保证数据的一致性。

3.10.2 将 Runnable 对象作为一个类的内部类,将共享数据作为这个类的成员变量

前面讲了如何将数据抽象成一个类,并将对这个数据的操作封装在这个类的方法中来实现在多个线程之间共享数据。还有一种方式是将 Runnable 对象作为类的内部类,将共享数据作为这个类的成员变量,每个线程对共享数据的操作方法都被封装在该类的外部类中,以便实现对数据的各个操作的同步和互斥,作为内部类的各个 Runnable 对象调用外部类的这些方法。具体的代码实现如下:

```java
public class MyData {
    private int j=0;
    public  synchronized void add(){
        j++;
     System.out.println("线程"+Thread.currentThread().getName()+"j为: "+j);
    }
    public  synchronized void dec(){
        j--;
     System.out.println("线程"+Thread.currentThread().getName()+"j为: "+j);
    }
    public int getData(){
        return j;
    }
}
public class TestThread {
    public static void main(String[] args) {
        final MyData data = new MyData();
        for(int i=0;i<2;i++){
            new Thread(new Runnable(){
                public void run() {
```

```
            data.add();
        }
    }).start();
    new Thread(new Runnable(){
        public void run() {
            data.dec();
        }
    }).start();
    }
  }
}
```

在以上代码中定义了一个 MyData 类，并在其中定义了变量 j 和对该变量的操作方法。在需要多线程操作数据时直接定义一个内部类的线程，并定义一个 MyData 类的成员变量，在内部类线程的 run 方法中直接调用成员变量封装好的数据操作方法，以实现多线程数据的共享。

3.11 ConcurrentHashMap 并发

ConcurrentHashMap 和 HashMap 的实现方式类似，不同的是它采用分段锁的思想支持并发操作，所以是线程安全的。下面介绍 ConcurrentHashMap 是如何采用分段锁的思想来实现多线程并发下的数据安全的。

3.11.1 减小锁粒度

减小锁粒度指通过缩小锁定对象的范围来减少锁冲突的可能性，最终提高系统的并发能力。减小锁粒度是一种削弱多线程锁竞争的有效方法，ConcurrentHashMap 并发下的安全机制就是基于该方法实现的。

ConcurrentHashMap 是线程安全的 Map，对于 HashMap 而言，最重要的方法是 get 和 set 方法，如果为了线程安全对整个 HashMap 加锁，则可以得到线程安全的对象，但是加锁粒度太大，意味着同时只能有一个线程操作 HashMap，在效率上就会大打折扣；而 ConcurrentHashMap 在内部使用多个 Segment，在操作数据时会给每个 Segment 都加锁，这样就通过减小锁粒度提高了并发度。

3.11.2 ConcurrentHashMap 的实现

ConcurrentHashMap 在内部细分为若干个小的 HashMap，叫作数据段（Segment）。在默认情况下，一个 ConcurrentHashMap 被细分为 16 个数据段，对每个数据段的数据都单独进行加锁操作。Segment 的个数为锁的并发度。

ConcurrentHashMap 是由 Segment 数组和 HashEntry 数组组成的。Segment 继承了可重入锁（ReentrantLock），它在 ConcurrentHashMap 里扮演锁的角色。HashEntry 则用于存储键值对数据。

在每一个 ConcurrentHashMap 里都包含一个 Segment 数组，Segment 的结构和 HashMap 类似，是数组和链表结构。在每个 Segment 里都包含一个 HashEntry 数组，每个 HashEntry 都是一个链表结构的数据，每个 Segment 都守护一个 HashEntry 数组里的元素，在对 HashEntry 数组的数据进行修改时，必须首先获得它对应的 Segment 锁。

在操作 ConcurrentHashMap 时，如果需要在其中添加一个新的数据，则并不是将整个 HashMap 加锁，而是先根据 HashCode 查询该数据应该被存放在哪个段，然后对该段加锁并完成 put 操作。在多线程环境下，如果多个线程同时进行 put 操作，则只要加入的数据被存放在不同的段中，在线程间就可以做到并行的线程安全。

3.12 Java 中的线程调度

3.12.1 抢占式调度

抢占式调度指每个线程都以抢占的方式获取 CPU 资源并快速执行，在执行完毕后立刻释放 CPU 资源，具体哪些线程能抢占到 CPU 资源由操作系统控制，在抢占式调度模式下，每个线程对 CPU 资源的申请地位是相等，从概率上讲每个线程都有机会获得同样的 CPU 执行时间片并发执行。抢占式调度适用于多线程并发执行的情况，在这种机制下一个线程的堵塞不会导致整个进程性能下降。具体流程如图 3-12 所示。

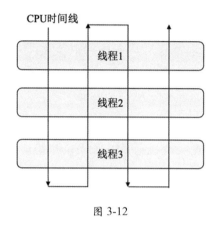

图 3-12

3.12.2 协同式调度

协同式调度指某一个线程在执行完后主动通知操作系统将 CPU 资源切换到另一个线程上执行。线程对 CPU 的持有时间由线程自身控制，线程切换更加透明，更适合多个线程交替执行某些任务的情况。

协同式调度有一个缺点：如果其中一个线程因为外部原因（可能是磁盘 I/O 阻塞、网络 I/O 阻塞、请求数据库等待）运行阻塞，那么可能导致整个系统阻塞甚至崩溃。具体流程如图 3-13 所示。

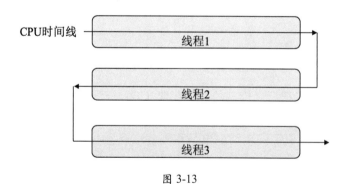

图 3-13

3.12.3 Java 线程调度的实现：抢占式

Java 采用抢占式调度的方式实现内部的线程调度，Java 会为每个线程都按照优先级高低分配不同的 CPU 时间片，且优先级高的线程优先执行。优先级低的线程只是获取 CPU 时间片的优先级被降低，但不会永久分配不到 CPU 时间片。Java 的线程调度在保障效率的前提下尽可能保障线程调度的公平性。

3.12.4 线程让出 CPU 的情况

线程让出 CPU 的情况如下。

- 当前运行的线程主动放弃 CPU，例如运行中的线程调用 yield()放弃 CPU 的使用权。
- 当前运行的线程进入阻塞状态，例如调用文件读取 I/O 操作、锁等待、Socket 等待。
- 当前线程运行结束，即运行完 run()里面的任务。

3.13 进程调度算法

进程调度算法包括优先调度算法、高优先权优先调度算法和基于时间片的轮转调度算法。其中，优先调度算法分为先来先服务调度算法和短作业优先调度算法；高优先权优先调度算法分为非抢占式优先权算法、抢占式优先权调度算法和高响应比优先调度算法。基于时间片的轮转调度算法分为时间片轮转算法和多级反馈队列调度算法。

3.13.1 优先调度算法

优先调度算法包含先来先服务调度算法和短作业（进程）优先调度算法。

1. 先来先服务调度算法

先来先服务调度算法指每次调度时都从队列中选择一个或多个最早进入该队列的作业，为其分配资源、创建进程和放入就绪队列。调度算法在获取到可用的 CPU 资源时会从就绪队列中选择一个最早进入队列的进程，为其分配 CPU 资源并运行。该算法优先运行最早进入的任务，实现简单且相对公平。

2. 短作业优先调度算法

短作业优先调度算法指每次调度时都从队列中选择一个或若干个预估运行时间最短的作业，为其分配资源、创建进程和放入就绪队列。调度算法在获取到可用的 CPU 资源时，会从就绪队列中选出一个预估运行时间最短的进程，为其分配 CPU 资源并运行。该算法优先运行短时间作业，以提高 CPU 整体的利用率和系统运行效率，某些大任务可能会出现长时间得不到调度的情况。

3.13.2 高优先权优先调度算法

高优先权优先调度算法在定义任务的时候为每个任务都设置不同的优先权，在进行任务调度时优先权最高的任务首先被调度，这样资源的分配将更加灵活，具体包含非抢占式优先调度算法、抢占式优先调度算法和高响应比优先调度算法。

1. 非抢占式优先调度算法

非抢占式优先调度算法在每次调度时都从队列中选择一个或多个优先权最高的作业，为其分配资源、创建进程和放入就绪队列。调度算法在获取到可用的 CPU 资源时会从就绪队列中选出一个优先权最高的进程，为其分配 CPU 资源并运行。进程在运行过程中一直持有该 CPU，直到进程执行完毕或发生异常而放弃该 CPU。该算法优先运行优先权高的作业，且一旦将 CPU 分配给某个进程，就不会主动回收 CPU 资源，直到任务主动放弃。

2. 抢占式优先调度算法

抢占式优先调度算法首先把 CPU 资源分配给优先权最高的任务并运行，但如果在运行过程中出现比当前运行任务优先权更高的任务，调度算法就会暂停运行该任务并回收 CPU 资源，为其分配新的优先权更高的任务。该算法真正保障了 CPU 在整个运行过程中完全按照任务的优先权分配资源，这样如果临时有紧急作业，则也可以保障其第一时间被执行。

3. 高响应比优先调度算法

高响应比优先调度算法使用了动态优先权的概念，即任务的执行时间越短，其优先权越高，任务的等待时间越长，优先权越高，这样既保障了快速、并发地执行短作业，也保障了优先权低但长时间等待的任务也有被调度的可能性。

该优先权的变化规律如下。

- ◎ 在作业的等待时间相同时，运行时间越短，优先权越高，在这种情况下遵循的是短作业优先原则。
- ◎ 在作业的运行时间相同时，等待时间越长，优先权越高，在这种情况下遵循的是先来先服务原则。
- ◎ 作业的优先权随作业等待时间的增加而不断提高，加大了长作业获取 CPU 资源的可能性。

高响应比优先调度算法在保障效率（短作业优先能在很大程度上提高 CPU 的使用率和系统性能）的基础上尽可能提高了调度的公平性（随着任务等待时间的增加，优先权提高，遵循了先来先到原则）。

3.13.3 时间片的轮转调度算法

时间片的轮转调度算法将 CPU 资源分成不同的时间片，不同的时间片为不同的任务服务，具体包括时间片轮转法和多级反馈队列调度算法。

1. 时间片轮转法

时间片轮转法指按照先来先服务原则从就绪队列中取出一个任务，并为该任务分配一定的 CPU 时间片去运行，在进程使用完 CPU 时间片后由一个时间计时器发出时钟中断请求，调度器在收到时钟中断请求信号后停止该进程的运行并将该进程放入就绪队列的队尾，然后从就绪队列的队首取出一个任务并为其分配 CPU 时间片去执行。这样，就绪队列中的任务就将轮流获取一定的 CPU 时间片去运行。

2. 多级反馈队列调度算法

多级反馈队列调度算法在时间片轮询算法的基础上设置多个就绪队列，并为每个就绪队列都设置不同的优先权。队列的优先权越高，队列中的任务被分配的时间片就越大。默认第一个队列优先权最高，其他次之。

多级反馈队列调度算法的调度流程为：在系统收到新的任务后，首先将其放入第一个就绪队列的队尾，按先来先服务调度算法排队等待调度。若该进程在规定的 CPU 时间片内运行完成或者运行过程中出现错误，则退出进程并从系统中移除该任务；如果该进程在规定的 CPU 时间片内未运行完成，则将该进程转入第 2 队列的队尾调度执行；如果该进程在第 2 队列中运行一个 CPU 时间片后仍未完成，则将其放入第 3 队列，以此类推，在一个长作业从第 1 队列依次降到第 n 队列后，在第 n 队列中便以时间片轮转的方式运行。

多级反馈队列调度算法遵循以下原则。

◎ 仅在第一个队列为空时，调度器才调度第 2 队列中的任务。
◎ 仅在第 1～(n-1)队列均为空时，调度器才会调度第 n 队列中的进程。
◎ 如果处理器正在为第 n 队列中的某个进程服务，此时有新进程进入优先权较高的队列（第 1～(n-1)中的任何一个队列），则此时新进程将抢占正在运行的进程的处理器，即调度器停止正在运行的进程并将其放回第 n 队列的末尾，把处理器分配给新来的高优先权进程。

多级反馈调度算法相对来说比较复杂，它充分考虑了先来先服务调度算法和时间片轮询算法的优势，使得对进程的调度更加合理。

3.14 什么是 CAS

3.14.1 CAS 的概念：比较并交换

CAS（Compare And Swap）指比较并交换。CAS 算法 CAS(V,E,N)包含 3 个参数，V 表示要更新的变量，E 表示预期的值，N 表示新值。在且仅在 V 值等于 E 值时，才会将 V 值设为 N，如果 V 值和 E 值不同，则说明已经有其他线程做了更新，当前线程什么都不做。最后，CAS 返回当前 V 的真实值。

3.14.2 CAS 的特性：乐观锁

CAS 操作采用了乐观锁的思想，总是认为自己可以成功完成操作。在有多个线程同时使用 CAS 操作一个变量时，只有一个会胜出并成功更新，其余均会失败。失败的线程不会被挂起，仅被告知失败，并且允许再次尝试，当然，也允许失败的线程放弃操作。基于这样的原理，CAS 操作即使没有锁，也可以发现其他线程对当前线程的干扰，并进行恰当的处理。

3.14.3　CAS 自旋等待

在 JDK 的原子包 java.util.concurrent.atomic 里面提供了一组原子类，这些原子类的基本特性就是在多线程环境下，在有多个线程同时执行这些类的实例包含的方法时，会有排他性。其内部便是基于 CAS 算法实现的，即在某个线程进入方法中执行其中的指令时，不会被其他线程打断；而别的线程就像自旋锁一样，一直等到该方法执行完成才由 JVM 从等待的队列中选择另一个线程进入。

相对于 synchronized 阻塞算法，CAS 是非阻塞算法的一种常见实现。由于 CPU 的切换比 CPU 指令集的操作更加耗时，所以 CAS 的自旋操作在性能上有了很大的提升。JDK 具体的实现源码如下：

```java
public class AtomicInteger extends Number implements java.io.Serializable {
    private volatile int value;
public final int get() {
        return value;
    }
    public final int getAndIncrement() {
       for (;;) {   //CAS 自旋，一直尝试，直到成功
           int current = get();
            int next = current + 1;
            if (compareAndSet(current, next))
                return current;
        }
    }
    public final boolean compareAndSet(int expect, int update) {
        return unsafe.compareAndSwapInt(this, valueOffset, expect, update);
    }
}
```

在以上代码中，getAndIncrement 采用了 CAS 操作，每次都从内存中读取数据然后将此数据和加 1 后的结果进行 CAS 操作，如果成功，则返回结果，否则重试直到成功为止。

3.15　ABA 问题

对 CAS 算法的实现有一个重要的前提：需要取出内存中某时刻的数据，然后在下一时刻进行比较、替换，在这个时间差内可能数据已经发生了变化，导致产生 ABA 问题。

ABA 问题指第 1 个线程从内存的 V 位置取出 A，这时第 2 个线程也从内存中取出 A，

并将 V 位置的数据首先修改为 B，接着又将 V 位置的数据修改为 A，这时第 1 个线程在进行 CAS 操作时会发现在内存中仍然是 A，然后第 1 个线程操作成功。尽管从第 1 个线程的角度来说，CAS 操作是成功的，但在该过程中其实 V 位置的数据发生了变化，只是第 1 个线程没有感知到罢了，这在某些应用场景下可能出现过程数据不一致的问题。

部分乐观锁是通过版本号（version）来解决 ABA 问题的，具体的操作是乐观锁每次在执行数据的修改操作时都会带上一个版本号，在预期的版本号和数据的版本号一致时就可以执行修改操作，并对版本号执行加 1 操作，否则执行失败。因为每次操作的版本号都会随之增加，所以不会出现 ABA 问题，因为版本号只会增加，不会减少。

3.16 什么是 AQS

AQS（Abstract Queued Synchronizer）是一个抽象的队列同步器，通过维护一个共享资源状态（Volatile Int State）和一个先进先出（FIFO）的线程等待队列来实现一个多线程访问共享资源的同步框架。

3.16.1 AQS 的原理

AQS 为每个共享资源都设置一个共享资源锁，线程在需要访问共享资源时首先需要获取共享资源锁，如果获取到了共享资源锁，便可以在当前线程中使用该共享资源，如果获取不到，则将该线程放入线程等待队列，等待下一次资源调度，具体的流程如图 3-14 所示。许多同步类的实现都依赖于 AQS，例如常用的 ReentrantLock、Semaphore 和 CountDownLatch。

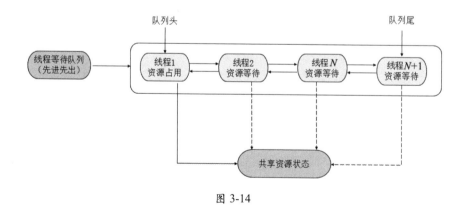

图 3-14

3.16.2　state：状态

Abstract Queued Synchronizer 维护了一个 volatile int 类型的变量，用于表示当前的同步状态。Volatile 虽然不能保证操作的原子性，但是能保证当前变量 state 的可见性。

state 的访问方式有三种：getState()、setState()和 compareAndSetState()，均是原子操作，其中，compareAndSetState 的实现依赖于 Unsafe 的 compareAndSwapInt()。具体的 JDK 代码实现如下：

```java
//返回共享资源状态，此操作的内存语义为volatile修饰的原子读操作
protected final int getState() {
    return state;
}
//设置共享资源状态，此操作的内存语义为volatile修饰的原子写操作
protected final void setState(int newState) {
    state = newState;
}
//自动将同步状态设置为给定的更新状态值（如果当前状态值等于预期值），
//此操作的内存语义为volatile修饰的原子读写操作
protected final boolean compareAndSetState(int expect, int update) {
    return unsafe.compareAndSwapInt(this, stateOffset, expect, update);
}
```

3.16.3　AQS 共享资源的方式：独占式和共享式

AQS 定义了两种资源共享方式：独占式（Exclusive）和共享式（Share）。

◎ 独占式：只有一个线程能执行，具体的 Java 实现有 ReentrantLock。
◎ 共享式：多个线程可同时执行，具体的 Java 实现有 Semaphore 和 CountDownLatch。

AQS 只是一个框架，只定义了一个接口，具体资源的获取、释放都交由自定义同步器去实现。不同的自定义同步器争用共享资源的方式也不同，自定义同步器在实现时只需实现共享资源 state 的获取与释放方式即可，至于具体线程等待队列的维护，如获取资源失败入队、唤醒出队等，AQS 已经在顶层实现好，不需要具体的同步器再做处理。自定义同步器的主要方法如表 3-4 所示。

表 3-4

序号	方 法 名	资源共享方式	说　　明
1	isHeldExclusively()		查询该线程是否正在独占资源，只有用到 condition 才需要去实现它
2	tryAcquire(int)	独占方式	尝试获取资源：成功则返回 true，失败则返回 false
3	tryRelease(int)	独占方式	尝试释放资源：成功则返回 true，失败则返回 false
4	tryAcquireShared(int)	共享方式	尝试获取资源：负数表示失败；0 表示成功，但没有剩余可用资源；正数表示成功，且有剩余资源
5	tryReleaseShared(int)	共享方式	尝试释放资源：如果释放资源后允许唤醒后续等待线程，则返回 true，否则返回 false

同步器的实现是 AQS 的核心内存。ReentrantLock 对 AQS 的独占方式实现为：ReentrantLock 中的 state 初始值为 0 时表示无锁状态。在线程执行 tryAcquire()获取该锁后 ReentrantLock 中的 state+1，这时该线程独占 ReentrantLock 锁，其他线程在通过 tryAcquire()获取锁时均会失败，直到该线程释放锁后 state 再次为 0，其他线程才有机会获取该锁。该线程在释放锁之前可以重复获取此锁，每获取一次便会执行一次 state+1，因此 ReentrantLock 也属于可重入锁。但获取多少次锁就要释放多少次锁，这样才能保证 state 最终为 0。如果获取锁的次数多于释放锁的次数，则会出现该线程一直持有该锁的情况；如果获取锁的次数少于释放锁的次数，则运行中的程序会报锁异常。

CountDownLatch 对 AQS 的共享方式实现为：CountDownLatch 将任务分为 N 个子线程去执行，将 state 也初始化为 N，N 与线程的个数一致，N 个子线程是并行执行的，每个子线程都在执行完成后 countDown()一次，state 会执行 CAS 操作并减 1。在所有子线程都执行完成（state=0）时会 unpark()主线程，然后主线程会从 await()返回，继续执行后续的动作。

一般来说，自定义同步器要么采用独占方式，要么采用共享方式，实现类只需实现 tryAcquire、tryRelease 或 tryAcquireShared、tryReleaseShared 中的一组即可。但 AQS 也支持自定义同步器同时实现独占和共享两种方式，例如 ReentrantReadWriteLock 在读取时采用了共享方式，在写入时采用了独占方式。

第 4 章
数据结构

数据结构指数据的存储、组织方式。有人认为"程序=数据结构+算法"。因此良好的数据结构对于程序的运行至关重要,尤其是在复杂的系统中,设计优秀的数据结构能够提高系统的灵活性和性能。

在程序的设计和开发过程中难免需要使用各种各样的数据结构,比如有时需要根据产品的特点定义自己的数据结构,因此数据结构对于程序设计至关重要。本章将详细介绍常用的数据结构,具体包括栈、队列、链表、二叉树、红黑树、散列表和位图。每种数据结构都有其特点,表 4-1 便列举了常用的数据结构及其优缺点。

表 4-1

数据结构	优 点	缺 点
栈	顶部元素插入和取出快	除顶部元素外,存取其他元素都很慢
队列	顶部元素插入和尾部元素取出快	存取其他元素很慢
链表	插入、删除都快	查找慢
二叉树	插入、删除、查找都快	删除算法复杂
红黑树	插入、删除、查找都快	算法复杂
散列表	插入、删除、查找都快	数据散列,对存储空间有浪费
位图	节省存储空间	不方便描述复杂的数据关系

4.1 栈及其 Java 实现

栈(Stack)又名堆栈,是允许在同一端进行插入和删除操作的特殊线性表。其中,允许进行插入和删除操作的一端叫作栈顶(Top),另一端叫作栈底(Bottom),栈底固定,栈顶浮动。栈中的元素个数为零时，该栈叫作空栈。插入一般叫作进栈（Push），删除叫作退栈（Pop）。栈也叫作后进先出（FILO-First In Last Out）的线性表。具体的数据结构如图4-1所示。

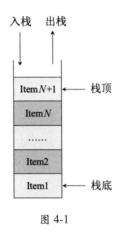

图 4-1

要实现一个栈，需要先实现以下核心方法。

◎ push()：向栈中压入一个数据，先入栈的数据在最下边。
◎ pop()：弹出栈顶数据，即移除栈顶数据。
◎ peek()：返回当前的栈顶数据。

栈的具体实现过程如下。

（1）定义栈的数据结构：

```
package hello.java.datastructure;
/**
 * 基于数组实现的顺序栈
 * @param <E>
 */
public class Stack<E> {
    private Object[] data = null;
    private int maxSize=0;   //栈的容量
    private int top =-1;  //栈顶的指针
    //构造函数：根据指定的size初始化栈
    Stack(){
        this(10);   //默认的栈大小为10
    }
    Stack(int initialSize){
```

```
    if(initialSize >=0){
        this.maxSize = initialSize;
        data = new Object[initialSize];
        top = -1;
    }else{
        throw new RuntimeException("初始化大小不能小于0: " + initialSize);
    }
    }
}
```

以上代码定义了一个 Stack 的类，用来存储栈的数据结构；定义了一个数组 data，用来存储栈中的数据；定义了 maxSize，表示栈的最大容量；定义了 top，表示栈顶数据的指针；定义了两个栈的构造函数，在构造函数没有参数时默认构造一个大小为 10 的栈。

（2）数据入栈，向栈顶压入一个数据：

```
//进栈，第1个元素 top=0;
public boolean push(E e){
    if(top == maxSize -1){
        throw new RuntimeException("栈已满，无法将元素入栈！");
    }else{
        data[++top]=e;
        return true;
    }
}
```

以上代码定义了方法 push()来向栈中压入数据，在数据入栈前首先判断栈是否满了，具体的判断依据为栈顶元素的指针位置等于栈的最大容量。注意，这里使用 maxSize -1 是因为栈顶元素的指针是从 0 开始计算的。在栈有可用空间时，使用 data[++top]=e 在栈顶（top 位置）上方新压入一个元素并为 top 加 1。

（3）数据出栈，从栈顶移除一个数据：

```
//弹出栈顶的元素
public E pop(){
    if(top == -1){
        throw new RuntimeException("栈为空！");
    }else{
        return (E)data[top--];
    }
}
```

以上代码定义了方法 pop()来从栈顶移除一个数据，移除前先判断栈顶是否有数据，如果有，则通过 data[top--]将栈顶数据移出并给 top 减 1。

（4）数据查询：

```
//查看栈顶元素但不移除
public E peek(){
    if(top == -1){
        throw new RuntimeException("栈为空!");
    }else{
        return (E)data[top];
    }
}
```

以上代码定义了方法 peek()来取出栈顶的数据，在取出栈顶的数据前先判断栈顶的元素是否存在，如果存在，则直接返回栈顶元素（注意：这里没有对栈顶的元素进行删除），否则抛出异常。

4.2 队列及其 Java 实现

队列是一种只允许在表的前端进行删除操作且在表的后端进行插入操作的线性表。其中，执行插入操作的端叫作队尾，执行删除操作的端叫作队头。没有元素的队列叫作空队列，在队列中插入一个队列元素叫作入队，从队列中删除一个队列元素叫作出队。因为队列只允许在队头插入，在队尾删除，所以最早进入队列的元素将最先从队列中删除，所以队列又叫作先进先出（FIFO-first in first out）线性表。具体的数据结构如图 4-2 所示。

图 4-2

要实现一个队列，需要先实现以下核心方法。

◎ add()：向队列的尾部加入一个元素（入队），先入队列的元素在最前边。
◎ poll()：删除队列头部的元素（出队）。

◎ peek()：取出队列头部的元素。

队列的简单实现如下。

（1）定义队列的数据结构：

```java
package hello.java.datastructure;
public class Queue<E> {
    private Object[] data=null;
    private int maxSize;    //队列的容量
    private int front;      //队列头，允许删除
    private int rear;       //队列尾，允许插入
    //构造函数，默认的队列大小为10
    public Queue(){
        this(10);
    }
    public Queue(int initialSize){
        if(initialSize >=0){
            this.maxSize = initialSize;
            data = new Object[initialSize];
            front = rear =0;
        }else{
            throw new RuntimeException("初始化大小不能小于0: " + initialSize);
        }
    }
}
```

以上代码定义了一个名为 Queue 的队列数据结构，并定义了用于存储队列数据的 data 数组、队列头位置标记 front、队列尾位置标记 rear、队列的容量 maxSize。队列的默认长度为 10，在初始化时，front 的位置等于 rear 的位置，都为 0；在有新的数据加入队列时，front 的值加 1。

（2）向队列插入数据：

```java
//在队列的尾部插入数据
public boolean add(E e){
    if(rear== maxSize){
        throw new RuntimeException("队列已满，无法插入新的元素！");
    }else{
        data[rear++]=e;
        return true;
    }
```

    }

以上代码定义了方法 add() 来向队列中插入数据，在插入前先判断队列是否满了，如果队列有空间，则通过 data[rear++]=e 向队列的尾部加入数据并将队尾的指针位置加 1。

（3）取走队列中的数据：

```
//删除队列头部的元素：出队
public E poll(){
    if(empty()){
        throw new RuntimeException("空队列异常！");
    }else{
        E value = (E) data[front];   //临时保存队列 front 端的元素的值
        data[front++] = null;        //释放队列 front 端的元素
        return value;
    }
}
```

以上代码定义了方法 poll() 来取出队列头部的数据，并将队列头部的数据设置为 null 以释放队列头部的位置，最后返回队列头部的数据。

（4）队列数据查询：

```
//取出队列头部的元素，但不删除
public E peek(){
    if(empty()){
        throw new RuntimeException("空队列异常！");
    }else{
        return (E) data[front];
    }
}
```

以上代码定义了方法 peek() 来访问并返回队列头部的数据。

4.3 链表

链表是由一系列节点（链表中的每一个元素都叫作一个节点）组成的数据结构，节点可以在运行过程中动态生成。每个节点都包括两部分内容：存储数据的数据域；存储下一个节点地址的指针域。

由于链表是随机存储数据的，因此在链表中插入数据的时间复杂度为 O(1)，比在线性表和顺序表中插入的效率要高；但在链表中查找一个节点时需要遍历链表中所有元素，因此时间复杂度为 $O(n)$，而在线性表和顺序表中查找一个节点的时间复杂度分别为 $O(\log n)$ 和 $O(1)$。

链表有 3 种不同的类型：单向链表、双向链表及循环链表。下面将以 Java 语言为基础分别介绍这 3 种不同的链表结构。

4.3.1　链表的特点

链表通过一组存储单元存储线性表中的数据元素，这组存储单元可以是连续的，也可以是不连续的。因此，为了表示每个数据元素与其直接后继数据元素之间的逻辑关系，对数据元素来说，除了存储其本身的信息，还需要存储直接后继数据元素的信息（即直接后继数据元素的存储位置）。由这两部分信息组成一个"节点"。链表数据结构的优点是插入快，缺点是数据查询需要遍历整个链表，效率慢。链表的具体数据结构如图 4-3 所示。

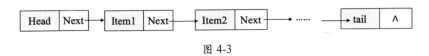

图 4-3

链表根据具体的实现又分为单向链表、双向链表和循环链表。

4.3.2　单向链表的操作及其 Java 实现

单向链表（又称单链表）是链表的一种，其特点是链表的链接方向是单向的，访问链表时要从头部开始顺序读取。单向链表是链表中结构最简单的。一个单向链表的节点（Node）可分为两部分：第 1 部分为数据区（data），用于保存节点的数据信息；第 2 部分为指针区，用于存储下一个节点的地址，最后一个节点的指针指向 null。具体的数据结构如图 4-4 所示。

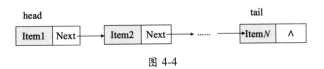

图 4-4

1. 单向链表的操作

（1）查找：单向链表只可向一个方向遍历，一般在查找一个节点时需要从单向链表的第 1 个节点开始依次访问下一个节点，一直访问到需要的位置。

（2）插入：对于单向链表的插入，只需将当前插入的节点设置为头节点，将 Next 指针指向原来的头节点即可。插入后的结果如图 4-5 所示。

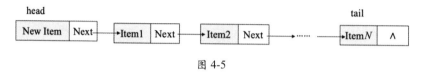

图 4-5

（3）删除：对于单向链表的删除，我们只需将该节点的上一个节点的 Next 指针指向该节点的下一个节点，然后删除该节点即可。具体过程如图 4-6 所示。

图 4-6

2. 单向链表的 Java 实现

单向链表的 Java 实现如下。

（1）定义单向链表的数据结构：

```java
public class SingleLinkedList {
    private int length;//链表节点的个数
    private Node head;//头节点
    public SingleLinkedList(){
        size = 0;
        head = null;
    }
    //链表的每个节点的数据结构描述类
    private class Node{
        private Object data;//每个节点的数据
        private Node next;//每个节点指向下一个节点的连接
        public Node(Object data){
            this.data = data;
```

```
        }
    }
}
```

以上代码定义了名为 SingleLinkedList 的单向链表，并定义了 length 表示链表的大小；head，表示链表的头部；名为 Node 的内部类，表示链表的节点数据结构，在 Node 中有 data 和 next 两个属性，分别表示该链表节点的数据和下一个节点的连接。这样就完成了对链表数据结构的定义。

（2）插入单向链表数据：

```
    //在链表头添加元素
public Object addHead(Object obj){
    Node newHead = new Node(obj);//step 1：定义新节点
    if(length== 0){  //step 2：如果链表为空，则将该节点设置为头部节点
        head = newHead;
    }else{//step 3：设置当前节点为头部节点，并将当前节点的下一个节点指向原来的头部节点
        head = newHead;
        newHead.next = head;
    }
    length ++;//step 4：链表长度+1
    return obj;
}
```

以上代码定义了方法 addHead() 来向链表的头部加入节点。具体操作为：首先定义一个节点；接着判断链表的长度是否为 0，如果为 0，则表示链表为空链表，直接将该节点设置为链表的头部节点；如果节点的长度不为 0，则将当前插入的节点设置为头节点，将当前插入节点的 Next 指针指向原头节点即可；最后给链表的长度加 1。

（3）删除单向链表数据：

```
    //删除指定的元素，删除成功则返回 true
public boolean delete(Object value){
    if(length == 0){
        return false;
    }
    Node current = head;
    Node previous = head;
    while(current.data != value){
        if(current.next == null){
            return false;
        }else{
```

```
            previous = current;
            current = current.next;
        }
    }
    //如果删除的节点是头节点
    if(current == head){
        head = current.next;
        length--;
    }else{//删除的节点不是头节点
        previous.next = current.next;
        length--;
    }
    return true;
}
```

以上代码定义了方法 delete()来删除单向链表中的数据，具体的删除操作为：首先判断链表的长度，如果链表长度为 0，则说明链表为空，即不包含任何元素，直接返回 false；如果链表不为空，则通过 while 循环找到要删除的元素；如果要删除的节点是头节点，则需要把要删除的节点的下一个节点指定为头节点，删除该节点，把节点长度减 1；如果删除的节点不是头节点，则将该节点的上一个节点的 Next 指针指向该节点的下一个节点，删除该节点，并把节点长度减 1。

（4）单向链表数据查询：

```
//查找指定的元素，若找到了则返回节点 Node，找不到则返回 null
public Node find(Object obj){
    Node current = head;
    int tempSize = length;
    while(tempSize > 0){
        if(obj.equals(current.data)){
            return current;
        }else{
            current = current.next;
        }
        tempSize--;
    }
    return null;
}
```

以上代码定义了名为 find()的单向链表节点查询方法。该方法很简单，定义了一个 while 循环来查找数据，如果当前数据和要查找的数据相同，则返回该数据；如果不同，则将当前节点的下一个节点设置为当前节点，沿着当前节点向前继续寻找。这里将 tempSize 减 1 的目的是控制 while 循环的条件，在 tempSize 为 0 时表示遍历完了整个链表还没找到该数据，这时返回 null。

4.3.3 双向链表及其 Java 实现

在双向链表的每个数据节点中都有两个指针，分别指向其直接后继和直接前驱节点。所以，从双向链表中的任意一个节点开始，都可以很方便地访问它的直接前驱节点和直接后继节点。具体的数据结构如图 4-7 所示。

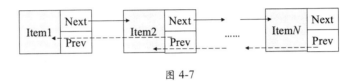

图 4-7

双向链表和单向链表的不同之处在于，单向链表除数据项外只定义了一个 Next 指针指向下一个节点，而双向链表定义了 Prev 和 Next 两个指针分别指向上一个节点和下一个节点，这样我们便可以从两个方向遍历并处理节点的数据了。双向链表的 Java 实现代码如下：

（1）定义双向链表的数据结构：

```java
public class TwoWayLinkedList {
    private Node head;//表示链表头
    private Node tail;//表示链表尾
    private int length;//表示链表的长度
    private class Node{
        private Object data;
        private Node next;
        private Node prev;
        public Node(Object data){
            this.data = data;
        }
    }
    public TwoWayLinkedList(){
        size = 0;
        head = null;
        tail = null;
```

```
        }
    }
```

以上代码定义了一个名为 TwoWayLinkedList 的双向链表的数据结构，其中定义了：head，表示链表头；tail，表示链表尾；length，表示链表长度；Node，表示链表的节点，链表的节点包含 data、prev、next，分别表示节点数据、上一个节点和下一个节点。这样双向链表的数据结构就定义好了。

（2）在链表头部增加节点：

```
    //在链表头部增加节点
    public void addHead(Object value){
        Node newNode = new Node(value);
        if(length == 0){
            head = newNode;
            tail = newNode;
            length++;
        }else{
            head.prev = newNode;
            newNode.next = head;
            head = newNode;
            length++;
        }
    }
```

以上代码定义了 addHead() 来向链表的头部加入数据，具体操作为：首先，新建一个节点；然后，判断链表的长度，如果链表的长度为 0，则说明链表是空链表，将链表的头部和尾部均设置为当前节点并将链表长度加 1 即可；如果链表不是空链表，则将原链表头部的上一个节点设置当前节点，将当前节点的下一个节点设置为原链表头的节点，将链表的头部节点设置为当前节点，这样就完成了双向链表的头部节点的插入；最后，需要将链表的长度加 1。

（3）在链表尾部增加节点：

```
    //在链表尾部增加节点
    public void addTail(Object value){
        Node newNode = new Node(value);
        if(length == 0){
            head = newNode;
            tail = newNode;
            length++;
```

```
        }else{
            newNode.prev = tail;
            tail.next = newNode;
            tail = newNode;
            length++;
        }
    }
```

以上代码定义了名为 addTail() 的方法来给链表尾部加入数据，具体操作为：首先新建一个节点；然后判断链表的长度，如果链表的长度为 0，则说明链表是空链表，将链表的头部和尾部均设置为当前节点并将链表长度加 1 即可；如果链表长度不为空，则将当前节点的上一个节点设置为原尾部节点，将原来的尾部节点的下一个节点设置为当前节点，将尾部节点设置为新的节点，这样就完成了双向链表尾部的插入；最后需要把链表的长度加 1。

（4）删除链表的头部节点：

```
//删除链表的头部节点
public Node deleteHead(){
    Node temp = head;
    if(length != 0){
        head = head.next;
        head.prev = null;
        length--;
        return temp;
    }else{ return null }
}
```

以上代码定义了一个名为 deleteHead() 的方法来删除链表的头部节点，具体操作为：首先定义一个临时节点来存储当前头部节点；然后判断节点的长度，如果节点的长度为 0，则直接返回 null；如果节点的长度不为 0，则将当前头部节点设置为原头部节点的下一个节点，将头部节点的上一个节点设置为 null，然后删除该节点；最后，将节点的长度减 1。

（5）删除链表的尾部节点：

```
//删除链表的尾部节点
public Node deleteTail(){
    Node temp = tail;
    if(length != 0){
        tail = tail.prev;
        tail.next = null;
```

```
        length--;
        return temp;
    }else{ return null }
}
```

以上代码定义了一个 deleteTail()方法来删除链表尾部的节点，具体操作为：首先定义一个临时节点来存储当前尾部节点；然后判断节点的长度，如果节点的长度为 0，则直接返回 null；如果节点的长度不为 0，则将当前尾部节点设置为原尾部节点的上一个节点，将尾部节点的下一个节点设置为 null，然后删除该节点；最后，将节点的长度减 1。

4.3.4 循环链表

循环链表的链式存储结构的特点是：表中最后一个节点的指针域指向头节点，整个链表形成一个环。具体的数据结构如图 4-8 所示。

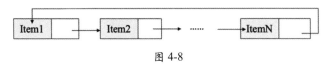

图 4-8

循环节点的实现和单向链表十分相似，只是在链表中，尾部元素的 Next 指针不再是 null，而是指向头部节点，其他实现和单向链表相同。

4.4 散列表

散列表（Hash Table，也叫作哈希表）是根据数据的关键码值（Key-Value 对）对数据进行存取的数据结构。散列表通过映射函数把关键码值映射到表中的一个位置来加快查找。这个映射函数叫作散列函数，存放记录的数组叫作散列表。

给定表 M，存在函数 f(key)，对任意给定的关键字 key，代入函数后若能得到包含该关键字的记录在表中的地址，则称表 M 为散列表，称函数 f(key)为散列函数。具体的数据结构如图 4-9 所示。

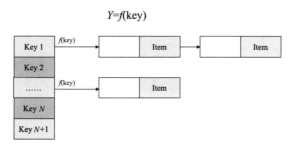

图 4-9

散列表算法通过在数据元素的存储位置和它的关键字（可用 key 表示）之间建立一个确定的对应关系，使每个关键字和散列表中唯一的存储位置相对应。在查找时只需根据这个对应关系找到给定关键字在散列表中的位置即可，真正做到一次查找命中。

4.4.1 常用的构造散列函数

常用的构造散列函数如下。

◎ 直接定址法：取关键字或关键字的某个线性函数值为散列地址，即 $h(key) = key$ 或 $h(key) = a \times key + b$，其中 a 和 b 为常数。
◎ 平方取值法：取关键字平方后的中间几位为散列地址。
◎ 折叠法：将关键字分割成位数相同的几部分，然后取这几部分的叠加和作为散列地址。
◎ 除留余数法：取关键字被某个不大于散列表长度 m 的数 p 除后所得的余数为散列地址，即 $h(key) = key /p (p \leqslant m)$。
◎ 随机数法：选择一个随机函数，取关键字的随机函数值作为其散列地址，即 $h(key) = random(key)$。
◎ Java HashCode 实现：在 Java 中计算 HashCode 的公式为 $f(key) = s[0] \times 31^{n-1} + s[1] \times 31^{n-2} + ... + s[n-1]$。具体实现如下：

```java
public int hashCode() {
    int h = hash;
    if (h == 0 && value.length > 0) {
        char val[] = value;
        for (int i = 0; i < value.length; i++) {
            h = 31 * h + val[i];
```

```
        }
        hash = h;
    }
    return h;
}
```

4.4.2 Hash 的应用

Hash 主要用于用信息安全加密和快速查询的应用场景。

◎ 信息安全：Hash 主要被用于信息安全领域的加密算法中，它把一些不同长度的信息转化成杂乱的 128 位编码，这些编码的值叫作 Hash 值。也可以说，Hash 就是找到一种数据内容和数据存放地址之间的映射关系。

◎ 快速查找：散列表，又叫作散列，是一种更加快捷的查找技术。基于列表集合查找的一般做法是从集合中拿出一个元素，看它是否与当前数据相等，如果不相等，则缩小范围，继续查找。而散列表是完全另外一种思路，在知道 key 值以后，就可以直接计算这个元素在集合中的位置，不需要一次又一次的遍历查找。

4.5 二叉排序树

二叉排序树（Binary Sort Tree），又称二叉查找树（Binary Search Tree）或二叉搜索树。二叉排序树为满足以下条件的树：

◎ 若左子树不空，则左子树上所有节点的值均小于它的根节点的值；
◎ 若右子树不空，则右子树上所有节点的值均大于或等于它的根节点的值；
◎ 左、右子树也分别为二叉排序树。如图 4-10 所示便是一个二叉排序树。

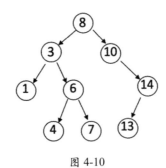

图 4-10

4.5.1 插入操作

在二叉排序树中进行插入操作时只需找到待插入的父节点，将数据插入即可，具体流程如下。

（1）将待插入的新节点与当前节点进行比较，如果两个节点的值相同，则表示新节点已经存在于二叉排序树中，直接返回 false。

（2）将待插入的新节点与当前节点进行比较，如果待插入的新节点的值小于当前节点的值，则在当前节点的左子树中寻找，直到左子树为空，则当前节点为要找的父节点，将新节点插入当前节点的左子树即可。

（3）将待插入的新节点与当前节点进行比较，如果待插入的新节点的值大于当前节点的值，则在当前节点的右子树中寻找，直到右子树为空，则当前节点为要找的父节点，将新节点插入当前节点的右子树即可。具体的插入流程如图 4-11 所示。

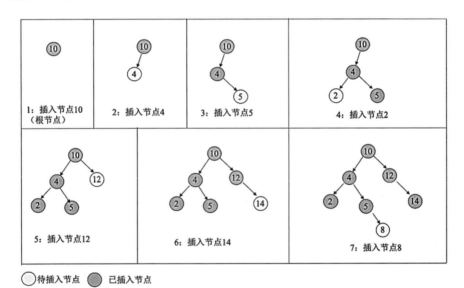

图 4-11

4.5.2 删除操作

二叉排序树的删除操作主要分为三种情况：待删除的节点没有子节点；待删除的节点只有一个子节点；待删除的节点有两个子节点。具体情况如下。

（1）在待删除的节点没有子节点时，直接删除该节点，即在其父节点中将其对应的子节点置空即可。如图 4-12 所示，要删除的节点 14 没有子节点，则直接将其删除即可。

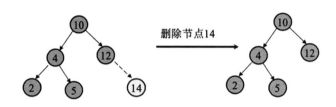

图 4-12

（2）在待删除的节点只有一个子节点时，使用子节点替换当前节点，然后删除该节点即可。如图 4-13 所示，要删除的节点 5 有一个子节点 8，则使用子节点 8 替换需要删除的节点 5，然后删除节点 5 的数据即可。

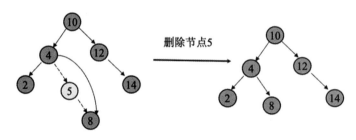

图 4-13

（3）在待删除的节点有两个子节点时，首先查找该节点的替换节点（替换节点为左子树中的最大节点或者右子树中的最小节点），然后替换待删除的节点为替换节点，最后删除替换节点。如图 4-14 所示，要删除的节点 4 有两个子节点，其左子树最小的节点为 2，其右子树最小的节点为 5，因此有两种结果。

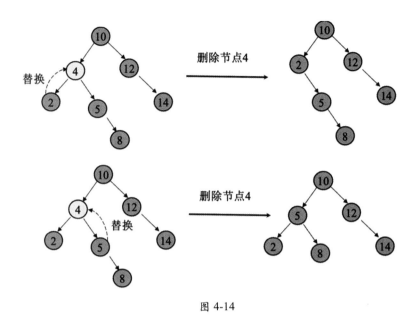

图 4-14

4.5.3 查找操作

二叉排序树的查找方式和效率接近二分查找法,因此可以很容易获取最大(最右最深子节点)值和最小(最左最深子节点)值,具体的查找流程为:将要查找的数据与根节点的值进行比较,如果相等就返回,如果小于就到左子树中递归查找,如果大于就到右子树中递归查找。

4.5.4 用 Java 实现二叉排序树

(1)定义二叉排序树的数据结构:

```
public class Node {
    private int value;
    private Node left;
    private Node right;
    public Node(){
    }
    public Node(Node left, Node right, int value){
        this.left = left;
        this.right = right;
```

```java
        this.value = value;
    }
    public Node(int value){
        this(null, null, value);
    }
    public Node getLeft(){
        return this.left;
    }
    public void setLeft(Node left){
        this.left = left;
    }
    public Node getRight(){
        return this.right;
    }
    public void setRight(Node right){
        this.right = right;
    }
    public int getValue(){
        return this.value;
    }
    public void setValue(int value){
        this.value = value;
    }
}
```

如上代码定义了二叉排序树的数据结构 Node，在 Node 中包含的 value、left、right 分别表示二叉排序树的值、左子节点、右子节点。

（2）定义二叉排序树的插入方法：

```java
/**向二叉排序树中插入节点*/
public void insertBST(int key){
    Node p = root;
    /**记录查找节点的前一个节点*/
    Node prev = null;
    /**一直查找下去，直到到达满足条件的节点位置*/
    while(p != null){
        prev = p;
        if(key < p.getValue())
            p = p.getLeft();
        else if(key > p.getValue())
            p = p.getRight();
```

```
        else
            return;
    }
    /**prev 是待插入节点的父节点,根据节点值的大小,被插入相应的位置*/
    if(root == null)
        root = new Node(key);
    else if(key < prev.getValue())
        prev.setLeft(new Node(key));
    else prev.setRight(new Node(key));
}
```

如上代码定义了 insertBST()来向二叉排序树中插入节点,具体操作分 4 步:①循环查找需要插入的节点 prev;②如果二叉树的根节点为 null,则说明二叉树是空树,直接将该节点设置为根节点;③如果待插入的数据小于该节点的值,则将其插入该节点的左节点;④如果待插入的数据大于该节点的值,则将其插入该节点的右节点。

(3)定义二叉排序树的删除方法:

```
/**
 * 删除二叉排序树中的节点
 * 分为三种情况:(删除节点为*p ,其父节点为*f)
 * (1)要删除的*p 节点是叶子节点,只需要修改它的双亲节点的指针为空
 * (2)若*p 只有左子树或者只有右子树,则直接让左子树或右子树代替*p
 * (3)若*p 既有左子树,又有右子树
 *     则用 p 左子树中最大的值(即最右端 S)代替 P,删除 s,重接其左子树
 * */
public void deleteBST(int key){
    deleteBST(root, key);
}
private boolean deleteBST(Node node, int key) {
    if(node == null) return false;
    else{
        if(key == node.getValue()){
            return delete(node);
        }
        else if(key < node.getValue()){
            return deleteBST(node.getLeft(), key);
        }
        else{
            return deleteBST(node.getRight(), key);
        }
```

```java
        }
    }
    private boolean delete(Node node) {
        Node temp = null;
        /**右子树空,只需要重接它的左子树
         * 如果是叶子节点,则在这里也把叶子节点删除了
         * */
        if(node.getRight() == null){
            temp = node;
            node = node.getLeft();
        }
        /**左子树空, 重接它的右子树*/
        else if(node.getLeft() == null){
            temp = node;
            node = node.getRight();
        }
        /**左右子树均不为空*/
        else{
            temp = node;
            Node s = node;
            /**转向左子树,然后向右走到"尽头"*/
            s = s.getLeft();
            while(s.getRight() != null){
                temp = s;
                s = s.getRight();
            }
            node.setValue(s.getValue());
            if(temp != node){
                temp.setRight(s.getLeft());
            }
            else{
                temp.setLeft(s.getLeft());
            }
        }
        return true;
    }
```

以上代码通过三种方法实现了二叉树的删除,deleteBST(int key)是提供给用户的删除方法,会调用deleteBST(Node node, int key),其中Node参数为根节点,表示从根节点开始递归查找和删除;deleteBST(Node node, int key)通过递归查找找到要删除的节点。查找要删除的节点的具体做法如下。

- ◎ 如果 key 和当前节点的值相等,则说明找到了需要删除的节点。
- ◎ 如果 key 小于当前节点的值,则在左子树中查找。
- ◎ 如果 key 大于当前节点的值,则在右子树中查找。

在找到要删除的节点后,调用 delete(Node node)删除该节点,这里的删除分 3 种情况。

- ◎ 如果右子树为空,则只需将它的左子树接到该节点。
- ◎ 如果右子树为空,则只需将它的右子树接到该节点。
- ◎ 如果左右子树均不为空,则需要在左子树中寻找最小的节点,并将左子树中最小的节点接到当前节点。

(4)定义二叉排序树的查询方法:

```
/**查找在二叉排序树中是否有 key 值*/
public boolean searchBST(int key){
    Node current = root;
    while(current != null){
        //等于当前值则查找成功,返回
        if(key == current.getValue())
            return true;
        //比当前值小,进入左子树中查找
        else if(key < current.getValue())
            current = current.getLeft();
        else  //比当前值大,进入右子树中查找
            current = current.getRight();
    }
    return false;
}
```

以上代码定义了 searchBST()用于查询二叉排序树,具体做法如下。

- ◎ 如果 key 和当前节点的值相等,则说明找到了该节点。
- ◎ 如果 key 小于当前节点的值,则在左子树中查找。
- ◎ 如果 key 大于当前节点的值,则在右子树中查找。

4.6 红黑树

红黑树(Red-Black Tree,R-B Tree)是一种自平衡的二叉查找树。在红黑树的每个节点上都多出一个存储位表示节点的颜色,颜色只能是红(Red)或者黑(Black)。

4.6.1 红黑树的特性

红黑树的特性如下。

- 每个节点或者是黑色的，或者是红色的。
- 根节点是黑色的。
- 每个叶子节点（NIL）都是黑色的。
- 如果一个节点是红色的，则它的子节点必须是黑色的。
- 从一个节点到该节点的子孙节点的所有路径上都包含相同数量的黑色节点。

具体的数据结构如图 4-15 所示。

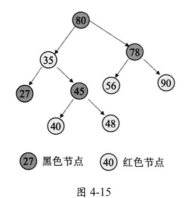

图 4-15

4.6.2 红黑树的左旋

对 a 节点进行左旋，指将 a 节点的右子节点设为 a 节点的父节点，即将 a 节点变成一个左节点。因此左旋意味着被旋转的节点将变成一个左节点，具体流程如图 4-16 所示。

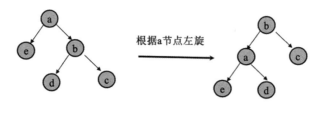

图 4-16

4.6.3 红黑树的右旋

对 b 节点进行右旋,指将 b 节点的左子节点设为 b 节点的父节点,即将 b 节点设为一个右节点。因此右旋意味着被旋转的节点将变成一个右节点,具体流程如图 4-17 所示。

图 4-17

4.6.4 红黑树的添加

红黑树的添加分为 3 步:①将红黑树看作一颗二叉查找树,并以二叉树的插入规则插入新节点;②将插入的节点涂为"红色"或"黑色";③通过左旋、右旋或着色操作,使之重新成为一颗红黑树。

根据被插入的节点的父节点的情况,可以将具体的插入分为 3 种情况来处理。

(1) 如果被插入的节点是根节点,则直接把此节点涂为黑色的。

(2) 如果被插入的节点的父节点是黑色的,则什么也不需要做,在节点插入后,仍然是红黑树。

(3) 如果被插入的节点的父节点是红色的,则在被插入节点的父节点是红色的时,被插入节点一定存在非空祖父节点,即被插入节点也一定存在叔叔节点,即使叔叔节点(叔叔节点指当前节点的祖父节点的另一个子节点)为空,我们也视之为存在,空节点本身就是黑色节点。然后根据叔叔节点的颜色,在被插入节点的父节点是红色的时,进一步分为 3 种情况来处理。

◎ 如果当前节点的父节点是红色的,当前节点的叔叔节点是红色的,则将父节点设为黑色的,将叔叔节点设为黑色的,将祖父节点设为红色的,将祖父节点设为当前节点。

◎ 如果当前节点的父节点是红色的,当前节点的叔叔节点是黑色的且当前节点是右节点,则将父节点设为当前节点,以新节点为支点左旋。

◎ 如果当前节点的父节点是红色的，当前节点的叔叔节点是黑色的且当前节点是左节点，则将父节点设为黑色的，将祖父节点设为红色的，以祖父节点为支点右旋。

4.6.5 红黑树的删除

红黑树的删除分为两步：①将红黑树看作一颗二叉查找树，根据二叉查找树的删除规则删除节点；②通过左旋、旋转、重新着色操作进行树修正，使之重新成为一棵红黑树，具体操作如下。

（1）将红黑树看作一颗二叉查找树，将节点删除。

◎ 如果被删除的节点没有子节点，那么直接将该节点删除。
◎ 如果被删除的节点只有一个子节点，那么直接删除该节点，并用该节点的唯一子节点替换该节点的位置。
◎ 如果被删除的节点有两个子节点，那么先找出该节点的替换节点，然后把替换节点的数据复制给该节点的数据，之后删除替换节点。

（2）通过左旋、旋转、重新着色操作进行树修正，使之重新成为一棵红黑树，因为红黑树在删除节点后可能会违背红黑树的特性，所以需要通过旋转和重新着色来修正该树，使之重新成为一棵红黑树：①如果当前节点的子节点是"红+黑"节点，则直接把该节点设为黑色的；②如果当前节点的子节点是"黑+黑"节点，且当前节点是根节点，则什么都不做；③如果当前节点的子节点是"黑+黑"节点，且当前节点不是根节点，则又可以分为以下几种情况进行处理。

◎ 如果当前节点的子节点是"黑+黑"节点，且当前节点的兄弟节点是红色的，则将当前节点的兄弟节点设置为黑色的，将父节点设置为红色的，对父节点进行左旋，重新设置当前节点的兄弟节点。
◎ 如果当前节点的子节点是"黑+黑"节点，且当前节点的兄弟节点是黑色的，兄弟节点的两个子节点也都是黑色的，则将当前节点的兄弟节点设置为红色的，设置当前节点的父节点为新节点。
◎ 如果当前节点的子节点是"黑+黑"节点，且当前节点的兄弟节点是黑色的，兄弟节点的左子节点是红色的且右子节点是黑色的，则将当前节点的左子节点设置为黑色的，将兄弟节点设置为红色的，对兄弟节点进行右旋，重新设置当前节点的兄弟节点。
◎ 如果当前节点的子节点是"黑+黑"节点，且当前节点的兄弟节点是黑色的，兄弟节点的右子节点是红色的且左子节点是任意颜色的，则将当前节点的父节点的颜色赋值给兄弟基点，将父节点设置为黑色的，将兄弟节点的右子节点设置为黑色的，对父节点进行左旋，设置当前节点为根节点。

4.7 图

图是由有穷非空集合的顶点和顶点之间的边组成的集合，通常表示为 G(V,E)，其中 G 表示一个图，V 是图 G 中顶点的集合，E 是图 G 中边的集合。

在线性结构中，每个元素都只有一个直接前驱和直接后继，主要用来表示一对一的数据结构；在树形结构中，数据之间有着明显的父子关系，每个数据和其子节点的多个数据相关，主要用来表示一对多的数据结构；在图形结构中，数据之间具有任意关系，图中任意两个数据元素之间都可能相关，可用来表示多对多的数据结构。图根据边的属性可分为无向图和有向图。

4.7.1 无向图和有向图

若从顶点 V_i 到 V_j 的边没有方向，则称这条边为无向边。顶点和无向边组成的图为无向图，用无序对(V_i,V_j)来表示无向边。如图 4-18 所示，G=$(V_1,\{E_1\})$，其中顶点集合 V_1={A,B,C,D}，边集合 E_1={ (A,B),(A,C),(A,D),(B,D),(C,D) }。

若从顶点 V_i 到 V_j 的边有方向，则称这条边为有向边，也叫作弧，用有序偶<V_i,V_j>来表示有向边，V_i 叫作弧尾，V_j 叫作弧头。由顶点和有向边组成的图叫作有向图。如图 4-19 所示，G=$(V_2,\{E_2\})$，其中顶点集合 V_2={A,B,C,D}，弧集合 E_2={<A,D>,<B,A>,<C,A>,<B,C>}。连接顶点 A 到 D 的有向边就是弧，A 是弧尾，D 是弧头，<A,D>表示弧，注意弧是有方向的，不能写成<D,A>。

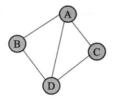

图 4-18

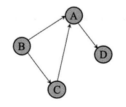

图 4-19

4.7.2 图的存储结构：邻接矩阵

图的邻接矩阵的存储方式是基于两个数组来表示图的数据结构并存储图中的数据。一个一维数组存储图中的顶点信息，一个二维数组（叫作邻接矩阵）存储图中的边或弧的信息。设图 G 有 n 个顶点，则邻接矩阵是一个 $n \times n$ 的方阵，如图 4-20 所示。

$$\text{arc}(i,j) = \begin{cases} 1, & (v_i,v_j) \in E \\ 0, & (v_i,v_j) \notin E \end{cases}$$

图 4-20

1. 无向图的邻接矩阵

在无向图的邻接矩阵中，如果<V_i,V_j>的交点为 1，则表示两个顶点连通，为 0 则不连通。在无向图的邻接矩阵中，主对角元素都为 0，也就是说顶点自身没有连通关系，如图 4-21 所示。

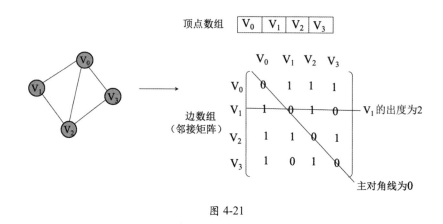

图 4-21

2. 有向图的邻接矩阵

在有向图的邻接矩阵中，如果<V_i,V_j>的交点为 1，则表示从 V_i 到 V_j 存在弧（但从 V_j 到 V_i 是否存在弧不确定），为 0 则表示从 V_i 到 V_j 不存在弧；同样，在有向图的邻接矩阵中主对角元素都为 0，也就是说从顶点到自身没有弧。需要注意的是，有向图的连接是有方向的，V_1 的出度为 2（从 V_1 出发的边有两条），表示从 V_1 顶点出发的边有两条，V_3 的出度为 0，表示没有从 V_3 出发的边。有向图的邻接矩阵如图 4-22 所示。

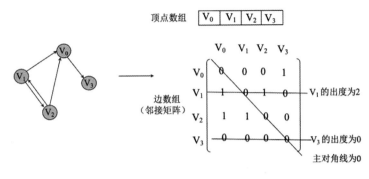

图 4-22

3. 带权重图的邻接矩阵

有些图的每条边上都带有权重，如果要将这些权值保存下来，则可以采用权值代替矩阵中的 0、1，在权值不存在的元素之间用 ∞ 表示，带权重图的邻接矩阵如图 4-23 所示。

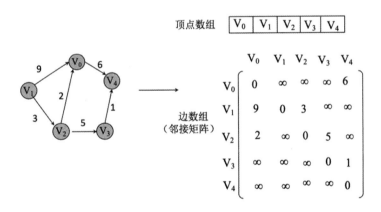

图 4-23

4.7.3 图的存储结构：邻接表

数组与链表相结合的存储方法叫作邻接表。邻接表是图的一种链式存储结构，主要用于解决邻接矩阵中顶点多边少时空间浪费的问题。具体的处理方法如下。

（1）将图中的顶点信息存储在一个一维数组中，同时在顶点信息中存储用于指向第 1 个邻接点的指针，以便查找该顶点的边信息。

（2）图中每个顶点 V_i 的所有邻接点构成一个线性表，由于邻接点的个数不定，所以用单向链表存储，如果是无向图，则称链表为顶点 V_i 的边表，如果是有向图，则称链表为以顶点 V_i 为弧尾的出边表。

1. 无向图的邻接表结构

从图 4-24 可以知道，顶点是通过一个头节点类型的一维数组保存的，其中每个头节点的第 1 个弧都指向第 1 条依附在该顶点上的边的信息，邻接域表示该边的另一个顶点在顶点数组中的下标，下一个弧指向下一条依附在该顶点上的边的信息。有向图的邻接表和无向图类似，这里不再详细讲解。

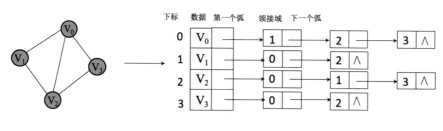

图 4-24

2. 带权值的网图连接表结构

对于带权值的图，在节点定义中再增加一个权重值 weight 的数据域，存储权值信息即可，如图 4-25 所示。

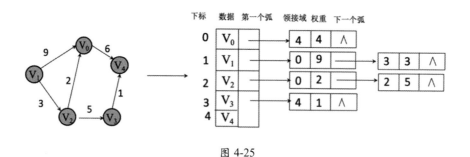

图 4-25

4.7.4 图的遍历

图的遍历指从图中某一顶点出发访遍图中的每个顶点，且使每一个顶点仅被访问一次。图的遍历分为广度优先遍历和深度优先遍历,且对无向图和有向图都适用。

1. 广度优先遍历

广度优先遍历也叫作广度优先搜索(Breadth First Search),类似于树的分层遍历算法,其定义为:假设从图中某个顶点 V 出发,在访问了 V 之后依次访问 V 的各个未曾访问过的邻接点,然后分别从这些邻接点出发依次访问它们的邻接点,并使先被访问的顶点的邻接点先于后被访问的顶点的邻接点被访问,直到图中所有已被访问的顶点的邻接点都被访问;若此时图中尚有顶点未被访问,则另选图中未曾被访问的一个顶点作为起始点重复上述过程,直至图中所有顶点均被访问。

如图 4-26 所示的图广度优先遍历顺序为:假设从起始点 V_1 开始遍历,首先访问 V_1 和 V_1 的邻接点 V_2 和 V_3,然后依次访问 V_2 的邻接点 V_4 和 V_5,及 V_3 的邻接点 V_6 和 V_7,最后访问 V_4 的邻接点 V_8,于是得到节点的线性遍历顺序为:$V_1 \rightarrow V_2 \rightarrow V_3 \rightarrow V_4 \rightarrow V_5 \rightarrow V_6 \rightarrow V_7 \rightarrow V_8$。

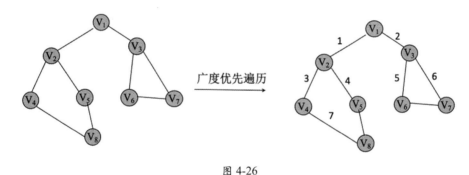

图 4-26

2. 深度优先遍历

图的深度优先遍历也叫作深度优先搜索(Depth First Search),类似于树的先根遍历(先访问树的根节点)。其定义如下:

假设从图中的某个顶点 V 出发,在访问 V 节点后依次从 V 未被访问的邻接点出发以深度优先的原则遍历图,直到图中所有和 V 节点路径连通的顶点都被访问;若此时图中尚有顶点未被访问,则另选一个未曾访问的顶点作为起始点重复上述过程,直至图中所有节点都被访问。

如图 4-27 所示的深度优先遍历顺序为:假设从起始点 V_1 开始遍历,在访问了 V_1 后

选择其邻接点 V_2。因为 V_2 未曾被访问，所以从 V_2 出发进行深度优先遍历。依此类推，接着从 V_4、V_8、V_5 出发进行遍历。在访问了 V_5 后，由于 V_5 的邻接点都被访问过，则遍历回退到 V_8。同理，继续回退到 V_4、V_2 直至 V_1，此时 V_1 的另一个邻接点 V_3 未被访问，则遍历操作又从 V_1 到 V_3 继续进行下去，得到节点的线性顺序为：$V_1 \rightarrow V_2 \rightarrow V_4 \rightarrow V_8 \rightarrow V_5 \rightarrow V_3 \rightarrow V_6 \rightarrow V_7$。

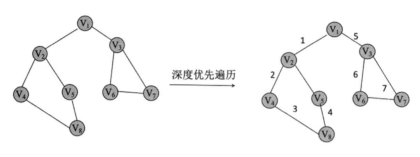

图 4-27

4.8 位图

位图（Bitmap）通常基于数组实现，我们可以将数组中的每个元素都看作一系列二进制数，所有元素一起组成更大的二进制集合，这样就可以大大节省空间。位图通常是用来判断某个数据存不存在的，常用于在 Bloom Filter 中判断数据是否存在，还可用于无重复整数的排序等，在大数据行业中使用广泛。

4.8.1 位图的数据结构

位图在内部维护了一个 $M \times N$ 维的数组 char[M][N]，在这个数组里面每个字节占 8 位，因此可以存储 $M \times N \times 8$ 个数据。假如要存储的数据范围为 0~15，则只需使用 M=1,N=2 的数据进行存储，具体的数据结构如图 4-28 所示。

图 4-28

在我们要存储的数据为{1,3,6,10,15}时，只需将有数据的位设置为 1，表示该位存在数据，将其他位设置为 0，具体的数据结构如图 4-29 所示。

图 4-29

4.8.2 位图的 Java 实现

在 Java 中使用 byte[]字节数组来存储 bit，1Byte = 8bit。对于 bit 中的第 i 位，该 bit 为 1 则表示 true，即数据存在；为 0 则表示 false，即数据不存在。其具体实现分为数据结构的定义、查询方法的实现和修改方法的实现。

1. 数据结构的定义

在如下代码中定义了一个名为 Bitmap 的类用于位图数据结构的存储，其中 byte[]数组用于存储具体的数据，length 用于记录数据的长度：

```java
//以 bit 为存储单位的数据结构，对于给定的第 i 位，1 表示 true，0 表示 false
public class Bitmap {
    private byte[] bytes;
    //length 为位图的长度，实际可操作的下标为[0,length)
    private int length;
    public Bitmap(int length){
        this.length = length;
        bytes = new byte[length%8==0 ? length/8 : length/8+1];
    }
}
```

2. 查询方法的实现

位图的查询操作为在拿到目标 bit 所在的 Byte 后，将其向右位移（并将高位置 0），使目标 bit 在第 1 位，这样结果值就是目标 bit 值，方法如下。

（1）通过 byte[index >> 3]（等价于 byte[index/8]）取到目标 bit 所在的 Byte。

（2）令 i = index&7（等价于 index%8），得到目标 bit 在该 Byte 中的位置。

（3）为了将目标 bit 前面的高位置 0（这样位移后的值才等于目标 bit 本身），需要构建到目标 bit 为止的低位掩码，即 01111111 >>>(7 - i)，再与原 Byte 做&运算。

（4）将结果向右位移 *i* 位，使目标 bit 处于第 1 位，结果值即为所求。具体的查询位图的 Java 代码实现如下：

```
    //获取指定位的值
    public boolean get(int index){
        int i = index & 7;
    //构建到 index 结束的低位掩码并做&运算（为了将高位置0），
        然后将结果一直右移，直到目标位（index 位）移到第 1 位，然后根据其值返回结果
        if((bytes[index >> 3] & (01111111>>>(7-i))) >> i == 0)
            return false;
        else
            return true;
    }
```

3. 修改方法的实现

对位图的修改操作根据设定值 true 或 false 的不同，分为两种情况。

（1）如果 value 为 true，则表示数据存在，将目标位与 1 做或运算，需要构建目标位为 1、其他位为 0 的操作数。

（2）如果 value 为 false，则表示数据不存在，将目标位与 0 做与运算，需要构建目标位为 0、其他位为 1 的操作数。构建目标位为 1 且其他位为 0 的操作数的做法为：1 << (index & 7)。修改位图的 Java 代码实现如下：

```
    //设置指定位的值
    public void set(int index, boolean value){
        if(value)
            //通过给定位 index，先定位到对应的 Byte，并根据 value 值进行不同位的操作:
            //1.如果 value 为 true，则目标位应该做或运算，构建"目标位为 1,
            //其他位为 0"的操作数，为了只合理操作目标位，而不影响其他位
            //2.如果 value 为 false，则目标位应该做与运算，构建"目标位为 0,
            //其他位为 1"的操作数
            bytes[index >> 3] |= 1 << (index & 7);
          //bytes[index/8] = bytes[index/8] | (0b0001 << (index%8))
        else
            bytes[index >> 3] &= ~(1 << (index & 7));
    }
```

第 5 章
Java 中的常用算法

在计算机世界里"数据结构+算法=程序",因此算法在程序开发中起着至关重要的作用。虽然我们在开发中自己设计算法的情况不多,在工作中却离不开算法。无论是开发包提供的算法还是我们自己设计的算法,算法在程序中都无处不在。

常用的算法有查找算法和排序算法。查找算法有线性查找算法、深度优先搜索算法、广度优先搜索算法和二分查找算法,这里重点介绍最常用也最快速的二分查找算法。

排序算法是很常见的算法,大到数据库设计,小到对列表的排序都适用。常用的排序算法有冒泡排序算法、插入排序算法、快速排序算法、希尔排序算法、归并排序算法、桶排序算法、堆排序算法和基数排序算法。本章会详细介绍这些算法。

除此之外,还会介绍一些在应用中必不可少的算法,例如剪枝算法、回溯算法、最短路径算法、最大子数组算法和最长公因子算法。

5.1 二分查找算法

二分查找算法又叫作折半查找,要求待查找的序列有序,每次查找都取中间位置的值与待查关键字进行比较,如果中间位置的值比待查关键字大,则在序列的左半部分继续执行该查找过程,如果中间位置的值比待查关键字小,则在序列的右半部分继续执行该查找过程,直到查找到关键字为止,否则在序列中没有待查关键字。

5.1.1 二分查找算法的原理

如图 5-1 所示，在有序数组[3,4,6,20,40,45,51,62,70,99,110]中查找 key=20 的数据，根据二分查找算法，只需查找两次便能命中数据。这里需要强调的是，二分查找算法要求要查找的集合是有序的，如果不是有序的集合，则先要通过排序算法排序后再进行查找。

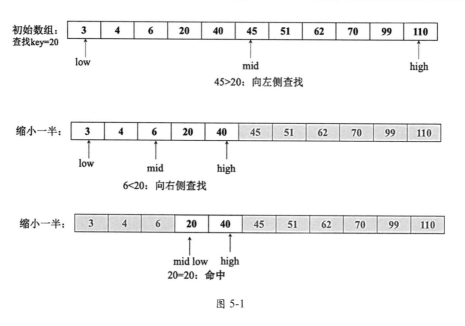

图 5-1

5.1.2 二分查找算法的 Java 实现

二分查找算法的 Java 实现如下：

```java
public static int binarySearch(int []array,int a){
    int low=0;
    int high=array.length-1;
    int mid;
    while(low<=high){
        mid=(low+high)/2;//中间位置
        if(array[mid]==a){
            return mid;
        }else if(a>array[mid]){ //向右查找
            low=mid+1;
```

```
        }else{  //向左查找
            high=mid-1;
        }
    }
    return -1;
}
```

以上代码定义了方法 binarySearch()用于二分查找，在该方法中有 3 个变量 low、mid 和 high，分别表示二分查找的最小、中间和最大的数据索引。在以上代码中，通过一个 while 循环在数组中查找传入的数据，在该数据大于中间位置的数据时向右查找，即最大索引位置不变，将最小索引设置为上次循环的中间索引加 1；在该数据小于中间位置的数据时向左查找，即最小索引位置不变，然后将最大索引设置为上次循环的中间索引并减 1。重复以上过程，直到中间索引位置的数据等于要查找的数据，说明找到了要查找的数据，将该数据对应的索引返回。如果遍历到 low>high 还没有找到要查找的数据，则说明该数据在列表中不存在，返回-1。

5.2 冒泡排序算法

冒泡排序（Bubble Sort）算法是一种较简单的排序算法，它在重复访问要排序的元素列时，会依次比较相邻的两个元素，如果左边的元素大于右边的元素，就将二者交换位置，如此重复，直到没有相邻的元素需要交换位置，这时该列表的元素排序完成。

该算法名称的由来是越大的元素会经过交换慢慢"浮"到数列的顶端（升序或降序排列），就如同水的气泡最终会上浮到顶端一样。

5.2.1 冒泡排序算法的原理

如图 5-2 所示为对数组[4,5,6,3,2,1]进行冒泡排序，每次都将当前数据和下一个数据进行比较，如果当前数据比下一个数据大，就将二者交换位置，否则不做任何处理。这样经过第 1 趟排序就会找出最大值 6 并将其放置在最后一位，经过第 2 趟排序就会找出次大的数据 5 放在倒数第二位，如此重复，直到所有数据都排序完成。

```
初始数组:  4  5  6  3  2  1
第1趟:    4  5  3  2  1  6
第2趟:    4  3  2  1  5  6
第3趟:    3  2  1  4  5  6
第4趟:    2  1  3  4  5  6
第5趟:    1  2  3  4  5  6
```

图 5-2

5.2.2 冒泡排序算法的 Java 实现

冒泡排序算法的 Java 实现如下：

```java
public static int[] bubbleSort(int[] arr) {
    //外层循环控制排序趟数
    for (int i = 0; i < arr.length - 1; i++) {
        //内层循环控制每一趟排序多少次
        for (int j = 0; j < arr.length - 1 - i; j++) {
            if (arr[j] > arr[j + 1]) {
                int temp = arr[j];
                arr[j] = arr[j + 1];
                arr[j + 1] = temp;
            }
        }
    }
    return arr;
}
```

以上代码实现了一个名为 bubbleSort() 的冒泡排序算法，分为外层循环和内层循环，外层循环控制排序的次数，内层循环控制每一趟排序多少次。在内层循环中比较当前数据和下一个数据的大小，如果当前数据大于下一个数据，就交换二者的位置，这样重复进行判断，直至整个排序完成，最终返回排序后的数组。

5.3 插入排序算法

插入排序（Insertion Sort）算法是一种简单、直观且稳定的排序算法。如果要在一个已排好序的数据序列中插入一个数据，但要求此数据序列在插入数据后仍然有序，就要用到插入排序法。

插入排序的基本思路是将一个数据插入已经排好序的序列中，从而得到一个新的有序数据，该算法适用于少量数据的排序，是稳定的排序方法。

5.3.1 插入排序算法的原理

插入排序算法的原理如图 5-3 所示，类似于扑克牌游戏的抓牌和整理过程。在开始摸牌时，左手是空的。接着，每次从桌上摸起一张牌时，都根据牌的大小在左手扑克牌序列中从右向左依次比较，在找到第一个比该扑克牌大的位置时就将该扑克牌插入该位置的左侧，这样依次类推，无论什么时候，左手中的牌都是排好序的。

图 5-3

如图 5-4 所示为插入排序算法的工作流程。输入原始数组 [6, 2, 5, 8, 7]，在排序时将该数组分成两个子集：一个是有序的 L（left）子集，一个是无序的 R（right）子集。初始时设 L=[6]，R = [2, 5, 8, 7]。在 L 里面只有一个元素 4，本身就是有序的。接着我们每次都从 R 中拿出一个元素插入 L 中从右到左比自己大的元素后面，然后将 L 中比自己大的所有元素整体后移，这样就保证了 L 子集仍然是有序的。重复以上插入操作，直到 R 子集的数据为空，这时整个数组排序完成，排序的结果被保存在 L 子集中。

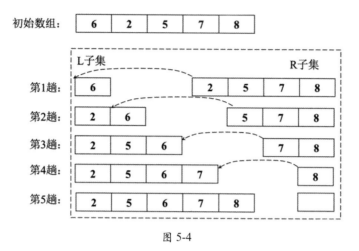

图 5-4

5.3.2 插入排序算法的 Java 实现

插入排序算法的 Java 实现如下：

```java
public static int[] insertSort(int arr[])
{
    for(int i =1; i<arr.length;i++)
    {
        //插入的数
        int insertVal = arr[i];
        //被插入的位置（准备和前一个数进行比较）
        int index = i-1;
        //如果插入的数比被插入的数小
        while(index>=0&&insertVal<arr[index])
        {
            //则将 arr[index]向后移动
            arr[index+1]=arr[index];
            //将 index 向前移动
            index--;
        }
        //将插入的数放入合适的位置
        arr[index+1]=insertVal;
    }
    return arr;
}
```

以上代码定义了 insertSort()用于插入排序，其中，insertVal 用于从数组中取出待插入的数据，index 是待插入的位置。在 insertSort()中通过 while 循环从数组中找到比待插入数据大的数据的索引位置 index，然后将该 index 位置后的元素向后移动，接着将待插入的数据插入 index+1 的位置，如此重复，直到整个数组排序完成。

5.4 快速排序算法

快速排序（Quick Sort）是对冒泡排序的一种改进，通过一趟排序将要排序的数据序列分成独立的两部分，其中一部分的所有数据比另一部分的所有数据都要小，然后按此方法对两部分数据分别进行快速排序，整个排序过程递归进行，最终使整个数据序列变成有序的数据序列。

5.4.1 快速排序算法的原理

快速排序算法的原理是：选择一个关键值作为基准值（一般选择第 1 个元素为基准元素），将比基准值大的都放在右边的序列中，将比基准值小的都放在左边的序列中。具体的循环过程如下。

（1）从后向前比较，用基准值和最后一个值进行比较。如果比基准值小，则交换位置；如果比基准值大，则继续比较下一个值，直到找到第 1 个比基准值小的值才交换位置。

（2）在从后向前找到第 1 个比基准值小的值并交换位置后，从前向后开始比较。如果有比基准值大的，则交换位置；如果没有，则继续比较下一个，直到找到第 1 个比基准值大的值才交换位置。

（3）重复执行以上过程，直到从前向后比较的索引大于等于从后向前比较的索引，则结束一次循环。这时对于基准值来说，左右两边都是有序的数据序列。

（4）重复循环以上过程，分别比较左右两边的序列，直到整个数据序列有序。

如图 5-5 所示是对数组[6,9,5,7,8]进行快速排序。先以第 1 个元素 6 为基准值，从数组的最后一位从后向前比较（比较顺序为：8>6、7>6、5<6），找到第 1 个比 6 小的数据 5，然后进行第 1 次位置交换，即将数据 6（索引为 0）和数据 5（索引为 2）交换位置，之后基准值 6 位于索引 2 处；接着从前向后比较（比较顺序为：5<6、9>6），找到第 1 个比 6 大的数据 9，然后进行第 2 次位置交换，即将数据 6（索引为 2）和数据 9（索引为 1）交换位置，交换后 6 位于索引 1 处；这时高位和低位都在 6 处，第一次递归完成。在第一次递归完成后，基准值 6 前面的数据都比 6 小，基准值 6 后面的数据都比 6 大。重复执行上述过程，直到整个数组有序。

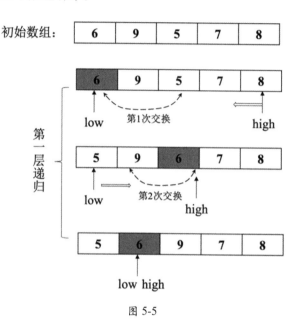

图 5-5

5.4.2 快速排序算法的 Java 实现

快速排序算法的 Java 实现如下：

```java
    public  static  int[] quickSort(int[] arr,int low,int high){
  int start = low;//从前向后比较的索引
  int end = high;//从后向前比较的索引
  int key = arr[low];//基准值
  while(end>start){
      //从后向前比较
      while(end>start&&arr[end]>=key)
          end--;
//如果没有比基准值小的,则比较下一个,直到有比基准值小的,则交换位置,然后又从前向后比较
      if(arr[end]<=key){
          int temp = arr[end];
          arr[end] = arr[start];
```

```
            arr[start] = temp;
        }
        //从前向后比较
        while(end>start&&arr[start]<=key)
            start++;
        //如果没有比基准值大的,则比较下一个,直到有比基准值大的,则交换位置
        if(arr[start]>=key){
            int temp = arr[start];
            arr[start] = arr[end];
            arr[end] = temp;
        }
        //此时第 1 次循环比较结束,基准值的位置已经确定。左边的值都比关键值小,
        //右边的值都比关键值大,但是两边的顺序还有可能不一样,接着进行下面的递归调用
    }
    //递归左边序列:从第 1 个索引位置到"关键值索引-1"
    if(start>low) quickSort(arr,low,start-1);
    //递归右边序列:从"关键值索引+1"到最后一个位置
     if(end<high) quickSort(arr,end+1,high);
    return arr;
}
```

以上代码定义了名为 quickSort()的快速排序方法,在该方法中定义了 3 个变量 start、end 和 key,分别表示从前向后比较的索引、从后向前比较的索引和基准值。具体过程为:①通过 while 循环从后向前比较,找到比基准值小的,则交换位置;②通过 while 循环从前向后比较,找到比基准值大的,则交换位置;③根据从前向后比较的索引和从后向前比较的索引的大小不断递归调用,直到递归完成,返回排序后的结果。

5.5 希尔排序算法

希尔排序(Shell Sort)算法是插入排序算法的一种,又叫作缩小增量排序(Diminishing Increment Sort)算法,是插入排序算法的一种更高效的改进版本,也是非稳定排序算法。

希尔排序算法将数据序列按下标的一定增量进行分组,对每组使用插入排序算法排序,随着增量逐渐减少,每组包含的关键词越来越多,在增量减至 1 时,整个文件被分为一组,算法终止。

5.5.1 希尔排序算法的原理

希尔排序算法的原理是先将整个待排序的记录序列分割成若干子序列，分别进行直接插入排序，待整个序列中的记录基本有序时，再对全部记录依次进行直接插入排序。

希尔排序算法的具体做法为：假设待排序元素序列有 N 个元素，则先取一个小于 N 的整数增量值 increment 作为间隔，将全部元素分为 increment 个子序列，将所有距离为 increment 的元素都放在同一个子序列中，在每一个子序列中分别实行直接插入排序；然后缩小间隔 increment，重复上述子序列的划分和排序工作，直到最后取 increment=1，将所有元素都放在同一个子序列中时排序终止。

由于开始时 increment 的取值较大，每个子序列中的元素较少，所以排序速度较快；到了排序后期，increment 的取值逐渐变小，子序列中的元素个数逐渐增多，但由于前面工作的基础，大多数元素已经基本有序，所以排序速度仍然很快。

例如，对数组[21,25,49,26,16,8]的排序过程如下。

（1）第 1 趟排序。第 1 趟排序的间隔为"increment=N/3+1=3"，它将整个数据列划分为间隔为 3 的 3 个子序列，然后对每个子序列都执行直接插入排序，相当于对整个序列都执行了部分排序，如图 5-6 所示。

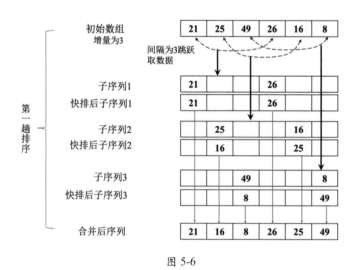

图 5-6

（2）第 2 趟排序。第 2 趟排序的间隔为"increment= increment/3+1=2"，将整个元素序列划分为两个间隔为 2 的子序列分别进行排序，如图 5-7 所示。

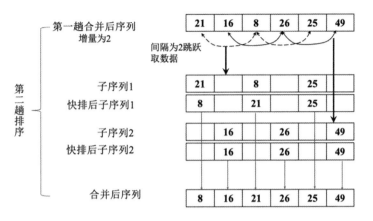

图 5-7

（3）第 3 趟排序。第 3 趟排序的间隔为"increment= increment/3+1=1"，在增量为 1 时，说明整个数组已经完成排序。

5.5.2 希尔排序算法的 Java 实现

希尔排序算法的 Java 实现如下：

```java
public static int[] shellSort(int[] arr) {
    int dk = arr.length/3 + 1;
    while( dk == 1 ){
        ShellInsertSort(arr, dk);
        dk = dk/3 + 1;
    }
    return arr;
}
public static void ShellInsertSort(int[] a, int dk) {
    //类似于插入排序算法，但插入排序算法的增量是 1，这里的增量是 dk，将 1 换成 dk 即可
    for(int i=dk;i<a.length;i++){
        if(a[i]<a[i-dk]){
            int j;
            int x=a[i];//x 为待插入的元素
            a[i]=a[i-dk];
            for(j=i-dk;  j>=0 && x<a[j];j=j-dk){
                //通过循环，逐个后移一位找到要插入的位置
                a[j+dk]=a[j];
            }
```

```
            a[j+dk]=x;//将数据插入对应的位置
        }
    }
}
```

5.6 归并排序算法

归并排序算法是基于归并(Merge)操作的一种有效排序算法,是采用分治法(Divide and Conquer)的典型应用。归并排序算法将待排序序列分为若干个子序列,先对每个子序列进行排序,等每个子序列都有序后,再将有序子序列合并为整体的有序序列。若将两个有序表合并成一个有序表,则称之为二路归并。

5.6.1 归并排序算法的原理

归并排序的原理是先将原始数组分解为多个子序列,然后对每个子序列进行排序,最后将排好序的子序列合并起来。如图 5-8 所示为对数组[4,1,3,9,6,8]进行归并排序,先经过两次分解,将数组分解成 4 个子序列,然后对子序列数组进行排序和归并,最终得到排好序的数组[1,3,4,6,8,9]。

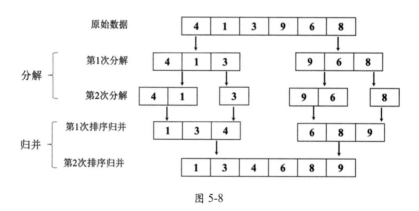

图 5-8

5.6.2 归并排序算法的 Java 实现

归并排序算法的 Java 实现如下:

```java
public static int[] mergeSort(int[] data) {
    sort(data, 0, data.length - 1);
    return data;
}
//对左右两边的数据进行递归
public static void sort(int[] data, int left, int right) {
    if (left >= right)
        return;
    //找出中间索引
    int center = (left + right) / 2;
    //对左边的数组进行递归
    sort(data, left, center);
    //对右边的数组进行递归
    sort(data, center + 1, right);
    //将两个数组进行归并
    merge(data, left, center, right);
}
/**
 * 将两个数组进行归并：两个数组在归并前是有序数组，在归并后依然是有序数组
 * @param data:数组对象;left:左边数组第 1 个元素的索引;
 *             center 左边数组最后一个元素的索引，center+1 是右边数组第 1 个元素的索引
 *             right:右边数组最后一个元素的索引
 */
public static void merge(int[] data, int left, int center, int right) {
    //临时数组
    int[] tmpArr = new int[data.length];
    //右边数组第 1 个元素的索引
    int mid = center + 1;
    //third 记录临时数组的索引
    int third = left;
    //缓存左边数组第 1 个元素的索引
    int tmp = left;
    while (left <= center && mid <= right) {
        //从两个数组中取出最小的值放入临时数组中
        if (data[left] <= data[mid]) {
            tmpArr[third++] = data[left++];
        } else {
            tmpArr[third++] = data[mid++];
        }
    }
    //将剩余部分依次放入临时数组（实际上两个 while 只会执行其中一个）中
```

```
        while (mid <= right) {
            tmpArr[third++] = data[mid++];
        }
        while (left <= center) {
            tmpArr[third++] = data[left++];
        }
        //将临时数组中的内容复制到原数组中
        //（原left-right范围内的内容被复制到原数组中）
        while (tmp <= right) {
            data[tmp] = tmpArr[tmp++];
        }
    }
}
```

以上代码定了 3 个方法：mergeSort()是归并排序方法的入口；sort()对数据进行递归拆解和合并；merge()进行数据排序和合并。其中，sort()每次都将数组进行二分拆解，然后对左侧的数组和右侧的数据分别进行递归。merge()先将数组进行冒泡排序，然后依次将冒泡排序的结果放入临时数组中，最后将排好序的临时数组放入排序数组中。

5.7 桶排序算法

桶排序（Bucket Sort）算法也叫作箱排序算法，它将数组分到有限数量的桶中，对每个桶再进行排序（有可能使用其他排序算法或以递归方式继续使用桶排序进行排序），最后将各个桶合并。

5.7.1 桶排序算法的原理

桶排序算法的原理是先找出数组中的最大值和最小值，并根据最大值和最小值定义桶，然后将数据按照大小放入桶中，最后对每个桶进行排序，在每个桶的内部完成排序后，就得到了完整的排序数组。

如图 5-9 所示为对数组[3,6,5,9,7,8]进行桶排序，首先根据数据的长度和 min、max 创建三个桶，分别为 0～3、4～7、8～10；然后将数组的数据按照相应的大小放入桶中；接着将桶内部的数据分别进行排序；最后将各个桶进行合并，便得到了完整排序后的数组。

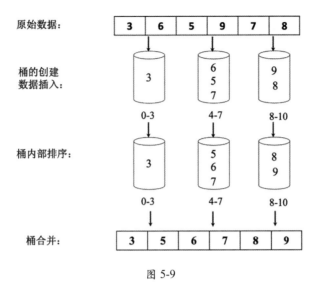

图 5-9

5.7.2 桶排序算法的 Java 实现

桶排序算法的 Java 实现如下：

```java
public static int[] bucketSort(int[] arr){
    int max = Integer.MIN_VALUE;
    int min = Integer.MAX_VALUE;
    for(int i = 0; i < arr.length; i++){
        max = Math.max(max, arr[i]);
        min = Math.min(min, arr[i]);
    }
    //创建桶
    int bucketNum = (max - min) / arr.length + 1;
    ArrayList<ArrayList<Integer>> bucketArr = new ArrayList(bucketNum);
    for(int i = 0; i < bucketNum; i++){
        bucketArr.add(new ArrayList<Integer>());
    }
    //将每个元素都放入桶中
    for(int i = 0; i < arr.length; i++){
        int num = (arr[i] - min) / (arr.length);
        bucketArr.get(num).add(arr[i]);
    }
    //对每个桶都进行排序
```

```
        for(int i = 0; i < bucketArr.size(); i++){
           Collections.sort(bucketArr.get(i));
        }
        return arr;
    }
```

以上代码定义了 bucketSort() 的桶排序算法，具体实现分为以下 3 步。

（1）在待排序数组中找出最大值 max 和最小值 min，并根据"bucketNum=（max-min）/arr.length+1"创建桶。

（2）遍历待排序的数组 arr，计算每个元素 arr[i] 的大小并放入桶中。

（3）对每个桶各自排序，在每个桶的内部排序完成后就得到了完整的排序数组。

5.8 基数排序算法

基数排序（Radix Sort）算法是桶排序算法的扩展，它将数据按位切割为不同的数字，位数不够的补 0，然后在每个位数上分别进行比较，最终得到排好序的序列。

5.8.1 基数排序算法的原理

基数排序算法的原理是将所有待比较数据统一为同一长度，在位数不够时前面补零，然后从低位到高位根据每个位上整数的大小依次对数据进行排序，最终得到一个有序序列。

如图 5-10 所示为对数组[1,56,7,5,304,12,102,45,183,3,345,123]进行基数排序，先将数组中的所有元素补为三位数并进行按位分割，之后分别按照个位、十位、百位进行排序，最终就得到了排序后的数组。

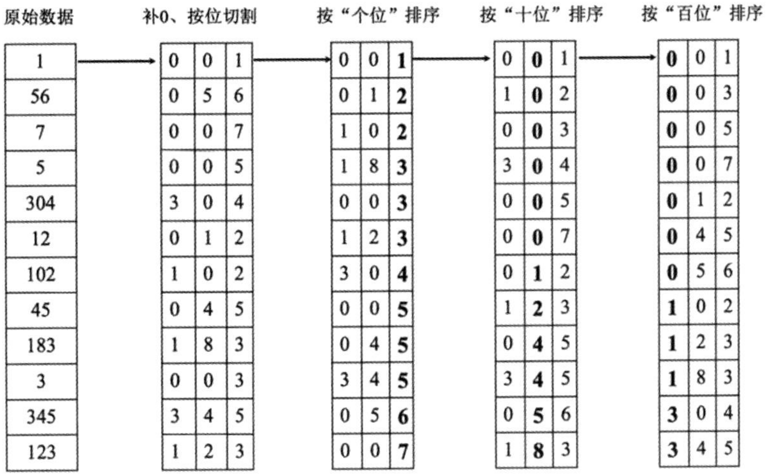

第 5 章　Java 中的常用算法

原始数据	补0、按位切割	按"个位"排序	按"十位"排序	按"百位"排序
1	0 0 1	0 0 1	0 0 1	0 0 1
56	0 5 6	0 1 2	1 0 2	0 0 3
7	0 0 7	1 0 2	0 0 3	0 0 5
5	0 0 5	1 8 3	3 0 4	0 0 7
304	3 0 4	0 0 3	0 0 5	0 1 2
12	0 1 2	1 2 3	0 0 7	0 4 5
102	1 0 2	3 0 4	0 1 2	0 5 6
45	0 4 5	0 0 5	1 2 3	1 0 2
183	1 8 3	0 4 5	0 4 5	1 2 3
3	0 0 3	3 4 5	3 4 5	1 8 3
345	3 4 5	0 5 6	0 5 6	3 0 4
123	1 2 3	0 0 7	1 8 3	3 4 5

图 5-10

5.8.2 基数排序算法的 Java 实现

基数排序算法的 Java 实现如下：

```java
//array: 数组   maxigit:数组最大位数
private static int[] radixSort(int[] array,int maxDigit)
{
    //数组最大位数的数据上限，比如 3 位数的最大上限为1000
    double max = Math.pow(10, maxDigit+1);
    int n=1;//代表位数对应的数：1,10,100……
    int k=0;//保存每一位排序后的结果用于下一位的排序输入
    int length=array.length;
    //bucket 用于保存每次排序后的结果，将当前位上排序结果相同的数字放在同一个桶里
    int[][] bucket=new int[10][length];
    int[] order=new int[length];//用于保存每个桶里有多少个数字
    while(n<max)
    {
        for(int num:array)  //将数组 array 里的每个数字都放在相应的桶里
        {
            int digit=(num/n)%10;
            bucket[digit][order[digit]]=num;
            order[digit]++;
        }
        //将前一个循环生成的桶里的数据覆盖到原数组中，用于保存这一位的排序结果
```

· 183 ·

```
            for(int i=0;i<length;i++)
            {
              //在这个桶中有数据,从上到下遍历这个桶并将数据保存到原数组中
              if(order[i]!=0)
              {
                  for(int j=0;j<order[i];j++)
                  {
                      array[k]=bucket[i][j];
                      k++;
                  }
              }
              order[i]=0;//将桶中的计数器设置为0,用于下一次位排序
            }
            n*=10;
            k=0;//将k设置为0,用于下一轮保存位排序结果
        }
        return array;
    }
```

以上代码定义了名为 radixSort() 的基数排序方法,在该方法中 array 为待排序数组,maxDigit 为数组的最大位数。并且,在该方法中定义的 max 代表数组最大位数的数据上限,用于控制 while 循环排序的趟次;n 代表位数(个位为 1,十位为 10);k 保存每一位排序后的结果,用于下一位的排序输入;bucket 数组为排序桶,用于保存每次排序后的结果,将当前位上排序结果相同的数字放在同一个桶里;order 数组用于保存每个桶里有多少个数字。

具体做法是在 while 循环中先取出当前位的数据放入排序桶中,然后将排序桶的数据覆盖到原数组中用于保存这一位的排序结果,接着从上到下遍历这个桶并将数据保存到原数组中,这样便完成了当前位的排序。假设数组最大有 N 位,则进行 N+1 次 while 循环便完成了所有位数(个位、十位、百位……)上的排序。

5.9 其他算法

5.9.1 剪枝算法

剪枝算法属于算法优化范畴,通过剪枝策略,提前减少不必要的搜索路径。

在搜索算法的优化中，剪枝算法通过某种预判，去掉一些不需要的搜索范围，从直观上理解相当于剪去了搜索树中的某些"枝条"，故称剪枝。剪枝优化的核心是设计剪枝预判方法，即哪些"枝条"被剪掉后可以缩小搜索范围，提高搜索效率而又不影响整体搜索的准确性。如图 5-11 所示为在二叉树的查找过程中提前判断元素 48 不可能在左侧树中，将其剪枝以减少搜索范围。

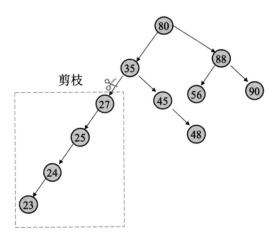

图 5-11

剪枝优化有三个原则：正确、准确、高效。

◎ 正确：剪枝的前提是保证不丢失正确的结果。
◎ 准确：在保证正确性的基础上应该根据具体的问题采用合适的判断手段，使不包含最优解的枝条尽可能多地被剪去，以达到程序快速最优化的目的。剪枝是否准确是衡量优化算法优劣的标准。
◎ 高效：指尽可能减少搜索的次数，使程序运行的时间减少。

剪枝算法按照其判断思路可分为可行性剪枝和最优性剪枝。

◎ 可行性剪枝：该方法判断沿着某个路径能否搜索到数据，如果不能则直接回溯。
◎ 最优性剪枝：又称上下界剪枝，记录当前得到的最优值，在当前节点无法产生比当前最优解更优的解时，可以提前回溯。

5.9.2 回溯算法

回溯算法是一种最优选择搜索算法，按选优条件向前搜索，以达到目标。如果在探索到某一步时，发现原先的选择并不是最优或达不到目标，就退一步重新选择，这种走不通就退回再走的方法叫作回溯法，而满足回溯条件的某个状态的点叫作回溯点。如图 5-12 所示为经历了[10,4,5,8]的线路后未找到需要的数据，则回溯到根节点以另一条线路重新查找。

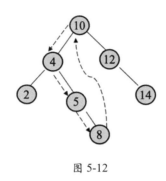

图 5-12

5.9.3 最短路径算法

最短路径算法指从某顶点出发沿着图的边到达另一顶点，在途中可选的路径中各边上权值之和最小的一条路径叫作最短路径。解决最短路径问题的方法有 Dijkstra 算法、Bellman-Ford 算法、Floyd 算法和 SPFA 算法等。

如图 5-13 所示为从起点 A 到终点 F 有 3 条路径，路径 1 为：[A,B,D,C]，路径 2 为：[A,F]，路径 3 为：[A,E,F]。在各条边权重相等的情况下，路径 2 显然为最短路径。

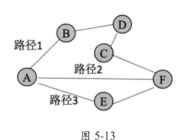

图 5-13

最短路径算法的常见问题如下。

◎ 确定起点的最短路径问题：即已知起始节点，求最短路径的问题，适合使用 Dijkstra 算法。
◎ 确定终点的最短路径问题：已知终节点，求最短路径的问题。在无向图中，该问题与确定起点的问题等同；在有向图中，该问题与将所有路径方向反转以确定起点的问题等同。
◎ 确定起点和终点的最短路径问题：已知起点和终点，求两节点之间的最短路径。
◎ 全局最短路径问题：求图中所有的最短路径，适合使用 Floyd-Warshall 算法。

第 6 章

网络与负载均衡

6.1 网络

在计算机领域中,网络是信息传输、接收、共享的虚拟平台,将各个点、面、体的信息联系到一起,从而实现这些资源的共享。在大型分布式系统中,网络起着至关重要的作用,本章对常用的网络 7 层架构,以及 TCP/IP、HTTP 和 CDN 的原理做简单介绍,这是我们构建分布式系统所必须了解的,只有理解这些原理,才能设计出好的系统,并更有针对性地做系统架构调优。

6.1.1 OSI 七层网络模型

网络的七层架构从下到上主要包括物理层、数据链路层、网络层、传输层、会话层、表示层和应用层,如图 6-1 所示。

◎ 物理层主要定义物理设备标准,它的主要作用是传输比特流,具体做法是在发送端将 1、0 转化为电流强弱来进行传输,在到达目的地后再将电流强弱转化为 1、0,也就是我们常说的模数转换与数模转换,这一层的数据叫作比特。
◎ 数据链路层主要用于对数据包中的 MAC 地址进行解析和封装。这一层的数据叫作帧。在这一层工作的设备是网卡、网桥、交换机。
◎ 网络层主要用于对数据包中的 IP 地址进行封装和解析,这一层的数据叫作数据包。在这一层工作的设备有路由器、交换机、防火墙等。
◎ 传输层定义了传输数据的协议和端口号,主要用于数据的分段、传输和重组。在这一层工作的协议有 TCP 和 UDP 等。TCP 是传输控制协议,传输效率低,可靠性强，用于传输对可靠性要求高、数据量大的数据，比如支付宝转账使用的就是 TCP；UDP 是用户数据报协议，与 TCP 的特性恰恰相反，用于传输可靠性要求不高、数据量小的数据，例如抖音等视频服务就使用了 UDP。
◎ 会话层在传输层的基础上建立连接和管理会话，具体包括登录验证、断点续传、数据粘包与分包等。在设备之间需要互相识别的可以是 IP，也可以是 MAC 或者主机名。
◎ 表示层主要对接收的数据进行解释、加密、解密、压缩、解压缩等，即把计算机能够识别的内容转换成人能够识别的内容（图片、声音、文字等）。
◎ 应用层基于网络构建具体应用，例如 FTP 文件上传下载服务、Telnet 服务、HTTP 服务、DNS 服务、SNMP 邮件服务等。

图 6-1

6.1.2 TCP/IP 四层网络模型

TCP/IP 不是指 TCP 和 IP 这两个协议的合称，而是指因特网的整个 TCP/IP 协议簇。从协议分层模型方面来讲，TCP/IP 由 4 个层次组成：网络接口层、网络层、传输层和应用层，如图 6-2 所示。

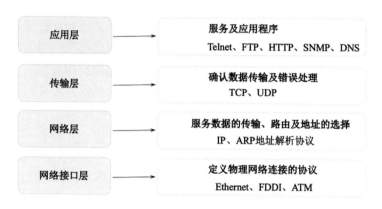

图 6-2

TCP/IP 中网络接口层、网络层、传输层和应用层的具体工作职责如下。

◎ 网络接口层（Network Access Layer）：定义了主机间网络连通的协议，具体包括 Echernet、FDDI、ATM 等通信协议。

◎ 网络层（Internet Layer）：主要用于数据的传输、路由及地址的解析，以保障主机可以把数据发送给任何网络上的目标。数据经过网络传输，发送的顺序和到达的顺序可能发生变化。在网络层使用 IP（Internet Protocol）和地址解析协议（ARP）。

◎ 传输层（Transport Layer）：使源端和目的端机器上的对等实体可以基于会话相互通信。在这一层定义了两个端到端的协议 TCP 和 UDP。TCP 是面向连接的协议，提供可靠的报文传输和对上层应用的连接服务，除了基本的数据传输，它还有可靠性保证、流量控制、多路复用、优先权和安全性控制等功能。UDP 是面向无连接的不可靠传输的协议，主要用于不需要 TCP 的排序和流量控制等功能的应用程序。

◎ 应用层（Application Layer）：负责具体应用层协议的定义，包括 Telnet（TELecommunications NETwork，虚拟终端协议）、FTP（File Transfer Protocol，文件传输协议）、SMTP（Simple Mail Transfer Protocol，电子邮件传输协议）、DNS（Domain Name Service，域名服务）、NNTP（Net News Transfer Protocol，网上新闻传输协议）和 HTTP（HyperText Transfer Protocol，超文本传输协议）等。

6.1.3 TCP 三次握手/四次挥手

TCP 数据在传输之前会建立连接需要进行 3 次沟通，一般被称为"三次握手"，在数据传输完成断开连接的时候要进行 4 次沟通，一般被称为"四次挥手"。

1. TCP 的数据包结构

TCP 的数据包结构如图 6-3 所示。

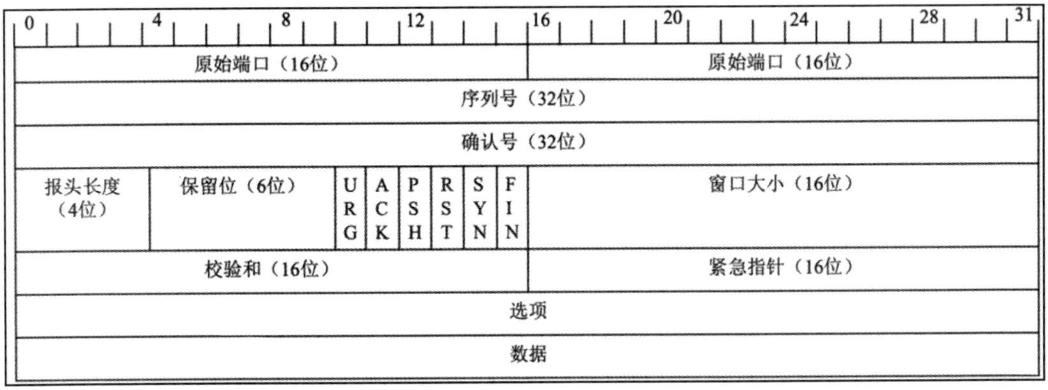

0	4	8	12	16	20	24	28	31
原始端口（16位）				原始端口（16位）			
序列号（32位）								
确认号（32位）								
报头长度（4位）	保留位（6位）		URG ACK PSH RST SYN FIN			窗口大小（16位）		
校验和（16位）				紧急指针（16位）				
选项								
数据								

图 6-3

对 TCP 包的数据结构介绍如下。

◎ 源端口号（16 位）：标识源主机的一个应用进程（连同源主机的 IP 地址）。

◎ 目的端口号（16 位）：标识目的主机的一个应用进程（连同目的主机的 IP 地址）。IP 报头中的源主机 IP 地址、目的主机的 IP 地址和源端口、目的端口确定了唯一一条 TCP 连接。

◎ 顺序号 seq（32 位）：标识从 TCP 源端向 TCP 目的端发送的数据字节流，表示这个报文段中的第 1 个数据字节的顺序号。如果将字节流看作在两个应用程序间的单向流动，则 TCP 用顺序号对每个字节进行计数。序号是 32bit 的无符号数，序号达到 $2^{32}-1$ 后又从 0 开始。在建立一个新的连接时，SYN 标志变为 1，顺序号字段包含由这个主机选择的该连接的初始顺序号 ISN（Initial Sequence Number）。

◎ 确认号 ack（32 位）：存储发送确认的一端所期望收到的下一个顺序号。确认序号是上次已成功收到的数据字节顺序号加 1。只有 ACK 标志为 1 时确认序号字段才有效。TCP 为应用层提供全双工服务，这意味着数据能在两个方向上独立进行传输。因此，连接的每一端都必须保持每个方向上的传输数据顺序号。

◎ TCP 报头长度（4 位）：存储报头中头部数据的长度，实际上指明了数据从哪里开始。需要这个值是因为任选字段的长度是可变的，该字段占 4bit，因此 TCP 最多有 60 字节的首部，但没有任选字段，正常的长度是 20 字节。
- 保留位（6 位）：数据保留位，目前必须被设置为 0。
- 控制位（control flags：6 位）：在 TCP 报头中有 6 个标志比特，它们中的多个可被同时设置为 1，如表 6-1 所示。

表 6-1

序号	控制位	说明
1	URG	为 1 时表示紧急指针有效，为 0 时忽略紧急指针的值
2	ACK	为 1 时表示确认号有效，为 0 时表示在报文中不包含确认信息，忽略确认号字段
3	PSH	为 1 时表示是带有 PUSH 标志的数据，指示接收方应该尽快将这个报文段交给应用层，而不用等待缓冲区装满
4	RST	用于复位由于主机崩溃或其他原因而出现错误的连接，还可以用于拒绝非法的报文段和拒绝连接请求。在一般情况下，如果收到一个 RST 为 1 的报文，那么一定发生了某些问题
5	SYN	同步序号，为 1 时表示连接请求，用于建立连接和使顺序号同步（Synchronize）
6	FIN	用于释放连接，为 1 时表示发送方已经没有数据要发送了，即关闭本方数据流

- 窗口大小（16 位）：数据字节数，表示从确认号开始，本报文的源方可以接收的字节数，即源方接收窗口的大小。窗口大小是 16bit 的字段，因而窗口最大为 65535 字节。
- 校验和（16 位）：此校验和是对整个的 TCP 报文段，包括 TCP 头部和 TCP 数据，以 16 位字符计算所得的。这是一个强制性的字段，一定是由发送端计算和存储的，并由接收端验证。
- 紧急指针（16 位）：只有在 URG 标志置为 1 时紧急指针才有效，这时告诉 TCP 该条数据需要紧急发送。
- 选项：最常见的可选字段是最长报文大小，又叫作 MSS（Maximum Segment Size）。每个连接方通常都在通信的第 1 个报文段（为建立连接而设置 SYN 标志的那个段）中指明这个选项，指明该 TCP 连接能接收的最大长度的报文段。选项长度不一定是 32 字节的整数倍，所以要加填充位，使得报头长度成为整字节数。
- 数据：TCP 报文段中的数据部分是可选的。在一个连接建立和一个连接终止时，双方交换的报文段仅有 TCP 首部。如果一方没有数据要发送，则也使用没有任何数据的首部确认收到的数据。在处理超时的许多情况下也会发送不带任何数据的报文段。

2. TCP 中的三次握手

TCP 是因特网的传输层协议，使用三次握手协议建立连接。在客户端主动发出 SYN 连接请求后，等待对方回答 SYN+ACK，并最终对对方的 SYN 执行 ACK 确认。这种建立连接的方式可以防止产生错误的连接，TCP 使用的流量控制协议是可变大小的滑动窗口协议。

TCP 三次握手的过程如下。

（1）客户端发送 SYN（seq=x）报文给服务器端，进入 SYN_SEND 状态。

（2）服务器端收到 SYN 报文，回应一个 SYN（seq =y）和 ACK（ack=x+1）报文，进入 SYN_RECV 状态。

（3）客户端收到服务器端的 SYN 报文，回应一个 ACK（ack=y+1）报文，进入 Established 状态。

在三次握手完成后，TCP 客户端和服务器端成功建立连接，可以开始传输数据了，具体流程如图 6-4 所示。

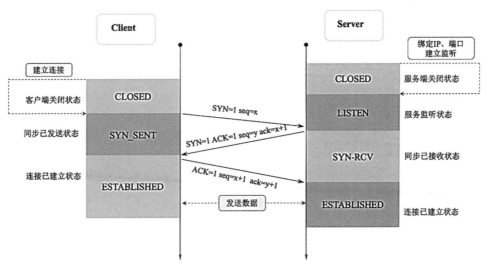

图 6-4

3. TCP 中的四次挥手

TCP 在建立连接时要进行三次握手，在断开连接时要进行四次挥手，这是由于 TCP 的半关闭造成的。因为 TCP 连接是全双工的（即数据可在两个方向上同时传递），所以在进行关闭时对每个方向都要单独进行关闭，这种单方向的关闭叫作半关闭。在一方完成它的数据发送任务时，就发送一个 FIN 来向另一方通告将要终止这个方向的连接。

TCP 断开连接既可以是由客户端发起的，也可以是由服务器端发起的；如果由客户端发起断开连接操作，则称客户端主动断开连接；如果由服务器端发起断开连接操作，则称服务端主动断开连接。下面以客户端发起关闭连接请求为例，说明 TCP 四次挥手断开连接的过程，如图 6-5 所示。

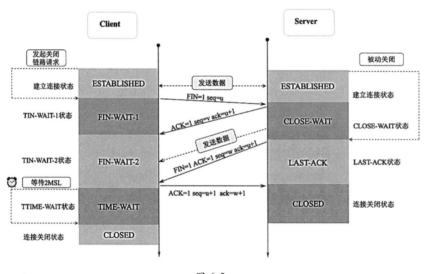

图 6-5

TCP 四次挥手的过程如下。

（1）客户端应用进程调用断开连接的请求，向服务器端发送一个终止标志位 FIN=1,seq=u 的消息，表示在客户端关闭链路前要发送的数据已经安全发送完毕，可以开始关闭链路操作，并请求服务器端确认关闭客户端到服务器的链路操作。此时客户端处于 FIN-WAIT-1 状态。

（2）服务器在收到这个 FIN 消息后返回一个 ACK=1,ack=u+1,seq=v 的消息给客户端，表示接收到客户端断开链路的操作请求，这时 TCP 服务器端进程通知高层应用进程释放客户端到服务器端的链路，服务器处于 CLOSE-WAIT 状态，即半关闭状态。客户端在收到消息后处于 FIN-WAIT-2 状态。

（3）服务器端将关闭链路前需要发送给客户端的消息发送给客户端，在等待该数据发送完成后，发送一个终止标志位 FIN=1,ACK=1,seq=w,ack=u+1 的消息给客户端，表示关闭链路前服务器需要向客户端发送的消息已经发送完毕，请求客户端确认关闭从服务器到客户端的链路操作，此时服务器端处于 LAST-ACK 状态，等待客户端最终断开链路。

（4）客户端在接收到这个最终 FIN 消息后，发送一个 ACK=1,seq=u+1,ack=w+1 的消息给服务器端，表示接收到服务器端的断开连接请求并准备断开服务器端到客户端的链路。此时客户端处于 TIM-WAIT 状态，TCP 连接还没有释放，然后经过等待计时器（2MSL）设置的时间后，客户端将进入 CLOSE 状态。

6.1.4 HTTP 的原理

HTTP 是一个无状态的协议，无状态指在客户端（Web 浏览器）和服务器之间不需要建立持久的连接，在一个客户端向服务器端发出请求且服务器收到该请求并返回响应（response）后，本次通信结束，HTTP 连接将被关闭，服务器不保留连接的相关信息。

HTTP 遵循请求（Request）/应答（Response）模型，客户端向服务器发送请求，服务器处理请求并返回适当的应答。

1. HTTP 的传输流程

HTTP 的传输流程包括地址解析、封装 HTTP 数据包、封装 TCP 包、建立 TCP 连接、客户端发送请求、服务端响应、服务端关闭 TCP 连接，具体流程如下。

（1）地址解析：地址解析通过域名系统 DNS 解析服务器域名从而获得主机的 IP 地址。例如，用客户端的浏览器请求 http://localhost.com:8080/index.htm，则可从中分解出协议名、主机名、端口、对象路径等部分结果如下。

◎ 协议名：HTTP。
◎ 主机名：localhost.com。
◎ 端口：8080。
◎ 对象路径：/index.htm。

（2）封装 HTTP 数据包：解析协议名、主机名、端口、对象路径等并结合本机自己的信息封装成一个 HTTP 请求数据包。

（3）封装 TCP 包：将 HTTP 请求数据包进一步封装成 TCP 数据包。

（4）建立 TCP 连接：基于 TCP 的三次握手机制建立 TCP 连接。

（5）客户端发送请求：在建立连接后，客户端发送一个请求给服务器。

（6）服务器响应：服务器在接收到请求后，结合业务逻辑进行数据处理，然后向客户端返回相应的响应信息。在响应信息中包含状态行、协议版本号、成功或错误的代码、消息体等内容。

（7）服务器关闭 TCP 连接：服务器在向浏览器发送请求响应数据后关闭 TCP 连接。但如果浏览器或者服务器在消息头中加入了 Connection：keep-alive，则 TCP 连接在请求响应数据发送后仍然保持连接状态，在下一次请求中浏览器可以继续使用相同的连接发送请求。采用 keep-alive 方式不但减少了请求响应的时间，还节约了网络带宽和系统资源。

2. HTTP 中的常见状态码

在 HTTP 请求中，无论是请求成功还是失败都会有对应的状态码返回。状态码是我们定位错误的主要依据，一般"20x"格式的状态码表示成功，"30x"格式的状态码表示网络重定向，"40x"格式的状态码表示客户端请求错误，"50x"格式的状态码表示服务器错误。常用的状态码及其含义如表 6-2 所示。

表 6-2

状 态 码	原因短语
消息响应	
100	Continue（继续）
101	Switching Protocol（切换协议）
成功响应	
200	OK（成功）
201	Created（已创建）
202	Accepted（已创建）
203	Non-Authoritative Information（未授权信息）
204	No Content（无内容）
205	Reset Content（重置内容）
206	Partial Content（部分内容）

续表

状态码	原因短语
网络重定向	
300	Multiple Choice（多种选择）
301	Moved Permanently（永久移动）
302	Found（临时移动）
303	See Other（查看其他位置）
304	Not Modified（未修改）
305	Use Proxy（使用代理）
306	unused（未使用）
307	Temporary Redirect（临时重定向）
308	Permanent Redirect（永久重定向）
客户端错误	
400	Bad Request（错误请求）
401	Unauthorized（未授权）
402	Payment Required（需要付款）
403	Forbidden（禁止访问）
404	Not Found（未找到）
405	Method Not Allowed（不允许使用该方法）
406	Not Acceptable（无法接收）
407	Proxy Authentication Required（要求代理身份验证）
408	Request Timeout（请求超时）
409	Conflict（冲突）
410	Gone（已失效）
411	Length Required（需要内容的长度）
412	Precondition Failed（预处理失败）
413	Request Entity Too Large（请求实体过长）
414	Request-URI Too Long（请求网址过长）
415	Unsupported Media Type（媒体类型不支持）
416	Requested Range Not Satisfiable（请求范围不合要求）
417	Expectation Failed（预期结果失败）

续表

状态码	原因短语
服务器端错误	
500	Internal Server Error（内部服务器错误）
501	Implemented（未实现）
502	Bad Gateway（网关错误）
503	Service Unavailable（服务不可用）
504	Gateway Timeout（网关超时）
505	HTTP Version Not Supported（HTTP 版本不受支持）

3. HTTPS

HTTPS 是以安全为目标的 HTTP 通道，它在 HTTP 中加入 SSL 层以提高数据传输的安全性。HTTP 被用于在 Web 浏览器和网站服务器之间传递信息，但以明文方式发送内容，不提供任何方式的数据加密，如果攻击者截取了 Web 浏览器和网站服务器之间的传输报文，就可以直接读懂其中的信息，因此 HTTP 不适合传输一些敏感信息，比如身份证号码、密码等。为了数据传输的安全，HTTPS 在 HTTP 的基础上加入了 SSL 协议，SSL 依靠证书来验证服务器的身份，并对浏览器和服务器之间的通信进行数据加密，以保障数据传输的安全性，其端口一般是 443。

HTTP 的加密流程如下，如图 6-6 所示。

（1）发起请求：客户端在通过 TCP 和服务器建立连接之后（443 端口），发出一个请求证书的消息给服务器，在该请求消息里包含自己可实现的算法列表和其他需要的消息。

（2）证书返回：服务器端在收到消息后回应客户端并返回证书，在证书中包含服务器信息、域名、申请证书的公司、公钥、数据加密算法等。

（3）证书验证：客户端在收到证书后，判断证书签发机构是否正确，并使用该签发机构的公钥确认签名是否有效，客户端还会确保在证书中列出的域名就是它正在连接的域名。如果客户端确认证书有效，则生成对称密钥，并使用公钥将对称密钥加密。

（4）密钥交换：客户端将加密后的对称密钥发送给服务器，服务器在接收到对称密钥后使用私钥解密。

（5）数据传输：经过上述步骤，客户端和服务器就完成了密钥对的交换，在之后的数据传输过程中，客户端和服务端就可以基于对称加密（加密和解密使用相同密钥的加密算法）对数据加密后在网络上传输，保证了网络数据传输的安全性。

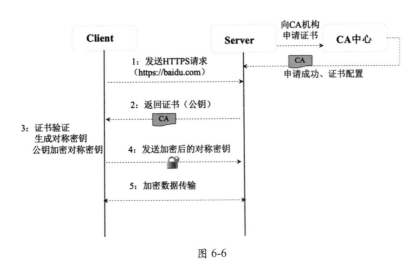

图 6-6

6.1.5 CDN 的原理

CDN（Content Delivery Network，内容分发网络）指基于部署在各地的机房服务器，通过中心平台的负载均衡、内容分发、调度的能力，使用户就近获取所需内容，降低网络延迟，提升用户访问的响应速度和体验度。

1. CDN 的关键技术

CDN 的关键技术包括内容发布、内容路由、内容交换和性能管理，具体如下。

◎ 内容发布：借助建立索引、缓存、流分裂、组播等技术，将内容发布到网络上距离用户最近的中心机房。

◎ 内容路由：通过内容路由器中的重定向（DNS）机制，在多个中心机房的服务器上负载均衡用户的请求，使用户从最近的中心机房获取数据。

◎ 内容交换：根据内容的可用性、服务器的可用性及用户的背景，在缓存服务器上利用应用层交换、流分裂、重定向等技术，智能地平衡负载流量。

◎ 性能管理：通过内部和外部监控系统，获取网络部件的信息，测量内容发布的端到端性能（包丢失、延时、平均带宽、启动时间、帧速率等），保证网络处于最佳运行状态。

2. CDN 的主要特点

CDN 的主要特点如下。

- 本地缓存（Cache）加速：将用户经常访问的数据（尤其静态数据）缓存在本地，以提升系统的响应速度和稳定性。
- 镜像服务：消除不同运营商之间的网络差异，实现跨运营商的网络加速，保证不同运营商网络中的用户都能得到良好的网络体验。
- 远程加速：利用 DNS 负载均衡技术为用户选择服务质量最优的服务器，加快用户远程访问的速度。
- 带宽优化：自动生成服务器的远程镜像缓存服务器，远程用户在访问时从就近的缓存服务器上读取数据，减少远程访问的带宽，分担网络流量，并降低原站点的 Web 服务器负载等。
- 集群抗攻击：通过网络安全技术和 CDN 之间的智能冗余机制，可以有效减少网络攻击对网站的影响。

3. 内容分发系统

将用户请求的数据分发到就近的各个中心机房，以保障为用户提供快速、高效的内容服务。缓存的内容包括静态图片、视频、文本、用户最近访问的 JSON 数据等。缓存的技术包括内存环境、分布式缓存、本地文件缓存等。缓存的策略主要考虑缓存更新、缓存淘汰机制。

4. 负载均衡系统

负载均衡系统是整个 CDN 系统的核心，负载均衡根据当前网络的流量分布、各中心机房服务器的负载和用户请求的特点将用户的请求负载到不同的中心机房或不同的服务器上，以保障用户内容访问的流畅性。负载均衡系统包括全局负载均衡（GSLB）和本地负载均衡（SLB）。

- 全局负载均衡主要指跨机房的负载均衡，通过 DNS 解析或者应用层重定向技术将用户的请求负载到就近的中心机房上。
- 本地负载均衡主要指机房内部的负载均衡，一般通过缓存服务器，基于 LVS、Nginx、服务网关等技术实现用户访问的负载。

5. 管理系统

管理系统分为运营管理和网络管理子系统。网络管理系统主要对整个 CDN 网络资源的运行状态进行实时监控和管理。运营管理指对 CDN 日常运维业务的管理，包括用户管理、资源管理、流量计费和流量限流等。

6.2 负载均衡

负载均衡建立在现有网络结构之上，提供了一种廉价、有效、透明的方法来扩展网络设备和服务器的带宽，增加了吞吐量，加强了网络数据处理能力，并提高了网络的灵活性和可用性。项目中常用的负载均衡有四层负载均衡和七层负载均衡。

6.2.1 四层负载均衡与七层负载均衡的对比

四层负载均衡基于 IP 和端口的方式实现网络的负载均衡，具体实现为对外提供一个虚拟 IP 和端口接收所有用户的请求，然后根据负载均衡配置和负载均衡策略将请求发送给真实的服务器。

七层负载均衡基于 URL 等资源来实现应用层基于内容的负载均衡，具体实现为通过虚拟的 URL 或主机名接收所有用户的请求，然后将请求发送给真实的服务器。

四层负载均衡和七层负载均衡的最大差别是：四层负载均衡只能针对 IP 地址和端口上的数据做统一的分发，而七层负载均衡能根据消息的内容做更加详细的有针对性的负载均衡。我们通常使用 LVS 等技术实现基于 Socket 的四层负载均衡，使用 Nginx 等技术实现基于内容分发的七层负载均衡，比如将以 "/user/***" 开头的 URL 请求负载到单点登录服务器，而将以 "/business/***" 开头的 URL 请求负载到具体的业务服务器，如图 6-7 所示。

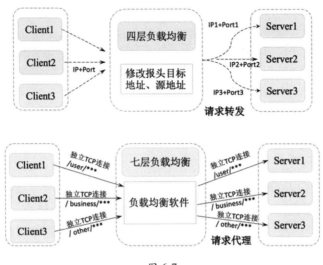

图 6-7

1. 四层负载均衡

四层负载均衡主要通过修改报文中的目标地址和端口来实现报文的分发和负载均衡。以 TCP 为例，负载均衡设备在接收到第 1 个来自客户端的 SYN 请求后，会根据负载均衡配置和负载均衡策略选择一个最佳的服务器，并将报文中的目标 IP 地址修改为该服务器的 IP 直接转发给该服务器。TCP 连接的建立（即三次握手过程）是在客户端和服务器端之间完成的，负载均衡设备只起到路由器的转发功能。

四层负载均衡常用的软硬件如下。

◎ F5：硬件负载均衡器，功能完备，价格昂贵。
◎ LVS：基于 IP+端口实现的四层负载软件，常和 Keepalive 配合使用。
◎ Nginx：同时实现四层负载和七层负载均衡，带缓存功能，可基于正则表达式灵活转发。

2. 七层负载均衡

七层负载均衡又叫作"内容负载均衡"，主要通过解析报文中真正有意义的应用层内容，并根据负载均衡配置和负载均衡策略选择一个最佳的服务器响应用户的请求。

七层应用负载可以使整个网络更智能化，七层负载均衡根据不同的数据类型将数据存储在不同的服务器上来提高网络整体的负载能力。比如将客户端的基本信息存储在内存较大的缓存服务器上，将文件信息存储在磁盘空间较大的文件服务器上，将图片视频存储在网络 I/O 能力较强的流媒体服务器上。在接收到不同的客户端的请求时从不同的服务器上获取数据并将其返回给客户端，提高客户端的访问效率。

七层负载均衡常用的软件如下。

◎ HAProxy：支持七层代理、会话保持、标记、路径转移等。
◎ Nginx：同时实现四层负载和七层负载均衡，在 HTTP 和 Mail 协议上功能比较好，性能与 HAProxy 差不多。
◎ Apache：使用简单，性能较差。

6.2.2　负载均衡算法

常用的负载均衡算法有：轮询均衡（Round Robin）、权重轮询均衡（Weighted Round Robin）、随机均衡（Random）、权重随机均衡（Weighted Random）、响应速度均衡（Response Time）、最少连接数均衡（Least Connection）、处理能力均衡、DNS 响应均衡（Flash DNS）、散列算法均衡、IP 地址散列、URL 散列。不同的负载均衡算法适用于不同的应用场景。

1. 轮询均衡（Round Robin）

轮询均衡指将客户端请求轮流分配到 1 至 N 台服务器上，每台服务器均被均等地分配一定数量的客户端请求。轮询均衡算法适用于集群中所有服务器都有相同的软硬件配置和服务能力的情况下。

2. 权重轮询均衡（Weighted Round Robin）

权重轮询均衡指根据每台服务器的不同配置及服务能力，为每台服务器都设置不同的权重值，然后按照设置的权重值轮询地将请求分配到不同的服务器上。例如，服务器 A 的权重值被设计成 3，服务器 B 的权重值被设计成 3，服务器 C 的权重值被设计成 4，则服务器 A、B、C 将分别承担 30%、30%、40%的客户端请求。权重轮询均衡算法主要用于服务器配置不均等的集群中。

3. 随机均衡（Random）

随机均衡指将来自网络的请求随机分配给内部的多台服务器，不考虑服务器的配置和负载情况。

4. 权重随机均衡（Weighted Random）

权重随机均衡算法类似于权重轮询算法，只是在分配请求时不再轮询发送，而是随机选择某个权重的服务器发送。

5. 响应速度均衡（Response Time）

响应速度均衡指根据服务器设备响应速度的不同将客户端请求发送到响应速度最快的服务器上。对响应速度的获取是通过负载均衡设备定时为每台服务都发出一个探测请求（例如 Ping）实现的。响应速度均衡能够为当前的每台服务器根据其不同的负载情况分配不同的客户端请求，这有效避免了某台服务器单点负载过高的情况。但需要注意的是，这里探测到的响应速度是负载均衡设备到各个服务器之间的响应速度，并不完全代表客户端到服务器的响应速度，因此存在一定偏差。

6. 最少连接数均衡（Least Connection）

最少连接数均衡指在负载均衡器内部记录当前每台服务器正在处理的连接数量，在有新的请求时，将该请求分配给连接数最少的服务器。这种均衡算法适用于网络连接和带宽有限、CPU 处理任务简单的请求服务，例如 FTP。

7. 处理能力均衡

处理能力均衡算法将服务请求分配给内部负荷最轻的服务器，负荷是根据服务器的 CPU 型号、CPU 数量、内存大小及当前连接数等换算而成的。处理能力均衡算法由于考虑到了内部服务器的处理能力及当前网络的运行状况，所以相对来说更加精确，尤其适用于七层负载均衡的场景。

8. DNS 响应均衡（Flash DNS）

DNS 响应均衡算法指在分布在不同中心机房的负载均衡设备都收到同一个客户端的域名解析请求时，所有负载均衡设备均解析此域名并将解析后的服务器 IP 地址返回给客户端，客户端向收到第一个域名解析后的 IP 地址发起请求服务，而忽略其他负载均衡设备的响应。这种均衡算法适用于全局负载均衡的场景。

9. 散列算法均衡

散列算法均衡指通过一致性散列算法和虚拟节点技术将相同参数的请求总是发送到

同一台服务器，该服务器将长期、稳定地为某些客户端提供服务。在某个服务器被移除或异常宕机后，该服务器的请求基于虚拟节点技术平摊到其他服务器，而不会影响集群整体的稳定性。

10. IP 地址散列

IP 地址散列指在负载均衡器内部维护了不同链接上客户端和服务器的 IP 对应关系表，将来自同一客户端的请求统一转发给相同的服务器。该算法能够以会话为单位，保证同一客户端的请求能够一直在同一台服务器上处理，主要适用于客户端和服务器需要保持长连接的场景，比如基于 TCP 长连接的应用。

11. URL 散列

URL 散列指通过管理客户端请求 URL 信息的散列表，将相同 URL 的请求转发给同一台服务器。该算法主要适用于在七层负载中根据用户请求类型的不同将其转发给不同类型的应用服务器。

6.2.3 LVS 的原理及应用

LVS（Linux Virtual Server）是一个虚拟的服务器集群系统，采用 IP 负载均衡技术将请求均衡地转移到不同的服务器上执行，且通过调度器自动屏蔽故障服务器，从而将一组服务器构成一个高性能、高可用的虚拟服务器。整个服务器集群的结构对用户是透明的，无须修改客户端和服务器端的程序，便可实现客户端到服务器的负载均衡。

1. LVS 的原理

LVS 由前端的负载均衡器（Load Balancer，LB）和后端的真实服务器（Real Server，RS）群组成，在真实服务器间可通过局域网或广域网连接。LVS 的这种结构对用户是透明的，用户只需要关注作为 LB 的虚拟服务器（Virtual Server），而不需要关注提供服务的真实服务器群。在用户的请求被发送给虚拟服务器后，LB 根据设定的包转发策略和负载均衡调度算法将用户的请求转发给真实服务器，真实服务器再将用户请求的结果返回给用户。

实现 LVS 的核心组件有负载均衡调度器、服务器池和共享存储。

◎ 负载均衡调度器（Load Balancer/Director）：是整个集群对外提供服务的入口，通过对外提供一个虚拟 IP 来接收客户端请求。在客户端将请求发送到该虚拟 IP 后，负载均衡调度器会负责将请求按照负载均衡策略发送到一组具体的服务器上。
◎ 服务器池（Server Pool）：服务器池是一组真正处理客户端请求的真实服务器，具体执行的服务有 WEB、MAIL、FTP 和 DNS 等。
◎ 共享存储（Shared Storage）：为服务器池提供一个共享的存储区，使得服务器池拥有相同的内容，提供相同的服务。

在接收 LVS 内部数据的转发流程前，这里先以表 6-3 介绍 LVS 技术中常用的一些名词，以让我们更好地理解 LVS 的工作原理。

表 6-3

序号	缩写	名称	说明
1	CIP	客户端 IP（Client IP Address）	用户记录发送给集群的源 IP 地址
2	VIP	虚拟 IP（Virtual IP Address）	用于 Director 对外提供服务的 IP 地址
3	DIP	Director IP（Director IP Address）	Director 用于连接内外网络的 IP 地址，即负载均衡器上的 IP 地址
4	RIP	真实 IP（Real Server 的 IP Address）	集群中真实服务器的物理 IP 地址
5	LIP	LVS 内部 IP（Local IP Address）	LVS 集群的内部通信 IP

LVS 的 IP 负载均衡技术是通过 IPVS 模块实现的。IPVS 是 LVS 集群系统的核心软件，被安装在 Director Server 上，同时在 Director Server 上虚拟出一个 IP 地址。用户通过这个虚拟的 IP 地址访问服务器。这个虚拟的 IP 地址一般被称为 LVS 的 VIP，即 Virtual IP。访问的请求首先经过 VIP 到达负载调度器，然后由负载调度器从真实服务器列表中选取一个服务节点响应用户的请求。

2. LVS 数据转发

LVS 的数据转发流程是 LVS 设计的核心部分，如下所述，如图 6-8 所示。

（1）PREROUTING 链接收用户请求：客户端向 PREROUTING 链发送请求。

（2）INPUT 链转发：在 PREROUTING 链通过 RouteTable 列表发现请求数据包的目的地址是本机时，将数据包发送给 INPUT 链。

（3）IPVS 检查：IPVS 检查 INPUT 链上的数据包，如果数据包中的目的地址和端口不在规则列表中，则将该数据包发送到用户空间的 ipvsadm。ipvsadm 主要用于用户定义和管理集群。

（4）POSTROUTING 链转发：如果数据包里面的目的地址和端口都在规则里面，那么将该数据包中的目的地址修改为事先定义好的真实服务器地址，通过 FORWARD 将数据发送到 POSTROUTING 链。

（5）真实服务器转发：POSTROUTING 链根据数据包中的目的地址将数据包转发到真实服务器。

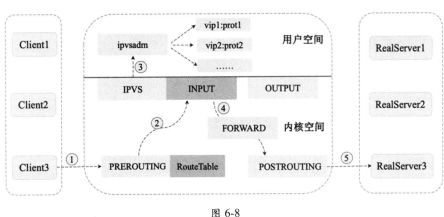

图 6-8

3. LVS NAT 模式

LVS NAT（Network Address Translation）即网络地址转换模式，具体的实现流程如图 6-9 所示。

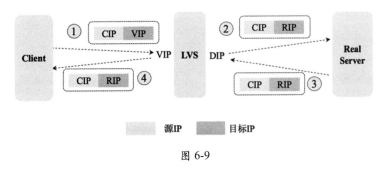

图 6-9

NAT 模式通过对请求报文和响应报文的地址进行改写完成对数据的转发，具体流程如下。

（1）客户端将请求报文发送到 LVS，请求报文的源地址是 CIP（Client IP Address，客户端 IP），目标地址是 VIP（Virtual IP Address，虚拟 IP）。

（2）LVS 在收到报文后，发现请求的 IP 地址在 LVS 的规则列表中存在，则将客户端请求报文的目标地址 VIP 修改为 RIP（Real-server IP Address，后端服务器的真实 IP），并将报文发送到具体的真实服务器上。

（3）真实服务器在收到报文后，由于报文的目标地址是自己的 IP，所以会响应该请求，并将响应报文返回给 LVS。

（4）LVS 在收到数据后将此报文的源地址修改为本机 IP 地址，即 VIP，并将报文发送给客户端。

NAT 模式的特点如下。

◎ 请求的报文和响应的报文都需要通过 LVS 进行地址改写，因此在并发访问量较大的时候 LVS 存在瓶颈问题，一般适用于节点不是很多的情况下。
◎ 只需要在 LVS 上配置一个公网 IP 即可。
◎ 每台内部的真实服务器的网关地址都必须是 LVS 的内网地址。
◎ NAT 模式支持对 IP 地址和端口进行转换，即用户请求的端口和真实服务器的端口可以不同。

4. LVS DR 模式

LVS DR（Direct Routing）模式用直接路由技术实现，通过改写请求报文的 MAC 地址将请求发送给真实服务器，具体的实现流程如图 6-10 所示。

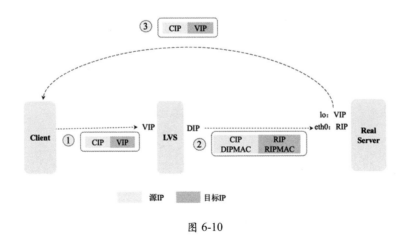

图 6-10

LVD DR 模式是局域网中经常被用到的一种模式，其报文转发流程如下。

（1）客户端将请求发送给 LVS，请求报文的源地址是 CIP，目标地址是 VIP。

（2）LVS 在收到报文后，发现请求在规则中存在，则将客户端请求报文的源 MAC 地址改为自己的 DIP（Direct IP Address，内部转发 IP）的 MAC 地址，将目标 MAC 改为 RIP 的 MAC 地址，并将此包发送给真实服务器。

（3）真实服务器在收到请求后发现请求报文中的目标 MAC 是自己，就会将此报文接收下来，在处理完请求报文后，将响应报文通过 lo（回环路由）接口发送给 eth0 网卡，并最终发送给客户端。

NAT 模式的特点如下。

- 通过 LVS 修改数据包的目的 MAC 地址实现转发。注意，源 IP 地址仍然是 CIP，目标 IP 地址仍然是 VIP 地址。
- 请求的报文均经过 LVS，而真实服务器响应报文时无须经过 LVS，因此在并发访问量大时比 NAT 模式的效率高很多。
- 因为 DR 模式是通过 MAC 地址改写机制实现转发的，因此所有真实服务器节点和 LVS 只能被部署在同一个局域网内。
- 真实服务器主机需要绑定 VIP 地址在 lo 接口（掩码 32 位）上，并且需要配置 ARP 抑制。
- 真实服务器节点的默认网关无须被配置为 LVS 网关，只需要被配置为上级路由的网关，能让真实服务器直接出网即可。
- DR 模式仅做 MAC 地址的改写，不能改写目标端口，即真实服务器端口和 VIP 端口必须相同。

5. LVS TUN 模式

TUN（IP Tunneling）通过 IP 隧道技术实现，具体的实现流程如图 6-11 所示。

LVS TUN 模式常用于跨网段或跨机房的负载均衡，具体的报文转发流程如下。

（1）客户端将请求发送给前端的 LVS，请求报文的源地址是 CIP，目标地址是 VIP。

（2）LVS 在收到报文后，发现请求在规则里中存在，则将在客户端请求报文的首部再封装一层 IP 报文，将源地址改为 DIP，将目标地址改为 RIP，并将此包发送给真实服务器。

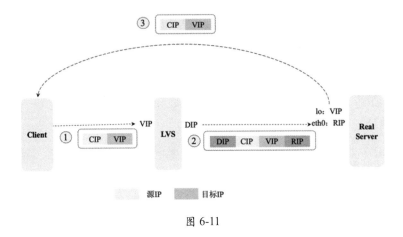

图 6-11

（3）真实服务器在收到请求报文后会先拆开第 1 层封装，因为发现里面还有一层 IP 首部的目标地址是自己 lo 接口上的 VIP，所以会处理该请求报文，并将响应报文通过 lo 接口发送给 eth0 网卡，并最终发送给客户端。

TUN 模式的特点如下。

◎ UNNEL 模式需要设置 lo 接口的 VIP 不能在公网上出现。
◎ TUNNEL 模式必须在所有的真实服务器上绑定 VIP 的 IP 地址。
◎ TUNNEL 模式中 VIP→真实服务器的包通信通过 TUNNEL 隧道技术实现，不管是内网还是外网都能通信，所以不需要 LVS 和真实服务器在同一个网段内。
◎ 在 TUNNEL 模式中，真实服务器会把响应报文直接发送给客户端而不经过 LVS，负载能力较强。
◎ TUNNEL 模式采用的是隧道模式，使用方法相对复杂，一般用于跨机房 LVS 实现，并且需要所有服务器都支持 IP Tunneling 或 IP Encapsulation 协议。

6. LVS FULLNAT 模式

无论是 DR 模式还是 NAT 模式，都要求 LVS 和真实服务器在同一个 VLAN 下，否则 LVS 无法作为真实服务器的网关，因此跨 VLAN 的真实服务器无法接入。同时，在流量增大、真实服务器水平扩容时，单点 LVS 会成为瓶颈。

FULLNAT 能够很好地解决 LVS 和真实服务器跨 VLAN 的问题，在跨 VLAN 问题解决后，LVS 和真实服务器不再存在 VLAN 上的从属关系，可以做到多个 LVS 对应多个真实服务器，解决水平扩容的问题。FULLNAT 的原理是在 NAT 的基础上引入 Local

Address IP（内网 IP 地址），将 CIP→VIP 转换为 LIP→RIP，而 LIP 和 RIP 均为 IDC 内网 IP，可以通过交换机实现跨 VLAN 通信。FULLNAT 的具体实现流程如图 6-12 所示。

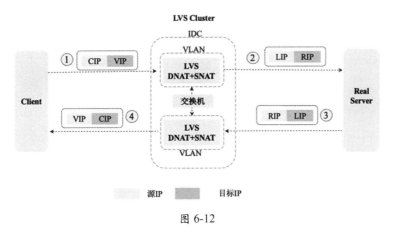

图 6-12

LVS FULLNAT 具体的报文转发流程如下。

（1）客户端将请求发送给 LVS 的 DNAT，请求报文的源地址是 CIP，目标地址是 VIP。

（2）LVS 在收到数据后将源地址 CIP 修改成 LIP（Local IP Address，LVS 的内网 IP），将目标地址 VIP 修改为 RIP，并将数据发送到真实服务器。多个 LIP 在同一个 IDC 数据中心，可以通过交换机跨 VLAN 通信。

（3）真实服务器在收到数据包并处理完成后，将目标地址修改为 LIP，将源地址修改为 RIP，最终将这个数据包返回给 LVS。

（4）LVS 在收到数据包后，将数据包中的目标地址修改为 CIP，将源地址修改为 VIP，并将数据发送给客户端。

6.2.4 Nginx 反向代理与负载均衡

一般的负载均衡软件如 LVS 实现的功能只是对请求数据包的转发和传递，从负载均衡下的节点服务器来看，接收到的请求还是来自访问负载均衡器的客户端的真实用户；而反向代理服务器在接收到用户的访问请求后，会代理用户重新向节点服务器（Web 服务器、文件服务器、视频服务器）发起请求，反向代理服务器和节点服务器做具体的数据交互，最后把数据返回给客户端用户。在节点服务器看来，访问的节点服务器的客户端就是反向代理服务器，而非真实的网站访问用户，具体原理如图 6-13 所示。

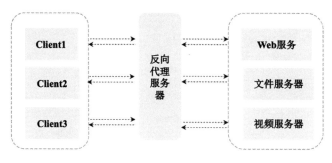

图 6-13

1. upstream_module

ngx_http_upstream_module 是 Nginx 的负载均衡模块，可以实现网站的负载均衡功能即节点的健康检查。upstream 模块允许 Nginx 定义一组或多组节点服务器，在使用时可通过 proxy_pass 代理方式把网站的请求发送到事先定义好的对应 Upstream 组的名字上。具体的 upstream 定义如下：

```
upstream restLVSServer{
  server 191.168.1.10:9000 weight=5 ;
  server 191.168.1.11:9000;
  server example.com:9000 max_fails=2 fail_timeout=10s backup;
}
```

如上代码定义了名为 restLVSServer 的 upstream，并在其中定义了 3 个服务地址，在用户请求 restLVSServer 服务时，Nginx 会根据权重将请求转发到具体的服务器。常用的 upstream 配置如下。

◎ weight：服务器权重。

◎ max_fails：Nginx 尝试连接后端服务器的最大失败次数，如果失败时大于 max_fails，则认为该服务器不可用。

◎ fail_timeout：max_fails 和 fail_timeout 一般会关联使用，如果某台服务器在 fail_timeout 时间内出现了 max_fails 次连接失败，那么 Nginx 会认为其已经挂掉，从而在 fail_timeout 时间内不再去请求它，fail_timeout 默认是 10s，max_fails 默认是 1，即在默认情况下只要发生错误就认为服务器挂了，如果将 max_fails 设置为 0，则表示取消这项检查。

- backup：表示当前服务器是备用服务器，只有其他非 backup 后端服务器都挂掉或很忙时，才会分配请求给它。
- down：标志服务器永远不可用。

2. proxy_pass

proxy_pass 指令属于 ngx_http_proxy_module 模块，此模块可以将请求转发到另一台服务器，在实际的反向代理工作中，会通过 location 功能匹配指定的 URI，然后把接收到的服务匹配 URI 的请求通过 proxy_pass 抛给定义好的 upstream 节点池。具体的 proxy_pass 定义如下：

```
location /download/ {
 proxy_pass http://192.168.1.13:9000/download/vedio/;
}
```

如上代码定义了一个 download 的反向代理，在客户端请求/download 时，Nginx 会将具体的请求转发给 proxy_pass 配置的地址处理请求，这里配置的地址是 http://192.168.1.13:9000/download/vedio/。常用的 proxy_pass 配置如表 6-4 所示。

表 6-4

序号	参数名称	参数说明
1	proxy_next_upstream	在什么情况下将请求传递到下一个 upstream
2	proxy_limite_rate	限制从后端服务器读取响应的速率
3	proyx_set_header	设置 HTTP 请求 header，后续请求会将 header 传给后端服务器节点
4	client_body_buffer_size	客户端请求主体缓冲区的大小
5	proxy_connect_timeout	代理与后端节点服务器连接的超时时间
6	proxy_send_timeout	后端节点数据回传的超时时间
7	proxy_read_timeout	设置 Nginx 从代理的后端服务器获取信息的时间，表示在连接成功建立后，Nginx 等待后端服务器的响应时间
8	proxy_buffer_size	设置缓冲区的大小
9	proxy_buffers	设置缓冲区的数量和大小
10	proyx_busy_buffers_size	用于设置系统很忙时可以使用的 proxy_buffers 大小，推荐为 proxy_buffers×2
11	proxy_temp_file_write_size	指定缓存临时文件的大小

第 7 章

数据库及分布式事务

数据库是软件开发中必不可少的组件，无论是关系型数据库 MySQL、Oracle、PostgreSQL，还是 NoSQL 数据库 HBase、MongoDB、Cassandra，都针对不同的应用场景解决不同的问题。本章不会详细介绍这些数据库的使用方法，因为读者或多或少使用过这些数据库，但是数据库底层的原理尤其是存储引擎、数据库锁和分布式事务是我们容易忽略的，而这些原理对于数据库的调优和疑难问题的解决来说比较重要，因此本章将针对数据库存储引擎、数据库索引、存储过程、数据库锁和分布式事务展开介绍，希望读者能够站在更高的层次理解这些原理，以便在数据库出现性能瓶颈时做出正确的判断。

7.1 数据库的基本概念及原则

7.1.1 存储引擎

数据库的存储引擎是数据库的底层软件组织，数据库管理系统（DBMS）使用存储引擎创建、查询、更新和删除数据。不同的存储引擎提供了不同的存储机制、索引技巧、锁定水平等功能，都有其特定的功能。现在，许多数据库管理系统都支持多种存储引擎，常用的存储引擎主要有 MyISAM、InnoDB、Memory、Archive 和 Federated。

1. MyIASM

MyIASM 是 MySQL 默认的存储引擎，不支持数据库事务、行级锁和外键，因此在 INSERT（插入）或 UPDATE（更新）数据即写操作时需要锁定整个表，效率较低。

MyIASM 的特点是执行读取操作的速度快，且占用的内存和存储资源较少。它在设计之初就假设数据被组织成固定长度的记录，并且是按顺序存储的。在查找数据时，MyIASM 直接查找文件的 OFFSET，定位比 InnoDB 要快（InnoDB 寻址时要先映射到块，再映射到行）。

总体来说，MyIASM 的缺点是更新数据慢且不支持事务处理，优点是查询速度快。

2. InnoDB

InnoDB 为 MySQL 提供了事务（Transaction）支持、回滚（Rollback）、崩溃修复能力（Crash Recovery Capabilities）、多版本并发控制（Multi-versioned Concurrency Control）、事务安全（Transaction-safe）的操作。InnoDB 的底层存储结构为 B+树，B+树的每个节点都对应 InnoDB 的一个 Page，Page 大小是固定的，一般被设为 16KB。其中，非叶子节点只有键值，叶子节点包含完整的数据，如图 7-1 所示。

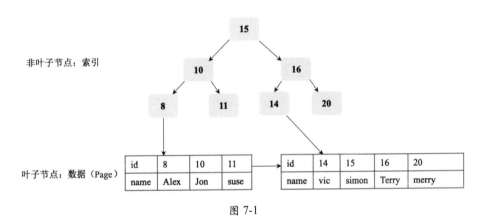

图 7-1

InnoDB 适用于有以下需求的场景。

◎ 经常有数据更新的表，适合处理多重并发更新请求。
◎ 支持事务。
◎ 支持灾难恢复（通过 bin-log 日志等）。
◎ 支持外键约束，只有 InnoDB 支持外键。
◎ 支持自动增加列属性 auto_increment。

3. TokuDB

TokuDB 的底层存储结构为 Fractal Tree。Fractal Tree 的结构与 B+树有些类似,只是在 Fractal Tree 中除了每一个指针(key),都需要指向一个 child(孩子)节点,child 节点带一个 Message Buffer,这个 Message Buffer 是一个先进先出队列,用来缓存更新操作,具体的数据结构如图 7-2 所示。这样,每一次插入操作都只需落在某节点的 Message Buffer 上,就可以马上返回,并不需要搜索到叶子节点。这些缓存的更新操作会在后台异步合并并更新到对应的节点上。

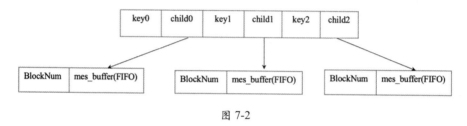

图 7-2

TokuDB 在线添加索引,不影响读写操作,有非常高的写入性能,主要适用于要求写入速度快、访问频率不高的数据或历史数据归档。

4. Memory

Memory 表使用内存空间创建。每个 Memory 表实际上都对应一个磁盘文件用于持久化。Memory 表因为数据是存放在内存中的,因此访问速度非常快,通常使用 Hash 索引来实现数据索引。Memory 表的缺点是一旦服务关闭,表中的数据就会丢失。

Memory 还支持散列索引和 B 树索引。B 树索引可以使用部分查询和通配查询,也可以使用不等于和大于等于等操作符方便批量数据访问,散列索引相对于 B 树索引来说,基于 Key 的查询效率特别高,但是基于范围的查询效率不是很高。

7.1.2 创建索引的原则

创建索引是我们提高数据库查询数据效率最常用的办法,也是很重要的办法。下面是常见的创建索引的原则。

- ◎ 选择唯一性索引:唯一性索引一般基于 Hash 算法实现,可以快速、唯一地定位某条数据。

- 为经常需要排序、分组和联合操作的字段建立索引。
- 为常作为查询条件的字段建立索引。
- 限制索引的数量：索引越多，数据更新表越慢，因为在数据更新时会不断计算和添加索引。
- 尽量使用数据量少的索引：如果索引的值很长，则占用的磁盘变大，查询速度会受到影响。
- 尽量使用前缀来索引：如果索引字段的值过长，则不但影响索引的大小，而且会降低索引的执行效率，这时需要使用字段的部分前缀来作为索引。
- 删除不再使用或者很少使用的索引。
- 尽量选择区分度高的列作为索引：区分度表示字段值不重复的比例。
- 索引列不能参与计算：带函数的查询不建议参与索引。
- 尽量扩展现有索引：联合索引的查询效率比多个独立索引高。

7.1.3 数据库三范式

范式是具有最小冗余的表结构，三范式的概念如下所述。

1. 第一范式

如果每列都是不可再分的最小数据单元（也叫作最小的原子单元），则满足第一范式，第一范式的目标是确保每列的原子性。如图 7-3 所示，其中的 Address 列违背了第一范式列不可再分的原则，要满足第一范式，就需要将 Address 列拆分为 Country 列和 City 列。

BuyerID	Address
1	中国北京市
2	美国纽约市
3	日本东京市

BuyerID	Country	City
1	中国	北京
2	美国	纽约
3	日本	东京

图 7-3

2. 第二范式

第二范式在第一范式的基础上，规定表中的非主键列不存在对主键的部分依赖，即第二范式要求每个表只描述一件事情。如图 7-4 所示，Orders 表既包含订单信息，也包含产品信息，需要将其拆分为两个单独的表。

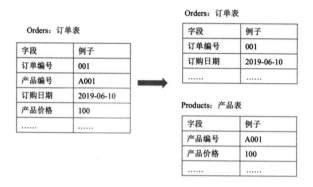

图 7-4

3. 第三范式

第三范式的定义为：满足第一范式和第二范式，并且表中的列不存在对非主键列的传递依赖。如图 7-5 所示，除了主键的订单编号，顾客姓名依赖于非主键的顾客编号，因此需要将该列去除。

图 7-5

7.1.4 数据库事务

数据库事务执行一系列基本操作，这些基本操作组成一个逻辑工作单元一起向数据库提交，要么都执行，要么都不执行。事务是一个不可分割的工作逻辑单元。事务必须具备以下 4 个属性，简称 ACID 属性。

- ◎ 原子性（Atomicity）：事务是一个完整操作，参与事务的逻辑单元要么都执行，要么都不执行。
- ◎ 一致性（Consistency）：在事务执行完毕时（无论是正常执行完毕还是异常退出），数据都必须处于一致状态。

◎ 隔离性（Isolation）：对数据进行修改的所有并发事务都是彼此隔离的，它不应以任何方式依赖或影响其他事务。
◎ 永久性（Durability）：在事务操作完成后，对数据的修改将被持久化到永久性存储中。

7.1.5 存储过程

存储过程指一组用于完成特定功能的 SQL 语句集，它被存储在数据库中，经过第一次编译后再次调用时不需要被再次编译，用户通过指定存储过程的名字并给出参数（如果该存储过程带有参数）来执行它。存储过程是数据库中的一个重要对象，我们可以基于存储过程快速完成复杂的计算操作。以下为常见的存储过程的优化思路，也是我们编写事务时需要遵守的原则。

◎ 尽量利用一些 SQL 语句代替一些小循环，例如聚合函数、求平均函数等。
◎ 中间结果被存放于临时表中，并加索引。
◎ 少使用游标（Cursors）：SQL 是种集合语言，对于集合运算有较高的性能，而游标是过程运算。比如，对一个 50 万行的数据进行查询时，如果使用游标，则需要对表执行 50 万次读取请求，将占用大量的数据库资源，影响数据库的性能。
◎ 事务越短越好：SQL Server 支持并发操作，如果事务过长或者隔离级别过高，则都会造成并发操作的阻塞、死锁，导致查询速度极慢、CPU 占用率高等。
◎ 使用 try-catch 处理异常。
◎ 尽量不要将查找语句放在循环中，防止出现过度消耗系统资源的情况。

7.1.6 触发器

触发器是一段能自动执行的程序，和普通存储过程的区别是"触发器在对某一个表或者数据进行操作时触发"，例如进行 UPDATE、INSERT、DELETE 操作时，系统会自动调用和执行该表对应的触发器。触发器一般用于数据变化后需要执行一系列操作的情况，比如对系统核心数据的修改需要通过触发器来存储操作日志的信息等。

7.2 数据库的并发操作和锁

7.2.1 数据库的并发策略

数据库的并发控制一般采用三种方法实现，分别是乐观锁、悲观锁及时间戳。

1. 乐观锁

乐观锁在读数据时，认为别人不会去写其所读的数据；悲观锁就刚好相反，觉得自己读数据时，别人可能刚好在写自己刚读的数据，态度比较保守；时间戳在操作数据时不加锁，而是通过时间戳来控制并发出现的问题。

2. 悲观锁

悲观锁指在其修改某条数据时，不允许别人读取该数据，直到自己的整个事务都提交并释放锁，其他用户才能访问该数据。悲观锁又可分为排它锁（写锁）和共享锁（读锁）。

3. 时间戳

时间戳指在数据库表中额外加一个时间戳列 TimeStamp。每次读数据时，都把时间戳也读出来，在更新数据时把时间戳加 1，在提交之前跟数据库的该字段比较一次，如果比数据库的值大，就允许保存，否则不允许保存。这种处理方法虽然不使用数据库系统提供的锁机制，但是可以大大提高数据库处理的并发量。

7.2.2 数据库锁

1. 行级锁

行级锁指对某行数据加锁，是一种排他锁，防止其他事务修改此行。在执行以下数据库操作时，数据库会自动应用行级锁。

◎ INSERT、UPDATE、DELETE、SELECT … FOR UPDATE [OF columns] [WAIT n

| NOWAIT]。
- SELECT … FOR UPDATE 语句允许用户一次针对多条记录执行更新。
- 使用 COMMIT 或 ROLLBACK 语句释放锁。

2. 表级锁

表级锁指对当前操作的整张表加锁，它的实现简单，资源消耗较少，被大部分存储引擎支持。最常使用的 MyISAM 与 InnoDB 都支持表级锁定。表级锁定分为表共享读锁（共享锁）与表独占写锁（排他锁）。

3. 页级锁

页级锁的锁定粒度介于行级锁和表级锁之间。表级锁的加锁速度快，但冲突多，行级冲突少，但加锁速度慢。页级锁在二者之间做了平衡，一次锁定相邻的一组记录。

4. 基于 Redis 的分布式锁

数据库锁是基于单个数据库实现的，在我们的业务跨多个数据库时，就要使用分布式锁来保证数据的一致性。下面介绍使用 Redis 实现一个分布式锁的流程。Redis 实现的分布式锁以 Redis setnx 命令为中心实现，setnx 是 Redis 的写入操作命令，具体语法为 setnx(key val)。在且仅在 key 不存在时，则插入一个 key 为 val 的字符串，返回 1；若 key 存在，则什么都不做，返回 0。通过 setnx 实现分布式锁的思路如下。

- 获取锁：在获取锁时调用 setnx，如果返回 0，则该锁正在被别人使用；如果返回 1，则成功获取锁。
- 释放锁：在释放锁时，判断锁是否存在，如果存在，则执行 Redis 的 delete 操作释放锁。

简单的 Redis 实现分布式锁的代码如下，注意，如果锁并发比较大，则可以设置一个锁的超时时间，在超时时间到后，Redis 会自动释放锁给其他线程使用：

```
public class RedisLock {
    private final static Log logger = LogFactory.getLog(BuilderDemo.class);
    private Jedis jedis;
    public RedisLock(Jedis jedis) {
        this.jedis = jedis;
    }
    //获取锁
```

```java
public synchronized boolean lock(String lockId){
    //设置锁
    Long status = jedis.setnx(lockId,System.currentTimeMillis()+"") ;
    if (0 == status){//有人在使用该锁,获取锁失败
        return false;
    }else{
        return true;//创建、获取锁成功,锁 id=lockId
    }
}
//释放锁
public synchronized boolean unlock(String lockId) {
    String lockValue = jedis.get(lockId);
    if (lockValue != null) {//释放锁成功
        jedis.del(lockId);
        return true;
    }else {
        return false;//释放锁失败
    }
}
public static void main(String[] args) {
    JedisPoolConfig jcon = new JedisPoolConfig();
    JedisPool jp = new JedisPool(jcon,"127.0.0.1",6379);
    Jedis jedis = jp.getResource();
    RedisLock lock = new RedisLock(jedis);
    String lockId = "123";
    try {
        if (lock.lock(lockId)) {
            //加锁后需要执行的逻辑代码
        }
    } catch (Exception e) {
        e.printStackTrace();
    } finally {
        lock.unlock(lockId);
    }
}
```

以上代码定义了 RedisLock 类,在该类中定义了一个 Redis 数据库连接 Jedis,同时定义了 lock 方法来获取一个锁,在获取锁时首先通过 setnx 设置锁 id 获取 Redis 内锁的信息,如果返回信息为 0,则表示锁正在被人使用(锁 id 存在于 Redis 中);如果不为 0,则表示成功在内存中设置了该锁。同时在 RedisLock 类中定义了 unlock 方法用于释放一个锁,具体做法是在 Redis 中查找该锁并删除。

7.2.3 数据库分表

数据库分表有垂直切分和水平切分两种，下面简单介绍二者的区别。

◎ 垂直切分：将表按照功能模块、关系密切程度划分并部署到不同的库中。例如，我们会创建定义数据库 workDB、商品数据库 payDB、用户数据库 userDB、日志数据库 logDB 等，分别用于存储项目数据定义表、商品定义表、用户数据表、日志数据表等，如图 7-6 所示。

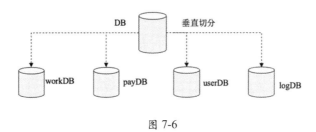

图 7-6

◎ 水平切分：在一个表中的数据量过大时，我们可以把该表的数据按照某种规则如 userID 散列进行划分，然后将其存储到多个结构相同的表和不同的库上，如图 7-7 所示。

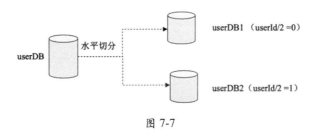

图 7-7

7.3 数据库分布式事务

7.3.1 CAP

CAP 原则又称 CAP 定理，指的是在一个分布式系统中，一致性（Consistency）、可用性（Availability）和分区容错性（Partition tolerance）三者不可兼得。

- 一致性：在分布式系统的所有数据备份中，在同一时刻是否有同样的值（等同于所有节点都访问同一份最新的数据副本）。
- 可用性：在集群中一部分节点发生故障后，集群整体能否响应客户端的读写请求（对数据更新具备高可用性）。
- 分区容错性：系统如果不能在时限内达成数据的一致性，就意味着发生了分区，必须就当前操作在 C 和 A 之间做出选择。以实际效果而言，分区相当于对通信的时限要求。

7.3.2　两阶段提交协议

分布式事务指涉及操作多个数据库的事务，在分布式系统中，各个节点之间在物理上相互独立，通过网络进行沟通和协调。

二阶段提交（Two-Phase Commit）指在计算机网络及数据库领域内，为了使分布式数据库的所有节点在进行事务提交时都保持一致性而设计的一种算法。在分布式系统中，每个节点虽然都可以知道自己的操作是否成功，却无法知道其他节点的操作是否成功。

在一个事务跨越多个节点时，为了保持事务的 ACID 特性，需要引入一个作为协调者的组件来统一掌控所有节点（称作参与者）的操作结果，并最终指示这些节点是否真正提交操作结果（比如将更新后的数据写入磁盘等）。因此，二阶段提交的算法思路可以概括为：参与者将操作成败通知协调者，再由协调者根据所有参与者的反馈决定各参与者是提交操作还是中止操作。

1. Prepare（准备阶段）

事务协调者（事务管理器）给每个参与者（源管理器）都发送 Prepare 消息，每个参与者要么直接返回失败（如权限验证失败），要么在本地执行事务，写本地的 redo 和 undo 日志但不提交，是一种"万事俱备，只欠东风"的状态。

2. Commit（提交阶段）

如果协调者接收到了参与者的失败消息或者超时，则直接给每个参与者都发送回滚消息，否则发送提交消息，参与者根据协调者的指令执行提交或者回滚操作，释放在所有事务处理过程中使用的锁资源，如图 7-8 所示。

图 7-8

3. 两阶段提交的缺点

两阶段提交的缺点如下。

- 同步阻塞问题：在执行过程中，所有参与者的任务都是阻塞执行的。
- 单点故障：所有请求都需要经过协调者，在协调者发生故障时，所有参与者都会被阻塞。
- 数据不一致：在二阶段提交的第 2 阶段，在协调者向参与者发送 Commit（提交）请求后发生了局部网络异常，或者在发送 Commit 请求过程中协调者发生了故障，导致只有一部分参与者接收到 Commit 请求，于是整个分布式系统出现了数据不一致的现象，这也被称为脑裂。
- 协调者宕机后事务状态丢失：协调者在发出 Commit 消息之后宕机，唯一接收到这条消息的参与者也宕机，即使协调者通过选举协议产生了新的协调者，这条事务的状态也是不确定的，没有人知道事务是否已被提交。

7.3.3 三阶段提交协议

三阶段提交（Three-Phase Commit），也叫作三阶段提交协议（Three-Phase Commit Protocol），是二阶段提交（2PC）的改进版本。具体改进如下。

- 引入超时机制：在协调者和参与者中引入超时机制，如果协调者长时间接收不到参与者的反馈，则认为参与者执行失败。
- 在第 1 阶段和第 2 阶段都加入一个预准备阶段，以保证在最后的任务提交之前各参与节点的状态是一致的。也就是说，除了引入超时机制，三阶段提交协议（3PC）把两阶段提交协议（2PC）的准备阶段再次一分为二，这样三阶段提交就有 CanCommit、PreCommit、DoCommit 三个阶段。

1. CanCommit 阶段

协调者向参与者发送 Commit 请求，参与者如果可以提交就返回 Yes 响应，否则返回 No 响应。

2. PreCommit 阶段

协调者根据参与者的反应来决定是否继续进行，有以下两种可能。

◎ 假如协调者从所有参与者那里获得的反馈都是 Yes 响应，就预执行事务。
◎ 假如有任意参与者向协调者发送了 No 响应，或者在等待超时之后协调者都没有接收到参与者的响应，则执行事务的中断。

3. DoCommit 阶段

该阶段进行真正的事务提交，主要包括：协调者发送提交请求，参与者提交事务，参与者响应反馈（在事务提交完之后向协调者发送 Ack 响应），协调者确定完成事务，如图 7-9 所示。

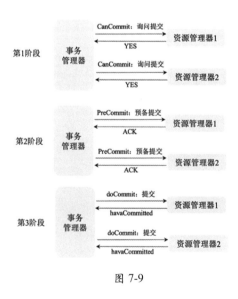

图 7-9

7.3.4 分布式事务

1. 传统事务

传统事务遵循 ACID 原则，即原子性、一致性、隔离性和持久性。

- 原子性：事务是包含一系列操作的原子操作，事务的原子性确保这些操作全部完成或者全部失败。
- 一致性：事务执行的结果必须使数据库从不一致性状态转为一致性状态。保证数据库的一致性指在事务完成时，必须使所有数据都有一致的状态。
- 隔离性：因为可能在相同的数据集上同时有许多事务要处理，所以每个事务都应该与其他事务隔离，避免数据被破坏。
- 持久性：一旦事务完成，其结果就应该能够承受任何系统的错误，比如在事务提交过程中服务器的电源被切断等。在通常情况下，事务的结果被写入持续性存储中。

2. 柔性事务

在分布式数据库领域，基于 CAP 理论及 BASE 理论，阿里巴巴提出了柔性事务的概念。BASE 理论是 CAP 理论的延伸，包括基本可用（Basically Available）、柔性状态（Soft State）、最终一致性（Eventual Consistency）三个原则，并基于这三个原则设计出了柔性事务。

我们通常所说的柔性事务分为：两阶段型、补偿型、异步确保型、最大努力通知型。

两阶段型事务指分布式事务的两阶段提交，对应技术上的 XA 和 JTA/JTS，是分布式环境下事务处理的典型模式。

TCC 型事务（Try、Confirm、Cancel）为补偿型事务，是一种基于补偿的事务处理模型。如图 7-10 所示，服务器 A 发起事务，服务器 B 参与事务，如果服务器 A 的事务和服务器 B 的事务都顺利执行完成并提交，则整个事务执行完成。但是，如果事务 B 执行失败，事务 B 本身就回滚，这时事务 A 已被提交，所以需要执行一个补偿操作，将已经提交的事务 A 执行的操作进行反操作，恢复到未执行前事务 A 的状态。需要注意的是，发起提交的一般是主业务服务，而状态补偿的一般是业务活动管理者，因为活动日志被存储在业务活动管理中，补偿需要依靠日志进行恢复。TCC 事务模型牺牲了一定的隔离性和一致性，但是提高了事务的可用性。

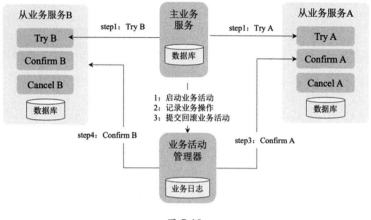

图 7-10

异步确保型事务指将一系列同步的事务操作修改为基于消息队列异步执行的操作，来避免分布式事务中同步阻塞带来的数据操作性能下降。如图 7-11 所示，在写业务数据 A 触发后将执行以下流程。

（1）业务 A 的模块在数据库 A 上执行数据更新操作。

（2）业务 A 调用写消息数据模块。

（3）写消息日志模块将数据库的写操作状态写入数据库 A 中。

（4）写消息日志模块将写操作日志发送给消息服务器。

（5）读消息日志模块接收操作日志。

（6）读消息数据调用写业务 B 的模块。

（7）写业务 B 更新数据到数据库 B。

（8）写业务数据 B 的模块发送异步消息更新数据库 A 中的写消息日志状态，说明自己已经完成了异步数据更新操作。

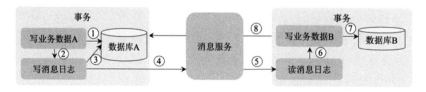

图 7-11

最大努力通知型事务也是通过消息中间件实现的,与前面异步确保型操作不同的是:在消息由 MQ 服务器发送到消费者之后,允许在达到最大重试次数之后正常结束事务,因此无法保障数据的最终一致性。如图 7-12 所示,写业务数据 A 在更新数据库后调用写消息日志将数据操作以异步消息的形式发送给读消息日志模块;读消息日志模块在接收到数据操作后调用写业务 B 写数据库。和异步确保型不同的是,数据库 B 在写完之后将不再通知写状态到数据库 A,如果因为网络或其他原因,在如图 7-12 所示的第 4 步没有接收到消息,则消息服务器将不断重试发送消息到读消息日志,如果经过 N 次重试后读消息日志还是没有接收到日志,则消息不再发送,这时会出现数据库 A 和数据库 B 数据不一致的情况。最大努力型通知事务通过消息服务使分布式事务异步解耦,并且模块简单、高效,但是牺牲了数据的一致性,在金融等对事务要求高的业务中不建议使用,但在日志记录类等对数据一致性要求不是很高的应用上执行效率很高。

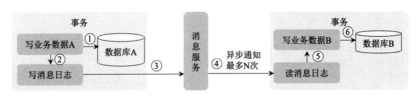

图 7-12

第 8 章
分布式缓存的原理及应用

缓存指将需要频繁访问的数据存放在内存中以加快用户访问速度的一种技术。缓存分进程级缓存和分布式缓存，进程级缓存指将数据缓存在服务内部，通过 Map、List 等结构实现存储；分布式缓存指将缓存数据单独存放在分布式系统中，以便于缓存的统一管理和存取。常用的分布式缓存系统有 Ehcache、Redis 和 Memcached。

8.1 分布式缓存介绍

当我们需要频繁访问一些基本数据，比如用户信息、系统字典信息等热数据时，为了加快系统的访问速度，往往会选择把数据缓存在内存中，这样用户再次访问数据时直接从内存中获取数据即可，不用频繁查询数据库，这不但缩短了系统的访问时间，还有效降低了数据库的负载，具体流程如图 8-1 所示。在用户有写请求数据时先将数据写入数据库，然后写入缓存，用户再次访问该数据时会尝试直接从缓存中获取，如果在缓存中没有找到数据，则从数据库中查询并将结果返回给用户，同时将查询结果缓存起来以方便下次查询。

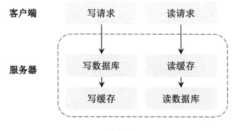

图 8-1

分布式缓存是相对于传统的进程内缓存而言的，对于传统的单点 Web 系统一般使用进程内缓存即可，而在微服务架构下往往需要一个分布式缓存来实现跨服务的缓存系统，如图 8-2 所示。用户访问的数据库是被部署在多个服务器节点的集群数据库，缓存是被部署在多个服务器节点的分布式缓存，同时缓存之间有数据备份，在一个节点出问题后，分布式缓存会将用户的请求转发到其他备份节点以保障业务的正常运行。

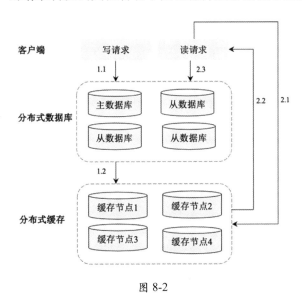

图 8-2

8.2 Ehcache 的原理及应用

Ehcache 是基于 Java 实现的一套简单、高效、线程安全的缓存管理类库。Ehcache 提供了内存、磁盘文件及分布式存储方式等多种灵活的 Cache 管理方案，特点是快速、轻量、可伸缩、操作灵活、支持持久化等。

8.2.1 Ehcache 的原理

Ehcache 是基于 Java 实现的高效缓存框架，其内部采用多线程实现，采用 LinkedHashMap 存储元素，同时支持将数据持久化到物理磁盘上。

1. Ehcache 的特点

（1）快速：Ehcache 内部采用多线程机制实现，数据存取性能高。

（2）轻量：Ehcache 的安装包大小只有 1.6MB，可以被快速、方便地继承到系统中。

（3）可伸缩：Ehcache 缓存在内存和硬盘的存储可以伸缩到数几十 GB，可轻松应对大数据场景。

（4）操作灵活：Ehcache 提供了丰富的 API 接口，可实现基于主键、条件进行数据读取等。同时，Ehcache 支持在运行时修改缓存配置（存活时间、空闲时间、内存的最大数据、磁盘的最大数量），提高了系统维护的灵活性。

（5）支持多种淘汰算法：Ehcache 支持最近最少被使用、最少被使用和先进先出缓存策略。

（6）支持持久化：Ehcache 支持将缓存数据持久化到磁盘上，在机器重启后从磁盘上重新加载缓存数据。

2. Ehcache 的架构

Ehcache 在架构上由 Cache Replication、In-Process API 和 Core 组成。其中，Cache Replication 存储缓存副本；In-Process API 封装操作缓存数据的 API，包括 Hibernate API、JMX API、Servlet Cacheing Filter API 等；Core 是 Ehcache 的核心部分，包括用于管理缓存的 CacheManger、用于存储缓存的 Store 和用于操作缓存的 Cache API 等；NetWork APIs 提供 RESTful API、SOAP API 等 Web API 接口，如图 8-3 所示。

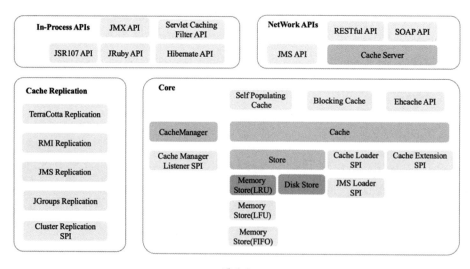

图 8-3

3. Ehcache 的存储方式

Ehcache 的存储方式包括堆存储、堆外存储和磁盘存储。

（1）堆存储：将缓存数据存储在 Java 堆内存中，其特点是存取速度快，但容量有限。

（2）堆外存储：基于 NIO 的 DirectByteBuffers 实现，将缓存数据存储在堆外内存上。其特点是比磁盘存取速度快，而且不受 GC 的影响，可以保证响应时间的稳定性，在内存分配上开销比堆内存大，而且要求必须以字节数组方式存储，因此对象必须在存储过程中进行序列化，对读取操作则进行反序列化，数据存取速度比堆内存慢一个数量级。

（3）磁盘存储：将数据存储在磁盘上，保障服务重启后内存数据能够重新从磁盘上加载，其读取效率最低，是内存数据持久化的一种方式。

4. Ehcache 的扩展模块

Ehcache 是开放的缓存系统，除自身的实现外还有其他扩展模型，这些扩展模型是相互独立的库，每个都为 Ehcache 添加新的功能，如表 8-1 所示。

表 8-1

模块名称	说 明
ehcache-core	API，标准缓存引擎，RMI 复制和 Hibernate 支持
ehcache	分布式 Ehcache，包括 Ehcache 的核心和 Terracotta 的库
ehcache-monitor	企业级监控和管理
ehcache-web	为 Java Servlet Container 提供缓存、gzip 压缩支持的 filters
ehcache-jcache	JSR107 JCACHE 的实现
ehcache-jgroupsreplication	使用 JGroup 的复制
ehcache-jmsreplication	使用 JMS 的复制
ehcache-openjpa	OpenJPA 插件
ehcache-server	在 war 内部署或者单独部署的 RESTful cache server
ehcache-unlockedreadsview	允许 Terracotta cache 的无锁读
ehcache-debugger	记录 RMI 分布式调用事件
Ehcache for Ruby	Jruby 和 Rails 支持

8.2.2 Ehcache 的应用

在 Spring Boot 中使用 Ehcache 组件比较简单，分为引入 jar 包、配置 ehcache.xml 和使用 Ehcache 缓存，具体实现如下。

（1）引入 jar 包。按照如下代码在 Spring Boot 项目中引入 ehcache-3.7.0 的 jar 包依赖：

```xml
<dependency>
    <groupId>org.ehcache</groupId>
    <artifactId>ehcache</artifactId>
    <version>3.7.0</version>
</dependency>
```

（2）设置 ehcache.xml。在项目 resource 的目录下新建 ehcache.xml 配置文件，并加入以下配置：

```xml
<?xml version="1.0" encoding="UTF-8"?>
<ehcache>
    <cache name="user" eternal="true"
                       overflowToDisk="true" maxElementsInMemory="1000"/>
</ehcache>
```

以上代码在 ehcache.xml 配置文件中声明了一个名称为 user 的缓存，其中 eternal=true 表示缓存对象永不过期，maxElementsInMemory 表示内存中该 Cache 可存储最大的数据量，overflowToDisk=true 表示在内存缓存的对象数量达到了 maxElementsInMemory 界限后，会把溢出的对象写到磁盘缓存中。注意：如果需要将缓存的对象写入磁盘中，则该对象必须实现了 Serializable 接口。

（3）使用 Ehcache 缓存：

```java
@Service
public class UserService {
    private static final Logger logger =
                        LoggerFactory.getLogger(UserService.class);
    @Autowired
    UserRepository userRepository;
    @CachePut(value = "user", key = "#user.id")
    public User save(User user) {
        User userAdd = userRepository.save(user);
        logger.info("user info add db and ehcache,key:" + userAdd.getId());
        return userAdd;
    }
```

```
    @Cacheable(value = "user", key = "#user.id")
    public User findOne(String id) {
        User userSearch = userRepository.getOne(id);
        return userSearch;
    }
}
```

以上代码定义了名为 UserService 的类，同时定义了保存用户数据的方法 save()和查找用户数据的方法 findOne()，并分别在方法上通过@Cacheable(value = "user", key = "#user.id")开启 Ehcache 缓存。

在用户调用 save()保存数据时会在 Ehcache 内存中也保存一份 User 对象，其 key 为 User 对象的 id 属性。在用户调用 findOne()查询该数据时，首先会去 Ehcache 缓存中查找数据，如果在缓存中存在该数据，则将该数据返回，如果在缓存中不存在该数据，则会去数据库中查询并返回结果。

8.3　Redis 的原理及应用

Redis 是一个开源（BSD 许可）的内存中的数据结构存储系统，可以用作数据库、缓存和消息中间件，支持多种类型的数据结构，例如 String（字符串）、Hash（散列）、List（列表）、Set（集合）、ZSet（有序集合）、Bitmap（位图）、HyperLogLog（超级日志）和 Geospatial（地理空间）。Redis 内置了复制、Lua 脚本、LRU 驱动事件、事务和不同级别的磁盘持久化，并通过 Redis 哨兵（Sentinel）模式和集群模式（Cluster）提供高可用性（High Availability）。

8.3.1　Redis 的原理

Redis 不但支持丰富的数据类型，还支持分布式事务、数据分片、数据持久化等功能，是分布式系统中不可或缺的内存数据库服务。

1. Redis 的数据类型

Redis 支持 String、Hash、List、Set、ZSet、Bitmap、HyperLogLog 和 Geospatial 这 8 种数据类型。

（1）String：String 是 Redis 基本的数据类型，一个 key 对应一个 value。String 类型的值最大能存储 512MB 数据。Redis 的 String 数据类型支持丰富的操作命令，常用的 String 操作命令如表 8-2 所示。

表 8-2

命　　令	说　　明
Setnx	只有在 key 不存在时才设置 key 的值
Getrange	返回 key 中字符串值的子字符
Mset	同时设置一个或多个 key-value 对
Setex	将值 value 关联到 key，并将 key 的过期时间设为 seconds（以秒为单位）
SET	设置指定 key 的值
Get	获取指定 key 的值
Getbit	获取 key 所对应的字符串值指定偏移量上的位（bit）
Setbit	设置或清除 key 所对应的字符串值指定偏移量上的位（bit）
Decr	将 key 中储存的数字值减 1
Decrby	将 key 所对应的值减去给定的减量值（Decrement）
Strlen	返回 key 所储存的字符串值的长度
Msetnx	同时设置一个或多个 key-value 对，在且仅在所有给定的 key 都不存在时
Incrby	将 key 所存储的值加上给定的增量值
Incrbyfloat	将 key 所存储的值加上给定的浮点增量值
Setrange	用 value 参数覆写给定 key 所储存的字符串值，从偏移量 offset 开始
Psetex	和 SETEX 相似，但它以毫秒为单位设置 key 的生存时间，而不是像 SETEX 那样，以秒为单位
Append	如果 key 已经存在并且是一个字符串，则 APPEND 将 value 追加到该字符串的末尾
Getset	将给定 key 的值设为 value，并返回 key 的旧值（old value）
Mget	获取（一个或多个）给定的 key 的值
Incr	将在 key 中储存的数字值加 1

（2）Hash：Redis Hash 是一个键值（key->value）对集合。Redis 的 Hash 列表支持的操作如表 8-3 所示。

表 8-3

命　令	说　明
Hmset	同时将多个 field-value（域-值）对设置到散列表 key 中
Hmget	获取所有给定字段的值
Hset	将散列表 key 中 field 字段的值设为 value
Hgetall	获取散列表中指定 key 的所有字段和值
Hget	获取存储在散列表中指定字段的值
Hexists	查看散列表 key 中指定的字段是否存在
Hincrby	为散列表 key 中指定字段的整数值加上增量 increment
Hlen	获取散列表中字段的数量
Hdel	删除一个或多个散列表字段
Hvals	获取散列表中的所有值
Hincrbyfloat	为散列表 key 中指定字段的浮点数值加上增量 increment
Hkeys	获取所有散列表中的字段
Hsetnx	只有在字段 field 不存在时，才设置散列表字段的值

（3）List：Redis List 是简单的字符串列表，按照插入顺序排序。我们可以添加一个元素到列表的头部（左边）或者尾部（右边）。列表最多可存储 $2^{31}-1$（4 294 967 295≈4亿多）个元素。List 列表常用的操作如表 8-4 所示。

表 8-4

命　令	说　明
Lindex	通过索引获取列表中的元素
Rpush	在列表中添加一个或多个值
Lrange	获取列表指定范围内的元素
Rpoplpush	移除列表的最后一个元素，将该元素添加到另一个列表中并返回
Blpop	移除并获取列表的第 1 个元素，如果列表没有元素，则会阻塞列表直到等待超时或发现可移除的元素
Brpop	移除并获取列表的最后一个元素，如果列表没有元素，则会阻塞列表直到等待超时或发现可移除的元素
Brpoplpush	从列表中弹出一个值，将弹出的元素插入另一个列表中并返回它；如果列表没有元素，则会阻塞列表直到等待超时或发现可移除的元素

续表

命令	说 明
Lrem	移除列表元素
Llen	获取列表长度
Ltrim	对一个列表进行修剪（trim），让列表只保留指定区间内的元素，不在指定区间之内的元素都将被删除
Lpop	移出并获取列表的第 1 个元素
Lpushx	将一个或多个值插入已存在的列表头部
Linsert	在列表的元素前或者后插入元素
Rpop	移除并获取列表的最后一个元素
Lset	通过索引设置列表元素的值
Lpush	将一个或多个值插入列表头部
Rpushx	为已存在的列表添加值

（4）Set：Set 是 String 类型的无序集合。集合是通过散列表实现的，所以添加、删除、查找的复杂度都是 O(1)。Set 支持的操作如表 8-5 所示。

表 8-5

命令	说 明
Sunion	返回所有给定集合的并集
Scard	获取集合的成员数
Srandmember	返回集合中的一个或多个随机数
Smembers	返回集合中的所有成员
Sinter	返回给定所有集合的交集
Srem	移除集合中的一个或多个成员
Smove	将 member 元素从 source 集合移动到 destination 集合
Sadd	向集合中添加一个或多个成员
Sismember	判断 member 元素是否是集合 key 的成员
Sdiffstore	返回给定集合的差集并将其存储在 destination 中
Sdiff	返回给定集合的差集
Sscan	迭代集合中的元素
Sinterstore	返回给定集合的交集并将其存储在 destination 中

续表

命 令	说 明
Sunionstore	将所有给定集合的并集都存储在 destination 集合中
Spop	移除并返回集合中的一个随机元素

（5）ZSet：Redis ZSet 和 Set 一样也是 String 类型元素的集合，且不允许有重复的成员，不同的是，每个元素都会关联一个 double 类型的分数。Redis 正是通过分数来为集合中的成员进行从小到大的排序的。Redis ZSet 支持的操作如表 8-6 所示。

表 8-6

命 令	说 明
Zrevrank	返回有序集合中指定成员的排名，有序集合中的成员按分数值递减（从大到小）排序
Zlexcount	在有序集合中计算指定字典区间内的成员数量
Zunionstore	计算给定的一个或多个有序集的并集，并将其存储在新的 key 中
Zremrangebyrank	移除有序集合中给定的排名区间的所有成员
Zcard	获取有序集合的成员数
Zrem	移除有序集合中的一个或多个成员
Zinterstore	计算给定的一个或多个有序集合的交集并将结果集存储在新的有序集合 key 中
Zrank	返回有序集合中指定成员的索引
Zincrby	在有序集合中对指定成员的分数加上增量 increment
Zrangebyscore	通过分数返回有序集合指定区间内的成员
Zrangebylex	通过字典区间返回有序集合的成员
Zscore	返回有序集合中成员的分数值
Zremrangebyscore	移除有序集合中给定分数区间内的所有成员
Zscan	迭代有序集合中的元素（包括元素成员和元素分值）
Zrevrangebyscore	返回有序集合中指定分数区间内的成员，分数从高到低排序
Zremrangebylex	移除有序集合中给定字典区间内的所有成员
Zrevrange	返回有序集合中指定区间内的成员，通过索引按分数从高到低排序
Zrange	通过索引区间返回有序集合成指定区间内的成员
Zcount	计算有序集合中指定分数区间内的成员数量
Zadd	向有序集合添加一个或多个成员，或者更新已存在成员的分数

（6）Bitmap：通过操作二进制位记录数据。Redis Bitmap 支持的操作如表 8-7 所示。

表 8-7

命　　令	说　　明
setbit	设置 Bitmap 值
getbit	获取 Bitmap 值
bitcount	获取指定范围内值为 1 的个数
destkey	对 Bitmap 进行操作，可以是 and（交集）、or（并集）、not（非集）或 xor（异或）

（7）HyperLogLog：被用于估计一个 Set 中元素数量的概率性的数据结构。Redis HyperLogLog 支持的操作如表 8-8 所示。

表 8-8

命　　令	说　　明
PFADD	添加指定的元素到 HyperLogLog 中
PFCOUNT	返回给定 HyperLogLog 的基数估算值
PFMERGE	将多个 HyperLogLog 合并为一个 HyperLogLog

（8）Geospatial：用于地理空间关系计算，支持的操作如表 8-9 所示。

表 8-9

命　　令	说　　明
GEOHASH	返回一个或多个位置元素的 Geohash 表示
GEOPOS	从 key 里返回所有给定位置的元素的位置（经度和纬度）
GEODIST	返回两个给定位置之间的距离
GEORADIUS	以给定的经纬度为中心，找出某一半径内的元素
GEOADD	将指定的地理空间位置（纬度、经度、名称）添加到指定的 key 中
GEORADIUSBYMEMBER	找出位于指定范围内的元素，中心点由给定的位置元素决定

2. Redis 管道

Redis 是基于请求/响应协议的 TCP 服务。在客户端向服务器发送一个查询请求后，需要监听 Socket 的返回，该监听过程一直阻塞，直到服务器有结果返回。由于 Redis 集群是部署在多个服务器上的，所以 Redis 的请求/响应模型在每次请求时都要跨网络在不同的服务器之间传输数据，这样每次查询都存在一定的网络延迟（服务器之间的网络延迟一般在 20ms 左右）。由于服务器一般采用多线程处理业务，并且内存操作效率很高，所以如果一次请求延迟 20ms，则多次请求的网络延迟会不断累加。也就是说，在分布式环境下，Redis 的性能瓶颈主要体现在网络延迟上。Redis 请求/响应模型的数据请求、响应流程如图 8-4 所示。

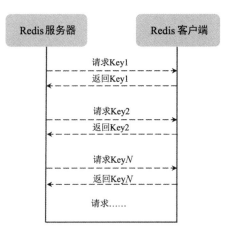

图 8-4

Redis 的管道技术指在服务端未响应时，客户端可以继续向服务端发送请求，并最终一次性读取所有服务端的响应。管道技术能减少客户端和服务器交互的次数，将客户端的请求批量发送给服务器，服务器针对批量数据分别查询并统一回复，能显著提高 Redis 的性能。Redis 管道模型的数据请求流程如图 8-5 所示。

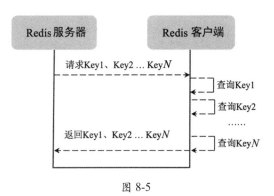

图 8-5

Redis 管道技术基于 Spring Boot 的使用如下：

```
//4: Redis Pipeline 执行批量操作，将操作结果返回在 list 中
  List<Object> list = redisTemplate.executePipelined(
    new RedisCallback<Object>() {
      @Nullable
      @Override
      public Object doInRedis(RedisConnection connection)
                          throws DataAccessException {
        connection.openPipeline();//1: 打开 Pipeline
        for (int i = 0; i < 10000; i++) {//2:执行批量操作
          String key = "key_" + i;
          String value = "value_" + i;
          connection.set(key.getBytes(),value.getBytes());
        }
        return null;//3: 结果返回：这里返回 null,
                    //4: redisTemplate 会将最终结果汇总在外层的 list 中
      }
    });
//5: 查看管道批量操作返回的结果
for (Object item: list) {
  System.out.println(item);
}
```

以上代码使用 redisTemplate.executePipelined()在 Spring Boot 中实现了基于 Redis 的管道操作。具体的步骤为：新建 RedisCallback 对象并覆写 doInRedis()；在 doInRedis()中通过 connection.openPipeline()开启 Pipeline 操作；在 for 循环中批量进行 Redis 数据写操作；最终将批量操作结果返回。

3. Redis 的事务

Redis 支持分布式环境下的事务操作，其事务可以一次执行多个命令，事务中的所有命令都会序列化地顺序执行。事务在执行过程中，不会被其他客户端发送来的命令请求打断。服务器在执行完事务中的所有命令之后，才会继续处理其他客户端的其他命令。Redis 的事务操作分为开启事务、命令入队列、执行事务三个阶段。Redis 的事务执行流程如下，如图 8-6 所示。

（1）事务开启：客户端执行 Multi 命令开启事务。

（2）提交请求：客户端提交命令到事务。

（3）任务入队列：Redis 将客户端请求放入事务队列中等待执行。

（4）入队状态反馈：服务器返回 QURUD，表示命令已被放入事务队列。

（5）执行命令：客户端通过 Exec 执行事务。

（6）事务执行错误：在 Redis 事务中如果某条命令执行错误，则其他命令会继续执行，不会回滚。可以通过 Watch 监控事务执行的状态并处理命令执行错误的异常情况。

（7）执行结果反馈：服务器向客户端返回事务执行的结果。

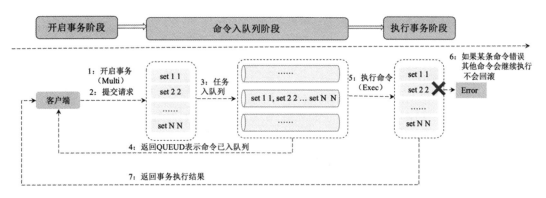

图 8-6

Redis 事务的相关命令有 Multi、Exec、Discard、Watch 和 Unwatch，如表 8-10 所示。

表 8-10

命 令	说 明
Multi	标记一个事务块的开始
Exec	执行所有事务块内的命令
Discard	取消事务，放弃执行事务块内的所有命令
Watch	监视一个（或多个）key，如果在事务执行之前这个（或这些）key 被其他命令改动，那么事务将被打断
Unwatch	取消 Watch 命令对所有 key 的监视

Redis 事务基于 Spring Boot 的使用如下：

```
public void transactionSet(Map<String,Object> commandList){
    //1：开启事务权限
    redisTemplate.setEnableTransactionSupport(true);
    try {
        //2：开启事务
```

```
        redisTemplate.multi();
    //3：执行事务命令
    for(Map.Entry<String, Object> entry : commandList.entrySet()){
        String mapKey = entry.getKey();
        Object mapValue = entry.getValue();
        redisTemplate.opsForValue().set(mapKey, mapValue);
    }
    //4：成功就提交
    redisTemplate.exec();
} catch (Exception e) {
    //5：失败就回滚
    redisTemplate.discard();
    }
}
```

以上代码定义了名为 transactionSet() 的 Redis 事务操作方法，该方法接收事务命令 commandList 并以事务命令列表在一个事务中执行。具体步骤为：开启事务权限、开启事务、执行事务命令、提供事务和回滚事务。

4. Redis 发布、订阅

Redis 发布、订阅是一种消息通信模式：发送者（Pub）向频道（Channel）发送消息，订阅者（Sub）接收频道上的消息。Redis 客户端可以订阅任意数量的频道，发送者也可以向任意频道发送数据。图 8-7 展示了 1 个发送者（pub1）、1 个频道（channe0）和 3 个订阅者（sub1、sub2、sub3）的关系。由于 3 个订阅者 sub1、sub2、sub3 都订阅了频道 channel0，在发送者 pub1 向频道 channel0 发送一条消息后，这条消息就会被发送给订阅它的三个客户端。

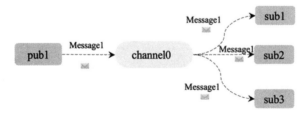

图 8-7

Redis 常用的消息订阅与发布命令如表 8-11 所示。

表 8-11

命　　令	说　　明
PSUBSCRIBE	订阅一个或多个符合给定模式的频道
PUBSUB	查看订阅与发布系统的状态
PUBLISH	将信息发送到指定的频道
SUBSCRIBE	订阅给定的一个或多个频道的信息
UNSUBSCRIBE	指退订给定的频道

5. Redis 集群数据复制的原理

Redis 提供了复制功能，可以实现在主数据库（Master）中的数据更新后，自动将更新的数据同步到从数据库（Slave）。一个主数据库可以拥有多个从数据库，而一个从数据库只能拥有一个主数据库。

Redis 的主从数据复制原理如下，如图 8-8 所示。

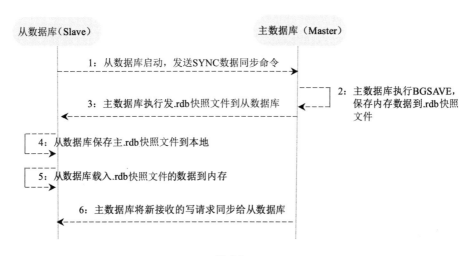

图 8-8

（1）一个从数据库在启动后，会向主数据库发送 SYNC 命令。

（2）主数据库在接收到 SYNC 命令后会开始在后台保存快照（即 RDB 持久化的过程），并将保存快照期间接收到的命令缓存起来。在该持久化过程中会生成一个 .rdb 快照文件。

（3）在主数据库快照执行完成后，Redis 会将快照文件和所有缓存的命令以.rdb 快照文件的形式发送给从数据库。

（4）从数据库收到主数据库的.rdb 快照文件后，载入该快照文件到本地。

（5）从数据库执行载入后的.rdb 快照文件，将数据写入内存中。以上过程被称为复制初始化。

（6）在复制初始化结束后，主数据库在每次收到写命令时都会将命令同步给从数据库，从而保证主从数据库的数据一致。

在 Redis 中开启复制功能时需要在从数据库配置文件中加入如下配置，对主数据库无须进行任何配置：

```
#slaveof master_address master_port
slaveof 127.0.0.1 9000
#如果master有密码，则需要设置masterauth
masterauth=123
```

在上述配置中，slaveof 后面的配置分别为主数据库的 IP 地址和端口，在主数据库开启了密码认证后需要将 masterauth 设置为主数据库的密码，在配置完成后重启 Redis，主数据库上的数据就会同步到从数据库上。

6. Redis 的持久化

Redis 支持 RDB 和 AOF 两种持久化方式。

（1）RDB（Redis DataBase）：RDB 在指定的时间间隔内对数据进行快照存储。RDB 的特点在于：文件格式紧凑，方便进行数据传输和数据恢复；在保存.rdb 快照文件时父进程会 fork 出一个子进程，由子进程完成具体的持久化工作，所以可以最大化 Redis 的性能；同时，与 AOF 相比，在恢复大的数据集时会更快一些。

（2）AOF（Append Of Flie）：AOF 记录对服务器的每次写操作，在 Redis 重启时会重放这些命令来恢复原数据。AOF 命令以 Redis 协议追加和保存每次写操作到文件末尾，Redis 还能对 AOF 文件进行后台重写，使得 AOF 文件的体积不至于过大。AOF 的特点有：可以使用不同的 fsync 策略（无 fsync、每秒 fsync、每次写的时候 fsync），只有某些操作追加命令到文件中，操作效率高；同时，AOF 文件是日志的格式，更容易被操作。

7. Redis 的集群模式及工作原理

Redis 有三种集群模式：主从模式、哨兵模式和集群模式。

（1）主从模式：所有的写请求都被发送到主数据库上，再由主数据库将数据同步到从数据库上。主数据库主要用于执行写操作和数据同步，从数据库主要用于执行读操作缓解系统的读压力。Redis 的主从模式如图 8-9 所示。

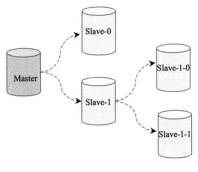

图 8-9

Redis 的一个主库可以拥有多个从库，从库还可以作为其他数据库的主库。如图 8-7 所示，Master 的从库有 Slave-0 和 Slave-1，同时 Slave-1 作为 Slave-1-0 和 Slave-1-1 的主库。

（2）哨兵模式：在主从模式上添加了一个哨兵的角色来监控集群的运行状态。哨兵通过发送命令让 Redis 服务器返回其运行状态。哨兵是一个独立运行的进程，在监测到 Master 宕机时会自动将 Slave 切换成 Master，然后通过发布与订阅模式通知其他从服务器修改配置文件，完成主备热切。Redis 的哨兵模式如图 8-10 所示。

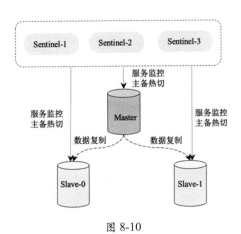

图 8-10

（3）集群模式：Redis 集群实现了在多个 Redis 节点之间进行数据分片和数据复制。基于 Redis 集群的数据自动分片能力，我们能够方便地对 Redis 集群进行横向扩展，以提高 Redis 集群的吞吐量。基于 Redis 集群的数据复制能力，在集群中的一部分节点失效或者无法进行通信时，Redis 仍然可以基于副本数据对外提供服务，这提高了集群的可用性。Redis 的集群模式如图 8-11 所示。

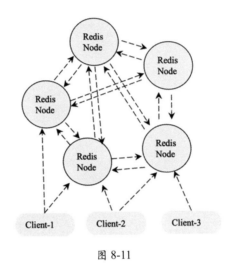

图 8-11

Redis 集群遵循如下原则。

- 所有 Redis 节点彼此都通过 PING-PONG 机制互联，内部使用二进制协议优化传输速度和带宽。
- 在集群中超过半数的节点检测到某个节点 Fail 后将该节点设置为 Fail 状态。
- 客户端与 Redis 节点直连，客户端连接集群中任何一个可用节点即可对集群进行操作。
- Redis-Cluster 把所有的物理节点都映射到 0~16383 的 slot（槽）上，Cluster 负责维护每个节点上数据槽的分配。Redis 的具体数据分配策略为：在 Redis 集群中内置了 16384 个散列槽；在需要在 Redis 集群中放置一个 Key-Value 时，Redis 会先对 Key 使用 CRC16 算法算出一个结果，然后把结果对 16384 求余数，这样每个 Key 都会对应一个编号为 0~16383 的散列槽；Redis 会根据节点的数量大致均等地将散列槽映射到不同的节点。

8.3.2 Redis 的应用

1. 安装 Redis

Redis 的安装分 Redis 单机版安装、Redis 主从模式安装、Redis 哨兵模式安装和 Redis 集群模式安装。下面介绍 Redis 集群模式的安装,该模式也是最复杂的一种模式。其他 Redis 模式的安装请读者参考官网教程。

(1) 下载 Redis 软件。执行以下命令从官网下载稳定版本的 Redis 并解压:

```
wget http://download.redis.io/releases/redis-stable.tar.gz
tar -zxvf redis-stable.tar.gz
```

(2) 编译和安装。执行以下命令进入 Redis 的安装目录编译和安装 Redis:

```
cd redis-stable
make && make install
```

(3) 创建 Redis 节点。执行以下命令在 Redis 根目录下创建节点目录:

```
mkdir cluster-cluster
cd cluster-cluster
mkdir 7000 7001 7002 7003 7004 7005
```

以上命令分别建立了 7000、7001、7002、7003、7004、7005 共 6 个目录,用于存放 6 个节点的配置文件信息。将 redis.conf 文件分别复制到 7000、7001、7002、7003、7004、7005 目录下,并修改端口号和 cluster-config-file。

(4) 配置 Redis 集群。分别修改 7000、7001、7002、7003、7004、7005 目录下的 redis.conf 配置文件:

```
#Redis端口号: 7000 7001 7002 7003 7004 7005
port 7000
#开启Redis集群模式
cluster-enabled yes
# 集群的配置文件地址: nodes_7000.conf nodes_7001.conf
#nodes_7002.conf nodes_7003.conf nodes_7004.conf nodes_7005.conf
cluster-config-file nodes_7000.conf
cluster-node-timeout 5000
appendonly yes
```

在以上配置中，port 用于指定 Redis 服务端口，cluster-enabled 用于设置 Redis 为集群模式，cluster-config-file 用于设置集群配置文件。

（5）启动节点。执行以下命令分别启动 6 个节点：

```
redis-server redis_cluster/7000/redis.conf
redis-server redis_cluster/7001/redis.conf
redis-server redis_cluster/7002/redis.conf
redis-server redis_cluster/7003/redis.conf
redis-server redis_cluster/7004/redis.conf
redis-server redis_cluster/7005/redis.conf
```

（6）创建集群。执行以下命令创建集群：

```
redis-cli --cluster create 127.0.0.1:7000 127.0.0.1:7001 127.0.0.1:7002 127.0.0.1:7003 127.0.0.1:7004 127.0.0.1:7005 --cluster-replicas 1
```

在以上命令中，cluster 表示该命令是集群相关的命令；create 表示创建一个集群，create 后面的参数为参与集群创建的节点；cluster-replicas 表示集群中的副本数。在创建集群的过程中命令行会列出集群的配置让我们确认，确认时输入 yes 即可。

这样便在一个服务器上安装了一个 Reds 集群，在该集群中共有 6 个节点，节点的 IP 地址为 127.0.0.1，节点的端口号分别为 7000、7001、7002、7003、7004 和 7005。

2. 应用 Redis SpringBoot

在 Spring Boot 中使用 Redis 的步骤为：引入 jar 包、配置 application.properties，以及配置和使用 RedisTemplate，如下所述。

（1）引入 jar 包。按照如下代码在 Spring Boot 项目中加入 Redis 的 jar 包依赖：

```
<dependency>
    <groupId>org.springframework.boot</groupId>
    <artifactId>spring-boot-starter-data-redis</artifactId>
</dependency>
```

（2）配置 application.properties：在 resource 目录的 application.properties 加入以下 Redis 配置：

```
#启动 Redis 命令：redis-server
# Redis 的数据库索引（默认为 0）
spring.redis.database=0
```

```
# Redis 的服务器地址
#spring.redis.host=127.0.0.1
# Redis 的服务器连接端口
#spring.redis.port=7000
# Redis 的服务器连接密码（默认为空）
spring.redis.password=
# 连接池的最大连接数（使用负值表示没有限制）
spring.redis.jedis.pool.max-active=2000
# 连接池的最大阻塞等待时间（使用负值表示没有限制）
spring.redis.jedis.pool.max-wait=-1
# 连接池的最大空闲连接
spring.redis.jedis.pool.max-idle=100
# 连接池的最小空闲连接
spring.redis.jedis.pool.min-idle=50
# 连接超时时间（毫秒）
spring.redis.timeout=1000
#哨兵模式配置
#spring.redis.sentinel.master=mymaster
#spring.redis.sentinel.nodes=127.0.0.1:9000
#集群模式配置
spring.redis.cluster.nodes=127.0.0.1:7000,127.0.0.1:7001,127.0.0.1:7002,127.
0.0.1:7003,127.0.0.1:7004,127.0.0.1:7005
```

在以上配置中，spring.redis.cluster.nodes 为 Redis 集群节点的服务地址，在多个服务地址之间使用逗号隔开；spring.redis.password 为 Redis 服务密码，如果没有密码，则将其设置为空即可。

需要注意的是，以上是集群模式下的 Redis 配置，如果 Redis 是主从模式，则将 spring.redis.cluster.nodes 地址修改为主从节点的服务地址即可；如果是哨兵模式，则注释掉 spring.redis.cluster.nodes 配置，在 spring.redis.sentinel.master 和 spring.redis.sentinel.nodes 中分别配置哨兵的名称和哨兵的节点即可；如果是单机模式，则注释掉 spring.redis.sentinel.nodes 的配置，通过 spring.redis.host 配置 Redis 服务的地址，并通过 spring.redis.port 配置 Redis 服务的端口即可。

（3）配置 RedisTemplate。Spring Boot 默认配置了 RedisTemplate，在应用时注入、使用即可，也可以创建自定义的 RedisTemplate。具体代码如下：

```
@Configuration
@AutoConfigureAfter(RedisAutoConfiguration.class)
public class RedisConfig {
```

```
    @Bean
    public RedisTemplate<String, Serializable>
      redisCacheTemplate(LettuceConnectionFactory redisConnectionFactory) {
        RedisTemplate<String, Serializable> template = new RedisTemplate<>();
        template.setKeySerializer(new StringRedisSerializer());
        template.setValueSerializer(new GenericJackson2JsonRedisSerializer());
        template.setConnectionFactory(redisConnectionFactory);
        return template;
    }
}
```

以上代码定义了 RedisConfig 类，并通过@Configuration 开启配置文件注解，通过@AutoConfigureAfter 配置自动注解类。在 RedisConfig 类中定义了 RedisTemplate 用于对 Redis 数据库进行操作。

（4）使用 RedisTemplate。新建测试类，并在测试类中加入以下测试代码：

```
    @Autowired
    private RedisTemplate redisTemplate;
    @Test
    public void contextLoads() {
        //1:Redis key-value 插入
        redisTemplate.opsForValue().set("key","value");
         //2:Redis 根据 key 查询
        Object result = redisTemplate.opsForValue().get("key");
        //3:Redis 根据 key 删除
        redisTemplate.delete("key");
    }
```

RedisTemplate 基于 Jedis 对 Redis 数据库的操作进行了二次封装，使得操作 Redis 数据库更加方便。以上代码在测试类中依赖注入了 RedisTemplate，并通过 redisTemplate.opsForValue()实现了对 Redis 数据的插入、查询和删除操作。

8.4 分布式缓存设计的核心问题

分布式缓存设计的核心问题是以哪种方式进行缓存预热和缓存更新，以及如何优雅解决缓存雪崩、缓存穿透、缓存降级等问题。这些问题在不同的应用场景下有不同的解决方案，下面介绍常用的解决方案。

8.4.1 缓存预热

缓存预热指在用户请求数据前先将数据加载到缓存系统中,用户查询事先被预热的缓存数据,以提高系统查询效率。缓存预热一般有系统启动加载、定时加载等方式。

8.4.2 缓存更新

缓存更新指在数据发生变化后及时将变化后的数据更新到缓存中。常见的缓存更新策略有以下 4 种。

- ◎ 定时更新:定时将底层数据库内的数据更新到缓存中,该方法比较简单,适合需要缓存的数据量不是很大的应用场景。
- ◎ 过期更新:定时将缓存中过期的数据更新为最新数据并更新缓存的过期时间。
- ◎ 写请求更新:在用户有写请求时先写数据库同时更新缓存,这适用于用户对缓存数据和数据库的数据有实时强一致性要求的情况。
- ◎ 读请求更新:在用户有读请求时,先判断该请求数据的缓存是否存在或过期,如果不存在或已过期,则进行底层数据库查询并将查询结果更新到缓存中,同时将查询结果返回给用户。

8.4.3 缓存淘汰策略

在缓存数据过多时需要使用某种淘汰算法决定淘汰哪些数据。常用的淘汰算法有以下几种。

- ◎ FIFO(First In First Out,先进先出):判断被存储的时间,离目前最远的数据优先被淘汰。
- ◎ LRU(Least Recently Used,最近最少使用):判断缓存最近被使用的时间,距离当前时间最远的数据优先被淘汰。
- ◎ LFU(Least Frequently Used,最不经常使用):在一段时间内,被使用次数最少的缓存优先被淘汰。

8.4.4 缓存雪崩

缓存雪崩指在同一时刻由于大量缓存失效,导致大量原本应该访问缓存的请求都去查询数据库,而对数据库的 CPU 和内存造成巨大压力,严重的话会导致数据库宕机,从而形成一系列连锁反应,使整个系统崩溃。一般有以下 3 种处理方法。

- 请求加锁:对于并发量不是很多的应用,使用请求加锁排队的方案防止过多请求数据库。
- 失效更新:为每一个缓存数据都增加过期标记来记录缓存数据是否失效,如果缓存标记失效,则更新数据缓存。
- 设置不同的失效时间:为不同的数据设置不同的缓存失效时间,防止在同一时刻有大量的数据失效。

8.4.5 缓存穿透

缓存穿透指由于缓存系统故障或者用户频繁查询系统中不存在(在系统中不存在,在自然数据库和缓存中都不存在)的数据,而这时请求穿过缓存不断被发送到数据库,导致数据库过载,进而引发一连串并发问题。

比如用户发起一个 userName 为 zhangsan 的请求,而在系统中并没有名为 zhangsan 的用户,这样就导致每次查询时在缓存中都找不到该数据,然后去数据库中再查询一遍。由于 zhangsan 用户本身在系统中不存在,自然返回空,导致请求穿过缓存频繁查询数据库,在用户频繁发送该请求时将导致数据库系统负载增大,从而可能引发其他问题。常用的解决缓存穿透问题的方法有布隆过滤器和 cache null 策略。

- 布隆过滤器:指将所有可能存在的数据都映射到一个足够大的 Bitmap 中,在用户发起请求时首先经过布隆过滤器的拦截,一个一定不存在的数据会被这个布隆过滤器拦截,从而避免对底层存储系统带来查询上的压力。
- cache null 策略:指如果一个查询返回的结果为 null(可能是数据不存在,也可能是系统故障),我们仍然缓存这个 null 结果,但它的过期时间会很短,通常不超过 5 分钟;在用户再次请求该数据时直接返回 null,而不会继续访问数据库,从而有效保障数据库的安全。其实 cache null 策略的核心原理是:在缓存中记录一个短暂的(数据过期时间内)数据在系统中是否存在的状态,如果不存在,则直接返回 null,不再查询数据库,从而避免缓存穿透到数据库上。

8.4.6 缓存降级

缓存降级指由于访问量剧增导致服务出现问题（如响应时间慢或不响应）时，优先保障核心业务的运行，减少或关闭非核心业务对资源的使用。常见的服务降级策略如下。

- ◎ 写降级：在写请求增大时，可以只进行 Cache 的更新，然后将数据异步更新到数据库中，保证最终一致性即可，即将写请求从数据库降级为 Cache。
- ◎ 读降级：在数据库服务负载过高或数据库系统故障时，可以只对 Cache 进行读取并将结果返回给用户，在数据库服务正常后再去查询数据库，即将读请求从数据库降级为 Cache。这种方式适用于对数据实时性要求不高的场景，保障了在系统发生故障的情况下用户依然能够访问到数据，只是访问到的数据相对有延迟。

第 9 章 设计模式

设计模式（Design Pattern）是经过高度抽象化的在编程中可以被反复使用的代码设计经验的总结。

正确使用设计模式能有效提高代码的可读性、可重用性和可靠性，编写符合设计模式规范的代码不但有利于自身系统的稳定、可靠，还有利于外部系统的对接。在使用了良好的设计模式的系统工程中，无论是对满足当前的需求，还是对适应未来的需求，无论是对自身系统间模块的对接，还是对外部系统的对接，都有很大的帮助。

9.1 设计模式简介

设计模式是人们经过长期编程经验总结出来的一种编程思想。随着软件工程的不断演进，针对不同的需求，新的设计模式不断被提出（比如大数据领域中这些年不断被大家认可的数据分片思想），但设计模式的原则不会变。基于设计模式的原则，我们可以使用已有的设计模式，也可以根据产品或项目的开发需求在现有的设计模式基础上组合、改造或重新设计自身的设计模式。

设计模式有 7 个原则：单一职责原则、开闭原则、里氏代换原则、依赖倒转原则、接口隔离原则、合成/聚合复用原则、迪米特法则，接下来对这些原则一一进行讲解。

1. 单一职责原则

单一职责原则又称单一功能原则，它规定一个类只有一个职责。如果有多个职责（功能）被设计在一个类中，这个类就违反了单一职责原则。

2. 开闭原则

开闭原则规定软件中的对象（类、模块、函数等）对扩展开放，对修改封闭，这意味着一个实体允许在不改变其源代码的前提下改变其行为，该特性在产品化的环境下是特别有价值的，在这种环境下，改变源代码需要经过代码审查、单元测试等过程，以确保产品的使用质量。遵循这个原则的代码在扩展时并不发生改变，因此不需要经历上述过程。

3. 里氏代换原则

里氏代换原则是对开闭原则的补充，规定了在任意父类可以出现的地方，子类都一定可以出现。实现开闭原则的关键就是抽象化，父类与子类的继承关系就是抽象化的具体表现，所以里氏代换原则是对实现抽象化的具体步骤的规范。

4. 依赖倒转原则

依赖倒转原则指程序要依赖于抽象（Java 中的抽象类和接口），而不依赖于具体的实现（Java 中的实现类）。简单地说，就是要求对抽象进行编程，不要求对实现进行编程，这就降低了用户与实现模块之间的耦合度。

5. 接口隔离原则

接口隔离原则指通过将不同的功能定义在不同的接口中来实现接口的隔离，这样就避免了其他类在依赖该接口（接口上定义的功能）时依赖其不需要的接口，可减少接口之间依赖的冗余性和复杂性。

6. 合成/聚合复用原则

合成/聚合复用原则指通过在一个新的对象中引入（注入）已有的对象以达到类的功能复用和扩展的目的。它的设计原则是要尽量使用合成或聚合而不要使用继承来扩展类的功能。

7. 迪米特法则

迪米特法则指一个对象尽可能少地与其他对象发生相互作用，即一个对象对其他对象应该有尽可能少的了解或依赖。其核心思想在于降低模块之间的耦合度，提高模块的内聚性。迪米特法则规定每个模块对其他模块都要有尽可能少的了解和依赖，因此很容易使系统模块之间功能独立，这使得各个模块的独立运行变得更简单，同时使得各个模块之间的组合变得更容易。

设计模式按照其功能和使用场景可以分为三大类：创建型模式（Creational Pattern）、结构型模式（Structural Pattern）和行为型模式（Behavioral Pattern），如表 9-1 所示。

表 9-1

序号	设计模式	说　　明	包含的设计模式
1	创建型模式	提供了多种优雅创建对象的方法	工厂模式（Factory Pattern）
			抽象工厂模式（Abstract Factory Pattern）
			单例模式（Singleton Pattern）
			建造者模式（Builder Pattern）
			原型模式（Prototype Pattern）
2	结构型模式	通过类和接口之间的继承和引用实现创建复杂结构对象的功能	适配器模式（Adapter Pattern）
			桥接模式（Bridge Pattern）
			过滤器模式（Filter、Criteria Pattern）
			组合模式（Composite Pattern）
			装饰器模式（Decorator Pattern）
			外观模式（Facade Pattern）
			享元模式（Flyweight Pattern）
			代理模式（Proxy Pattern）
3	行为型模式	通过类之间不同的通信方式实现不同的行为方式	责任链模式（Chain of Responsibility Pattern）
			命令模式（Command Pattern）
			解释器模式（Interpreter Pattern）
			迭代器模式（Iterator Pattern）
			中介者模式（Mediator Pattern）
			备忘录模式（Memento Pattern）
			观察者模式（Observer Pattern）
3	行为型模式	通过类之间不同的通信方式实现不同的行为方式	状态模式（State Pattern）
			策略模式（Strategy Pattern）
			模板模式（Template Pattern）
			访问者模式（Visitor Pattern）

表 9-1 详细列举了常用的设计模型的分类，下面将详细讲解每种设计模式的特点及用法。

9.2 工厂模式的概念及 Java 实现

工厂模式（Factory Pattern）是最常见的设计模式，该模式设属于创建型模式，它提供了一种简单、快速、高效而安全地创建对象的方式。工厂模式在接口中定义了创建对象的方法，而将具体的创建对象的过程在子类中实现，用户只需通过接口创建需要的对象即可，不用关注对象的具体创建过程。同时，不同的子类可根据需求灵活实现创建对象的不同方法。

通俗地讲，工厂模式的本质就是用工厂方法代替 new 操作创建一种实例化对象的方式，以提供一种方便地创建有同种类型接口的产品的复杂对象。

如下代码通过 new 关键字实例化类 Class 的一个实例 class，但如果 Class 类在实例化时需要一些初始化参数，而这些参数需要其他类的信息，则直接通过 new 关键字实例化对象会增加代码的耦合度，不利于维护，因此需要通过工厂模式将创建实例和使用实例分开。将创建实例化对象的过程封装到工厂方法中，我们在使用时直接通过调用工厂来获取，不需要关心具体的负载实现过程：

```
Class class = new Class()
```

以创建手机为例，假设手机的品牌有华为和苹果两种类型，我们要实现的是根据不同的传入参数实例化不同的手机，则其具体的 UML 设计如图 9-1 所示。

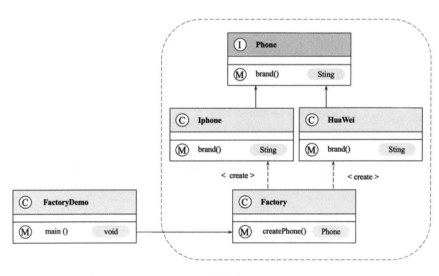

图 9-1

其具体实现如下。

（1）定义接口：

```java
public interface Phone {
    String brand();
}
```

以上代码定义了一个 Phone 接口，并在接口中定义了 brand()，用来返回手机的品牌。

（2）定义实现类：

```java
public class Iphone implements Phone {
    @Override
    public String brand() {
        return "this is a Apple phone";
    }
}
public class HuaWei implements Phone {
    @Override
    public String brand() {
        return "this is a huawei phone";
    }
}
```

以上代码定义了两个 Phone 的实现类 Iphone 和 HuaWei 来表示两个品牌的手机，两个品牌的手机通过实现 brand() 打印自己的商标。

（3）定义工厂类：

```java
public class Factory {
    public Phone createPhone(String phoneName){
        if ("HuaWei".equals(phoneName)){
            return new HuaWei();
        }else if("Apple".equals(phoneName)){
            return new Iphone();
        }else{
            return null;
        }
    };
}
```

以上代码定义了名为 Factory 的工厂类，工厂类有一个方法 createPhone()，用来根据不同的参数实例化不同品牌的手机类并返回。在 createPhone()的参数为"HuaWei"时，工厂类为我们实例化一个 HuaWei 类的实例并返回；在 createPhone()的参数为"Apple"时，工厂类为我们实例化一个 Iphone 类的实例并返回。这样便实现了工厂类根据不同的参数创建不同的实例，对调用者来说屏蔽了实例化的细节。

（4）使用工厂模式：

```
public static void main(String[] args) {
    Factory factory = new Factory();
    Phone huawei = factory.createPhone("HuaWei");
    Phone iphone = factory.createPhone("Apple");
    logger.info(huawei.brand());
    logger.info(iphone.brand());
}
```

以上代码定义了一个 Factory 的实例，并调用 createPhone()根据不同的参数创建了名为 huawei 的实例和名为 iphone 的实例，并分别调用其 brand()打印不同的品牌信息，运行结果如下：

```
[INFO] FactoryDemo - this is a huawei phone
[INFO] FactoryDemo - this is a Apple phone
```

9.3 抽象工厂模式的概念及 Java 实现

抽象工厂模式（Abstract Factory Pattern）在工厂模式上添加了一个创建不同工厂的抽象接口（抽象类或接口实现），该接口可叫作超级工厂。在使用过程中，我们首先通过抽象接口创建出不同的工厂对象，然后根据不同的工厂对象创建不同的对象。

我们可以将工厂模式理解为针对一个产品维度进行分类，比如上述工厂模式下的苹果手机和华为手机；而抽象工厂模式针对的是多个产品维度分类，比如苹果公司既制造苹果手机也制造苹果笔记本电脑，同样，华为公司既制造华为手机也制造华为笔记本电脑。

在同一个厂商有多个维度的产品时，如果使用工厂模式，则势必会存在多个独立的工厂，这样的话，设计和物理世界是不对应的。正确的做法是通过抽象工厂模式来实现，我们可以将抽象工厂类比成厂商（苹果、华为），将通过抽象工厂创建出来的工厂类比成不同产品的生产线（手机生成线、笔记本电脑生产线），在需要生产产品时根据抽象工厂生产。

工厂模式定义了工厂方法来实现不同厂商手机的制造。可是问题来了，我们知道苹果公司和华为公司不仅制造手机，还制造电脑。如果使用工厂模式，就需要实现两个工厂类，并且这两个工厂类没有多大关系，这样的设计显然不够优雅，那么如何实现呢？使用抽象工厂就能很好地解决上述问题。我们定义一个抽象工厂，在抽象工厂中定义好要生产的产品（手机或者电脑），然后在抽象工厂的实现类中根据不同类型的产品和产品规格生产不同的产品返回给用户。UML 的设计如图 9-2 所示。

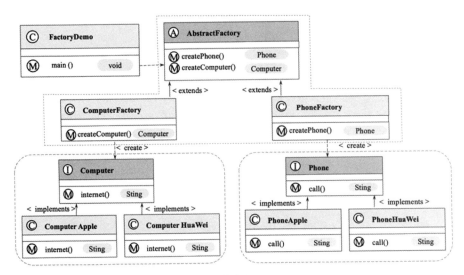

图 9-2

UML 的具体实现如下。

（1）第 1 类产品的手机接口及实现类的定义如下：

```
public interface Phone {
    String call();
}
public class PhoneApple implements Phone {
    @Override
    public String call() {
        return "call somebody by apple phone";
    }
}
public class PhoneHwaiWei implements Phone {
```

```
    @Override
    public String call() {
        return "call somebody by huaiwei phone";
    }
}
```

以上代码定义了 Phone 的接口及其实现类 PhoneApple 和 PhoneHwaiWei。在该接口中定义了一个打电话的方法 call()，实现类根据其品牌打印相关信息。

（2）第 1 类产品的手机工厂类的定义如下：

```
public class PhoneFactory extends AbstractFactory{
    @Override
    public Phone createPhone(String brand) {
        if ("HuaWei".equals(brand)){
            return new PhoneHwaiWei();
        }else if("Apple".equals(brand)){
            return new PhoneApple();
        }else{
            return  null;
        }
    }
    @Override
    public Computer createComputer(String brand){
            return  null;
    }
}
```

以上代码定义了 PhoneFactory 的手机工厂类，该类继承了 AbstractFactory 并实现了方法 createPhone()，createPhone()根据不同的参数实例化不同品牌的手机类并返回。在 createPhone()的参数为"HuaWei"时，工厂类为我们实例化一个 PhoneHwaiWei 类的实例并返回；在 createPhone()的参数为"Apple"时，工厂类为我们实例化一个 PhoneApple 类的实例并返回，这样便满足了工厂根据不同参数生产不同产品的需求。

（3）第 2 类产品的电脑接口及实现类的定义如下：

```
public interface Computer {
    String internet();
}
public class ComputerApple implements Computer {
    @Override
    public String internet() {
```

```
            return "surf the internet by apple computer";
    }
}
public class ComputerHwaiWei implements Computer {
    @Override
    public String internet() {
        return " surf the internet by huaiwei computer";
    }
}
```

以上代码定义了 Computer 的电脑接口及其实现类 ComputerApple 和 ComputerHwaiWei。在该接口中定义了一个上网的方法 internet()，实现类根据其品牌打印相关信息。

（4）第 2 类产品的电脑工厂类的定义如下：

```
public class ComputerFactory extends AbstractFactory{
    @Override
    public Phone createPhone(String brand) {
        return null;
    }
    @Override
    public Computer createComputer(String brand){
        if ("HuaWei".equals(brand)){
            return new ComputerHwaiWei();
        }else if("Apple".equals(brand)){
            return new ComputerApple();
        }else{
            return null;
        }
    }
}
```

以上代码定义了 ComputerFactory 的电脑工厂类，该类继承了 AbstractFactory 并实现了方法 createComputer()，createComputer()根据不同的参数实例化不同品牌的电脑类并返回。在 createComputer() 的参数为"HuaWei"时，工厂类为我们实例化一个 ComputerHwaiWei 类的实例并返回；在 createComputer()的参数为"Apple"时，工厂类为我们实例化一个 ComputerApple 类的实例并返回，这样便实现了工厂根据不同参数生产不同产品的需求。

（5）抽象工厂的定义如下：

```
public abstract class AbstractFactory {
    public abstract Phone createPhone(String brand);
    public abstract Computer createComputer(String brand);
}
```

以上代码定义了抽象类 AbstractFactory，这个类便是抽象工厂的核心类，它定义了两个方法 createPhone() 和 createComputer()，用户在需要手机时调用其 createPhone() 构造一个手机（华为或者苹果品牌）即可，用户在需要电脑时调用其 createComputer() 构造一个电脑（华为或者苹果品牌）即可。

（6）使用抽象工厂：

```
AbstractFactory phoneFactory = new PhoneFactory();
Phone phoneHuawei = phoneFactory.createPhone("HuaWei");
Phone phoneApple = phoneFactory.createPhone("Apple");
logger.info(phoneHuawei.call());
logger.info(phoneApple.call());
AbstractFactory computerFactory = new ComputerFactory();
Computer computerHuawei = computerFactory.createComputer("HuaWei");
Computer computerApple = computerFactory.createComputer("Apple");
logger.info(computerApple.internet());
logger.info(computerApple.internet());
```

以上代码使用了我们定义好的抽象工厂，在需要生产产品时，首先需要定义一个抽象的工厂类 AbstractFactory，然后使用抽象的工厂类生产不同的工厂类，最终根据不同的工厂生产不同的产品。运行结果如下：

```
[INFO] AbstractFactoryDemo - call somebody by huaiwei phone
[INFO] AbstractFactoryDemo - call somebody by apple phone
[INFO] AbstractFactoryDemo - surf the internet by apple computer
[INFO] AbstractFactoryDemo - surf the internet by apple computer
```

9.4 单例模式的概念及 Java 实现

单例模式是保证系统实例唯一性的重要手段。单例模式首先通过将类的实例化方法私有化来防止程序通过其他方式创建该类的实例，然后通过提供一个全局唯一获取该类实例的方法帮助用户获取类的实例，用户只需也只能通过调用该方法获取类的实例。

单例模式的设计保证了一个类在整个系统中同一时刻只有一个实例存在，主要被用于一个全局类的对象在多个地方被使用并且对象的状态是全局变化的场景下。同时，单例模式为系统资源的优化提供了很好的思路，频繁创建和销毁对象都会增加系统的资源消耗，而单例模式保障了整个系统只有一个对象能被使用，很好地节约了资源。

单例模式的实现很简单，每次在获取对象前都先判断系统是否已经有这个单例对象，有则返回，没有则创建。需要注意的是，单例模型的类构造函数是私有的，只能由自身创建和销毁对象，不允许除了该类的其他程序使用 new 关键字创建对象及破坏单例模式。

单例模式的常见写法有懒汉模式（线程安全）、饿汉模式、静态内部类、双重校验锁，下面一一解释这些写法。

1. 懒汉模式（线程安全）

懒汉模式很简单：定义一个私有的静态对象 instance，之所以定义 instance 为静态，是因为静态属性或方法是属于类的，能够很好地保障单例对象的唯一性；然后定义一个加锁的静态方法获取该对象，如果该对象为 null，则定义一个对象实例并将其赋值给 instance，这样下次再获取该对象时便能够直接获取了。

懒汉模式在获取对象实例时做了加锁操作，因此是线程安全的，代码如下：

```
public class LazySingleton {
    private static LazySingleton instance;
    private LazySingleton(){}
    public static synchronized LazySingleton getInstance() {
        if (instance == null) {
            instance = new LazySingleton();
        }
        return instance;
    }
}
```

2. 饿汉模式

饿汉模式指在类中直接定义全局的静态对象的实例并初始化，然后提供一个方法获取该实例对象。懒汉模式和饿汉模式的最大不同在于，懒汉模式在类中定义了单例但是并未实例化，实例化的过程是在获取单例对象的方法中实现的，也就是说，在第一次调用懒汉模式时，该对象一定为空，然后去实例化对象并赋值，这样下次就能直接获取对象了；而饿汉模式是在定义单例对象的同时将其实例化的，直接使用便可。也就是说，在饿汉模式下，在 Class Loader 完成后该类的实例便已经存在于 JVM 中了，代码如下：

```
public class HungrySingleton {
    private static HungrySingleton instance = new HungrySingleton();
    private HungrySingleton(){}
    public static HungrySingleton getInstance() {
        return instance;
    }
}
```

3. 静态内部类

静态内部类通过在类中定义一个静态内部类，将对象实例的定义和初始化放在内部类中完成，我们在获取对象时要通过静态内部类调用其单例对象。之所以这样设计，是因为类的静态内部类在 JVM 中是唯一的，这很好地保障了单例对象的唯一性，代码如下：

```
public class Singleton {
    private static class SingletonHolder {
        private static final Singleton INSTANCE = new Singleton();
    }
    private Singleton() {
    }
    public static final Singleton getInstance() {
        return SingletonHolder.INSTANCE;
    }
}
```

4. 双重校验锁

双锁模式指在懒汉模式的基础上做进一步优化，给静态对象的定义加上 volatile 锁来保障初始化时对象的唯一性，在获取对象时通过 synchronized (Singleton.class)给单例类加锁来保障操作的唯一性。代码如下：

```
public class Lock2Singleton {
    private volatile static Lock2Singleton singleton;//1: 对象锁
    private Lock2Singleton(){}
    public static Lock2Singleton getSingleton() {
        if (singleton == null) {
            synchronized (Singleton.class) {//2: synchronized方法锁
                if (singleton == null) {
```

```
                singleton = new Lock2Singleton();
            }
        }
    }
    return singleton;
}
```

9.5 建造者模式的概念及 Java 实现

建造者模式（Builder Pattern）使用多个简单的对象创建一个复杂的对象，用于将一个复杂的构建与其表示分离，使得同样的构建过程可以创建不同的表示，然后通过一个 Builder 类（该 Builder 类是独立于其他对象的）创建最终的对象。

建造者模式主要用于解决软件系统中复杂对象的创建问题，比如有些复杂对象的创建需要通过各部分的子对象用一定的算法构成，在需求变化时这些复杂对象将面临很大的改变，这十分不利于系统的稳定。但是，使用建造者模式能将它们各部分的算法包装起来，在需求变化后只需调整各个算法的组合方式和顺序，能极大提高系统的稳定性。建造者模式常被用于一些基本部件不会变而其组合经常变化的应用场景下。

注意，建造者模式与工厂模式的最大区别是，建造者模式更关注产品的组合方式和装配顺序，而工厂模式关注产品的生产本身。

建造者模式在设计时有以下几种角色。

◎ Builder：创建一个复杂产品对象的抽象接口。
◎ ConcreteBuilder：Builder 接口的实现类，用于定义复杂产品各个部件的装配流程。
◎ Director：构造一个使用 Builder 接口的对象。
◎ Product：表示被构造的复杂对象。ConcreteBuilder 定义了该复杂对象的装配流程，而 Product 定义了该复杂对象的结构和内部表示。

以生产一个电脑为例，电脑的生产包括 CPU、Mcmory、Disk 等生产过程，这些生产过程对顺序不敏感，这里的 Product 角色就是电脑。我们还需要定义生产电脑的 Builder、ConcreteBuilder 和 Director。UML 的设计如图 9-3 所示。

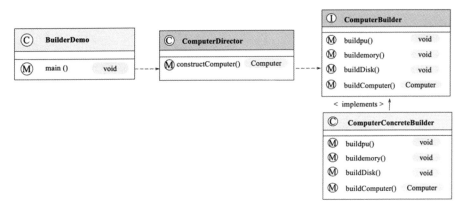

图 9-3

具体实现如下。

（1）定义需要生产的产品 Computer：

```
public class Computer {
    private String cpu;
    private String memory;
    private String disk;
    //省去 getter setter 方法
}
```

以上代码定义了一个 Computer 类来描述我们要生产的产品，具体的一个 Computer 包括 CPU、内存（memory）和磁盘（disk），当然，还包括显示器、键鼠等，这里作为 demo，为简单起见就不一一列举了。

（2）定义抽象接口 ComputerBuilder 来描述产品构造和装配的过程：

```
public interface ComputerBuilder {
    void buildcpu();
    void buildemory();
    void buildDisk();
    Computer buildComputer();
}
```

以上代码定义了 ComputerBuilder 接口来描述电脑的组装过程，具体包括组装 CPU 的方法 buildcpu()、组装内存的方法 buildemory()和组装磁盘的方法 buildDisk()，等这些都生产和组装完成后，就可以调用 buildComputer()组装一台完整的电脑了。

（3）定义 ComputerBuilder 接口实现类 ComputerConcreteBuilder 以实现构造和装配该产品的各个组件：

```java
public class ComputerConcreteBuilder implements ComputerBuilder {
    Computer computer;
    private final static Log logger =
                        LogFactory.getLog(ComputerConcreteBuilder.class);
    public ComputerConcreteBuilder() {
        computer =new  Computer();
    }
    @Override
    public void buildcpu() {
        logger.info("buildcpu......");
        computer.setCpu("8core");
    }
    @Override
    public void buildemory() {
        logger.info("buildemory......");
        computer.setMemory("16G");
    }
    @Override
    public void buildDisk() {
        logger.info("buildDisk......");
        computer.setDisk("1TG");
    }
    @Override
    public Computer buildComputer() {
        return computer;
    }
}
```

以上代码定义了 ComputerConcreteBuilder 来完成具体电脑的组装，其中 Computer 的实例在构造函数中进行了定义。

（4）定义 ComputerDirector 使用 Builder 接口实现产品的装配：

```java
public class ComputerDirector {
    public Computer constructComputer(ComputerBuilder computerBuilder) {
        computerBuilder.buildemory();
        computerBuilder.buildcpu();
        computerBuilder.buildDisk();
        return computerBuilder.buildComputer();
```

```
        }
    }
```

以上代码定义了 ComputerDirector 来调用 ComputerBuilder 接口实现电脑的组装，具体组装顺序为 buildemory、buildpu、buildDisk 和 buildComputer。该类是建造者模式对产品生产过程的封装，在需求发生变化且需要先装配完磁盘再装配 CPU 时，只需调整 Director 的执行顺序即可，每个组件的装配都稳定不变。

（5）构建 Computer：

```
public static void main(String[] args) {
    ComputerDirector computerDirector = new ComputerDirector();
    ComputerBuilder computerConcreteBuilder = new ComputerConcreteBuilder();
    Computer computer =
                computerDirector.constructComputer(computerConcreteBuilder);
    logger.info(computer.getCpu());
    logger.info(computer.getDisk());
    logger.info(computer.getMemory());
}
```

以上代码首先定义了一个 ComputerDirector 和 ComputerBuilder，为构建 Computer 做好准备，然后通过调用 ComputerDirector 的 constructComputer() 实现产品 Computer 的构建，运行结果如下：

```
[INFO] ComputerConcreteBuilder - buildemory......
[INFO] ComputerConcreteBuilder - buildpu......
[INFO] ComputerConcreteBuilder - buildDisk......
[INFO] BuilderDemo - 8core
[INFO] BuilderDemo - 1TG
[INFO] BuilderDemo - 16G
```

9.6　原型模式的概念及 Java 实现

原型模式指通过调用原型实例的 Clone 方法或其他手段来创建对象。

原型模式属于创建型设计模式，它以当前对象为原型（蓝本）来创建另一个新的对象，而无须知道创建的细节。原型模式在 Java 中通常使用 Clone 技术实现，在 JavaScript 中通常使用对象的原型属性实现。

原型模式的 Java 实现很简单，只需原型类实现 Cloneable 接口并覆写 clone 方法即可。

Java 中的复制分为浅复制和深复制。

◎ 浅复制：Java 中的浅复制是通过实现 Cloneable 接口并覆写其 Clone 方法实现的。在浅复制的过程中，对象的基本数据类型的变量值会重新被复制和创建，而引用数据类型仍指向原对象的引用。也就是说，浅复制不复制对象的引用类型数据。

◎ 深复制：在深复制的过程中，不论是基本数据类型还是引用数据类型，都会被重新复制和创建。简而言之，深复制彻底复制了对象的数据（包括基本数据类型和引用数据类型），浅复制的复制却并不彻底（忽略了引用数据类型）。

（1）浅复制的代码实现如下：

```java
public class Computer implements Cloneable {
    private String cpu;
    private String memory;
    private String disk;
    public Computer(String cpu, String memory, String disk) {
        this.cpu = cpu;
        this.memory = memory;
        this.disk = disk;
    }
    public Object clone() {//浅复制
        try {
            return (Computer)super.clone();
        } catch (Exception e) {
            e.printStackTrace();
            return null;
        }
    }
}
```

以上代码定义了 Computer 类，要使该类支持浅复制，只需实现 Cloneable 接口并覆写 clone()即可。

（2）深复制的代码实现如下：

```java
public class ComputerDetail implements Cloneable {
    private String cpu;
    private String memory;
    private Disk disk;
    public ComputerDetail(String cpu, String memory, Disk disk) {
        this.cpu = cpu;
```

```
        this.memory = memory;
        this.disk = disk;
    }
    public Object clone() {//深复制
        try {
            ComputerDetail computerDetail = (ComputerDetail)super.clone();
            computerDetail.disk = (Disk) this.disk.clone();
            return computerDetail;
        } catch (Exception e) {
            e.printStackTrace();
            return null;
        }
    }
}
//应用对象深复制
public class Disk implements Cloneable {
    private String ssd;
    private String hhd;
    public Disk(String ssd, String hhd) {
        this.ssd = ssd;
        this.hhd = hhd;
    }
    public Object clone() {
        try {
            return (Disk)super.clone();
        } catch (Exception e) {
            e.printStackTrace();
            return null;
        }
    }
}
```

以上代码定义了 ComputerDetail 和 Disk 两个类，其中 ComputerDetail 的 disk 属性是一个引用对象，要实现这种对象的复制，就要使用深复制技术，具体操作是引用对象类需要实现 Cloneable 接口并覆写 clone()，然后在复杂对象中声明式地将引用对象复制出来赋值给引用对象的属性，具体代码如下：

```
computerDetail.disk = (Disk) this.disk.clone();
```

（3）使用原型模型：

```
    public static void main(String[] args) {
```

```
//浅复制
Computer computer = new Computer("8core","16G","1TB");
logger.info("before simple clone:"+computer.toString());
Computer computerClone = (Computer)computer.clone();
logger.info("after simple clone:"+computerClone.toString());
//深复制
Disk disk = new Disk("208G","2TB");
ComputerDetail computerDetail = new
            ComputerDetail("12core","64G",disk);
logger.info("before deep clone:"+computerDetail.toString());
ComputerDetail computerDetailClone =
            (ComputerDetail)computerDetail.clone();
logger.info("after deep clone:"+computerDetailClone.toString());
}
```

以上代码先定义了一个简单对象 computer，并利用浅复制技术复制出一个新的对象 computerClone，然后定义了复制对象 computerDetail，并使用深复制技术复制出一个新的对象 computerDetailClone，最后分别打印出复制前和复制后的对象。注意，这里调用的 toString()鉴于篇幅原因省去了，需要读者补充。运行结果如下：

```
before simple clone:Computer{cpu='8core', memory='16G', disk='1TB'}
after simple clone:Computer{cpu='8core', memory='16G', disk='1TB'}
before deep clone:ComputerDetail{cpu='12core', memory='64G', disk={ssd='208G', hhd='2TB'}}
after deep clone:ComputerDetail{cpu='12core', memory='64G', disk={ssd='208G', hhd='2TB'}}
```

9.7 适配器模式的概念及 Java 实现

我们常常在开发中遇到各个系统之间的对接问题，然而每个系统的数据模型或多或少均存在差别，因此可能存在修改现有对象模型的情况，这将影响到系统的稳定。若想在不修改原有代码结构（类的结构）的情况下完成友好对接，就需要用到适配器模式。

适配器模式（Adapter Pattern）通过定义一个适配器类作为两个不兼容的接口之间的桥梁，将一个类的接口转换成用户期望的另一个接口，使得两个或多个原本不兼容的接口可以基于适配器类一起工作。

适配器模式主要通过适配器类实现各个接口之间的兼容，该类通过依赖注入或者继承实现各个接口的功能并对外统一提供服务,可形象地使用图 9-4 来表示适配器模式。

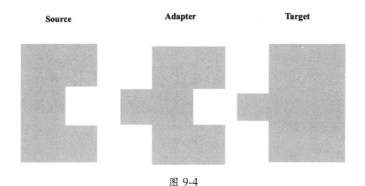

图 9-4

在适配器模式的实现中有三种角色:Source、Targetable、Adapter。Source 是待适配的类,Targetable 是目标接口,Adapter 是适配器。我们在具体应用中通过 Adapter 将 Source 的功能扩展到 Targetable,以实现接口的兼容。适配器的实现主要分为三类:类适配器模式、对象适配器模式、接口适配器模式。

1. 类适配器模式

在需要不改变(或者由于项目原因无法改变)原有接口或类结构的情况下扩展类的功能以适配不同的接口时,可以使用类的适配器模式。适配器模式通过创建一个继承原有类(需要扩展的类)并实现新接口的适配器类来实现。具体的 UML 设计如图 9-5 所示。

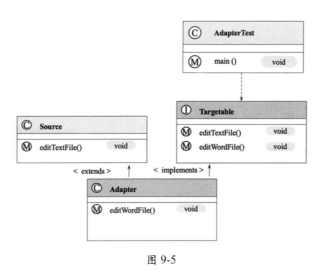

图 9-5

具体实现如下。

（1）定义 Source 类：

```java
public class Source {
    private final static Log logger = LogFactory.getLog(Source.class);
    public void editTextFile() {//text 文件编辑
        logger.info("a text file editing");
    }
}
```

以上代码定义了待适配的 Source 类，在该类中实现了一个编辑文本文件的方法 editTextFile()。

（2）定义 Targetable 接口：

```java
public interface Targetable {
    void editTextFile();
    void editWordFile();
}
```

以上代码定义了一个 Targetable 接口，在该接口中定义了两个方法，editTextFile 和 editWordFile，其中 editTextFile 是 Source 中待适配的方法。

（3）定义 Adapter 继承 Source 类并实现 Targetable 接口：

```java
public class Adapter extends Source implements Targetable{
    private final static Log logger = LogFactory.getLog(Adapter.class);
    @Override
    public void editWordFile() {
        logger.info("a word file editing");
    }
}
```

以上代码定义了一个 Adapter 类并继承了 Source 类实现 Targetable 接口，以完成对 Source 类的适配。适配后的类既可以编辑文本文件，也可以编辑 Word 文件。

（4）使用类的适配器：

```java
public static void main(String[] args) {
    Targetable target = new Adapter();
    target.editTextFile();
    target.editWordFile();
}
```

在使用适配器时只需定义一个实现了 Targetable 接口的 Adapter 类并调用 target 中适配好的方法即可。从运行结果可以看出，我们的适配器不但实现了编辑 Word 文件的功能，还实现了编辑文本文件的功能，具体的执行结果如下：

```
[INFO] Source - a text file editing
[INFO] Adapter - a word file editing
```

2. 对象适配器模式

对象适配器模式的思路和类适配器模式基本相同，只是修改了 Adapter 类。Adapter 不再继承 Source 类，而是持有 Source 类的实例，以解决兼容性问题。具体的 UML 设计如图 9-6 所示。

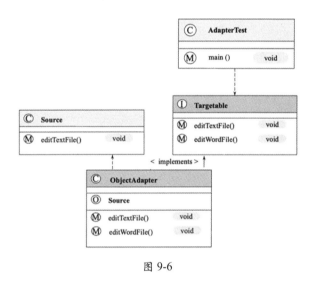

图 9-6

具体实现如下。

（1）适配器类的定义如下：

```
public class ObjectAdapter implements Targetable {
    private final static Log logger = LogFactory.getLog(ObjectAdapter.class);
    private Source source;
    public ObjectAdapter(Source source){
        super();
        this.source = source;
    }
    @Override
```

```
    public void editTextFile() {
        this.source.editTextFile();
    }
    @Override
    public void editWordFile() {
        logger.info("a word file editing");
    }
}
```

以上代码定义了一个名为 ObjectAdapter 的适配器，该适配器实现了 Targetable 接口并持有 Source 实例，在适配 editTextFile()的方法时调用 Source 实例提供的方法即可。

（2）使用对象适配器模式：

```
Source source = new Source();
Targetable target = new ObjectAdapter(source);
target.editWordFile();
target.editTextFile();
```

在使用对象适配器时首先需要定义一个 Source 实例，然后在初始化 ObjectAdapter 时将 Source 实例作为构造函数的参数传递进去，这样就实现了对象的适配。执行结果如下：

```
[INFO] ObjectAdapter - a word file editing
[INFO] Source - a text file editing
```

3. 接口适配器模式

在不希望实现一个接口中所有的方法时，可以创建一个抽象类 AbstractAdapter 实现所有方法，在使用时继承该抽象类按需实现方法即可。具体的 UML 设计如图 9-7 所示。

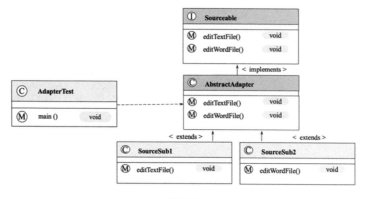

图 9-7

具体实现如下。

（1）定义公共接口 Sourceable：

```
public interface Sourceable {
    void editTextFile();
    void editWordFile();
}
```

以上代码定义了 Sourceable 接口，并在接口中定义了两个方法，editTextFile()和 editWordFile()。

（2）定义抽象类 AbstractAdapter 并实现公共接口的方法：

```
public abstract class AbstractAdapter implements Sourceable{
    @Override
    public void editTextFile() {
    }
    @Override
    public void editWordFile() {
    }
}
```

以上代码定义了 Sourceable 的抽象实现类 AbstractAdapter，该类对 Sourceable 进行了重写，但是不做具体实现。

（3）定义 SourceSub1 类按照需求实现 editTextFile()：

```
public class SourceSub1 extends AbstractAdapter{
    private final static Log logger = LogFactory.getLog(SourceSub1.class);
    @Override
    public void editTextFile() {
        logger.info("a text file editing");
    }
}
```

以上代码定义了 SourceSub1 类并继承了 AbstractAdapter，由于继承父类的子类可以按需实现自己关心的方法，因此适配起来更加灵活，这里 SourceSub1 类实现了 editTextFile()。

(4)定义 SourceSub2 类按照需求实现 editWordFile():

```
public class SourceSub2 extends AbstractAdapter{
    private final static Log logger = LogFactory.getLog(SourceSub2.class);
    @Override
    public void editWordFile() {
        logger.info("a word file editing");
    }
}
```

以上代码定义了 SourceSub2 类,继承了 AbstractAdapter 并实现了 editWordFile()。

(5)使用接口适配器:

```
public static void main(String[] args) {
    Sourceable source1 = new SourceSub1();
    Sourceable source2 = new SourceSub2();
    source1.editTextFile();
    source2.editWordFile();
}
```

使用接口适配器时按照需求实例化不同的子类并调用实现好的方法即可。以上代码的运行结果如下:

```
[INFO] SourceSub1 - a text file editing
[INFO] SourceSub2 - a word file editing
```

9.8 装饰者模式的概念及 Java 实现

装饰者模式(Decorator Pattern)指在无须改变原有类及类的继承关系的情况下,动态扩展一个类的功能。它通过装饰者来包裹真实的对象,并动态地向对象添加或者撤销功能。

装饰者模式包括 Source 和 Decorator 两种角色,Source 是被装饰者,Decorator 是装饰者。装饰者模式通过装饰者可以为被装饰者 Source 动态添加一些功能。具体的 UML 设计如图 9-8 所示。

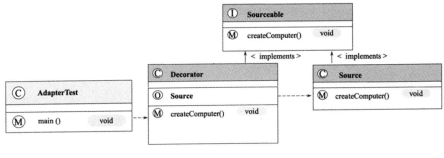

图 9-8

具体实现如下。

（1）定义 Sourceable 接口：

```
public interface Sourceable {
    public void createComputer();
}
```

以上代码定义了一个 Sourceable 接口，该接口定义了一个生产电脑的方法 createComputer()。

（2）定义 Sourceable 接口的实现类 Source：

```
public class Source implements Sourceable{
    private final static Log logger = LogFactory.getLog(Source.class);
    @Override
    public void createComputer() {
        logger.info("create computer by Source");
    }
}
```

以上代码定义了 Sourceable 接口的实现类 Source 并实现了其 createComputer()。

（3）定义装饰者类 Decorator：

```
public class Decorator implements Sourceable{
    private Sourceable source;
    private final static Log logger = LogFactory.getLog(Decorator.class);
    public Decorator(Sourceable source){
        super();
        this.source = source;
    }
    @Override
```

```
    public void createComputer() {
        source.createComputer();
        //在创建完电脑后给电脑装上系统
        logger.info("make system.");
    }
}
```

以上代码定义了装饰者类 Decorator，装饰者类通过构造函数将 Sourceable 实例初始化到内部，并在其方法 createComputer()中调用原方法后加上了装饰者逻辑，这里的装饰指在电脑创建完成后给电脑装上相应的系统。注意，之前的 Sourceable 没有给电脑安装系统的步骤，我们引入装饰者为 Sourceable 扩展了安装系统的功能。

（4）使用装饰者模式：

```
public static void main(String[] args) {
    Sourceable source = new Source();
    Sourceable obj = new Decorator(source);
    obj.createComputer();
}
```

在使用装饰者模式时，需要先定义一个待装饰的 Source 类的 source 对象，然后初始化构造器 Decorator 并在构造函数中传入 source 对象，最后调用 createComputer()，程序在创建完电脑后还为电脑安装了系统。运行结果如下：

```
[INFO] Source - create computer by Source
[INFO] Decorator - make system.
```

9.9 代理模式的概念及 Java 实现

代理模式指为对象提供一种通过代理的方式来访问并控制该对象行为的方法。在客户端不适合或者不能够直接引用一个对象时，可以通过该对象的代理对象来实现对该对象的访问，可以将该代理对象理解为客户端和目标对象之间的中介者。

在现实生活也能看到代理模式的身影，比如企业会把五险一金业务交给第三方人力资源公司去做，因为人力资源公司对这方面的业务更加熟悉，等等。

在代理模式下有两种角色，一种是被代理者，一种是代理（Proxy），在被代理者需要做一项工作时，不用自己做，而是交给代理做。比如企业在招人时，不用自己去市场上找，可以通过代理（猎头公司）去找，代理有候选人池，可根据企业的需求筛选出合适的候选人返回给企业。具体的 UML 设计如图 9-9 所示。

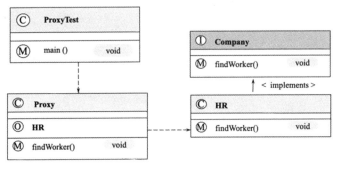

图 9-9

具体实现如下。

（1）定义 Company 接口及其实现类 HR：

```
public interface Company {
   void findWorker(String title);
}
public class HR implements Company {
   private final static Log logger = LogFactory.getLog(HR.class);
   @Override
   public void findWorker(String title) {
      logger.info("i need find a worker,title is: "+title);
   }
}
```

以上代码定义了一个名为 Company 的接口，在该接口中定义了方法 findWorker()，然后定义了其实现类 HR，实现 findWorker()以负责公司的具体招聘工作。

（2）定义 Proxy：

```
public class Proxy implements Company {
   private final static Log logger = LogFactory.getLog(Proxy.class);
   private HR hr;
   public Proxy(){
      super();
      this.hr = new HR();
   }
   @Override
   public void findWorker(String title) {//需要代理的方法
```

```
        hr.findWorker(title);
        //通过猎头找候选人
        String worker = getWorker(title);
        logger.info("find a worker by proxy,worker name is :"+worker);
    }
    private String getWorker(String title) {
        Map<String, String> workerList = new HashMap<String, String>() {
            { put("Java", "张三");put("Python", "李四");put("Php", "王五"); }
        };
        return workerList.get(title);
    }
}
```

以上代码定义了一个代理类 Proxy，用来帮助企业寻找合适的候选人。其中 Proxy 继承了 Company 并持有 HR 对象，在其 HR 发出招人指令（findWorker）后，由代理完成具体的寻找候选人工作并将找到的候选人提供给公司。

（3）使用代理模式：

```
public static void main(String[] args) {
    Company compay = new Proxy();
    compay.findWorker("Java");
}
```

在使用代理模式时直接定义一个代理对象并调用其代理的方法即可，运行结果如下：

```
[INFO] HR - i need find a worker,title is: Java
[INFO] Proxy - find a worker by proxy,worker name is :张三
```

9.10 外观模式的概念及 Java 实现

外观模式（Facade Pattern）也叫作门面模式，通过一个门面（Facade）向客户端提供一个访问系统的统一接口，客户端无须关心和知晓系统内部各子模块（系统）之间的复杂关系，其主要目的是降低访问拥有多个子系统的复杂系统的难度，简化客户端与其之间的接口。外观模式将子系统中的功能抽象成一个统一的接口，客户端通过这个接口访问系统，使得系统使用起来更加容易。具体的使用场景如图 9-10 所示。

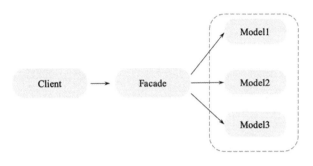

图 9-10

简单来说,外观模式就是将多个子系统及其之间的复杂关系和调用流程封装到一个统一的接口或类中以对外提供服务。这种模式涉及 3 种角色。

◎ 子系统角色:实现了子系统的功能。
◎ 门面角色:外观模式的核心,熟悉各子系统的功能和调用关系并根据客户端的需求封装统一的方法来对外提供服务。
◎ 客户角色:通过调用 Facade 来完成业务功能。

以汽车的启动为例,用户只需按下启动按钮,后台就会自动完成引擎启动、仪表盘启动、车辆自检等过程。我们通过外观模式将汽车启动这一系列流程封装到启动按钮上,对于用户来说只需按下启动按钮即可,不用太关心具体的细节。具体的 UML 设计如图 9-11 所示。

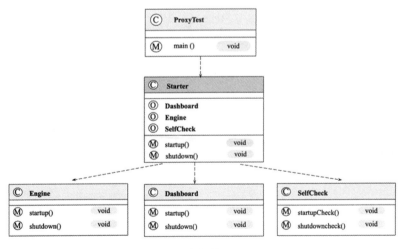

图 9-11

具体实现如下。

（1）定义 Dashboard 类：

```java
public class Dashboard {
    private final static Log logger = LogFactory.getLog(Dashboard.class);
    public void startup(){
        logger.info("dashboard startup......");
    }
    public void shutdown(){
        logger.info("dashboard shutdown......");
    }
}
```

以上代码定义了 Dashboard 类来代表仪表盘，并定义了 startup()和 shutdown()来控制仪表盘的启动和关闭。

（2）定义 Engine 类：

```java
public class Engine {
    private final static Log logger = LogFactory.getLog(Engine.class);
    public void startup(){
        logger.info("engine startup......");
    }
    public void shutdown(){
        logger.info("engine shutdown......");
    }
}
```

以上代码定义了 Engine 类来代表发动机，并定义了 startup()和 shutdown()来控制发动机的启动和关闭。

（3）定义 SelfCheck 类：

```java
public class SelfCheck {
    private final static Log logger = LogFactory.getLog(SelfCheck.class);
    public void startupCheck(){
        logger.info(" startup check finished.");
    }

    public void shutdowncheck(){
        logger.info("shutdown check finished.");
    }
}
```

以上代码定义了 SelfCheck 类来代表汽车自检器，并定义了 startupCheck() 和 shutdowncheck() 来控制汽车启动后的自检和关闭前的自检。

（4）定义门面类 Starter：

```java
public class Starter {
    private final static Log logger = LogFactory.getLog(Starter.class);
    private Dashboard dashboard;
    private Engine engine;
    private SelfCheck selfCheck;
    public Starter(){
        this.dashboard = new Dashboard();
        this.engine = new Engine();
        this.selfCheck = new SelfCheck();
    }
    public void startup(){
        logger.info("car begine startup");
        engine.startup();
        dashboard.startup();
        selfCheck.startupCheck();
        logger.info("car startup finished");
    }
    public void shutdown(){
        logger.info("car begine shutdown");
        selfCheck.shutdowncheck();
        engine.shutdown();
        dashboard.shutdown();
        logger.info("car shutdown finished");
    }
}
```

以上代码定义了门面类 Starter，在 Starter 中定义了 startup 方法，该方法先调用 engine 的启动方法启动引擎，再调用 dashboard 的启动方法启动仪表盘，最后调用 selfCheck 的启动自检方法完成启动自检。

（5）使用外观模式：

```java
        public static void main(String[] args) {
Starter starter = new Starter();
starter.startup();
System.out.println("*******************");
starter.shutdown();
```

        }

在使用外观模式时，用户只需定义门面类的实例并调用封装好的方法或接口即可。这里调用 starter 的 startup()完成启动，运行结果如下：

```
[INFO] Starter - car begine startup
[INFO] Engine - engine startup......
[INFO] Dashboard - dashboard startup......
[INFO] SelfCheck -  startup check finished.
[INFO] Starter - car startup finished
********************
[INFO] Starter - car begine shutdown
[INFO] SelfCheck - shutdown check finished.
[INFO] Engine - engine shutdown......
[INFO] Dashboard - dashboard shutdown......
[INFO] Starter - car shutdown finished
```

9.11 桥接模式的概念及 Java 实现

桥接模式（Bridge Pattern）通过将抽象及其实现解耦，使二者可以根据需求独立变化。这种类型的设计模式属于结构型模式，通过定义一个抽象和实现之间的桥接者来达到解耦的目的。

桥接模型主要用于解决在需求多变的情况下使用继承造成类爆炸的问题，扩展起来不够灵活。可以通过桥接模式将抽象部分与实现部分分离，使其能够独立变化而相互之间的功能不受影响。具体做法是通过定义一个桥接接口，使得实体类的功能独立于接口实现类，降低它们之间的耦合度。

我们常用的 JDBC 和 DriverManager 就使用了桥接模式，JDBC 在连接数据库时，在各个数据库之间进行切换而不需要修改代码，因为 JDBC 提供了统一的接口，每个数据库都提供了各自的实现，通过一个叫作数据库驱动的程序来桥接即可。下面以数据库连接为例介绍桥接模式，具体的 UML 设计如图 9-12 所示。

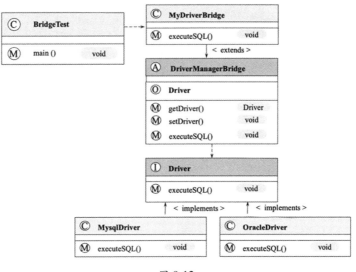

图 9-12

具体实现如下。

(1) 定义 Driver 接口:

```
public interface Driver {
    void executeSQL();
}
```

以上代码定义了 Driver 接口,在该接口中定义了一个执行 SQL 语句的方法,用于处理不同数据库的 SQL 语句。

(2) 定义 Driver 接口的 MySQL 实现类 MysqlDriver:

```
public class MysqlDriver implements Driver{
    private final static Log logger = LogFactory.getLog(MysqlDriver.class);
    @Override
    public void executeSQL() {
        logger.info( "execute sql by mysql driver");
    }
}
```

以上代码定义了 Driver 的实现类 MysqlDriver,并基于 MySQL 实现了其执行 SQL 语句的方法。

(3) 定义 Driver 接口的 Oracle 实现类 OracleDriver:

```java
public class OracleDriver implements Driver{
    private final static Log logger = LogFactory.getLog(OracleDriver.class);
    @Override
    public void executeSQL() {
        logger.info( "execute sql by oracle driver");
    }
}
```

以上代码定义了 Driver 的实现类 OracleDriver,并基于 Oracle 实现了其执行 SQL 语句的方法。

(4)定义 DriverManagerBridge:

```java
public abstract class DriverManagerBridge {
    private Driver driver;
    public void execute(){
        this.driver.executeSQL();
    }
    public Driver getDriver() {
        return driver;
    }
    public void setDriver(Driver driver) {
        this.driver = driver;
    }
}
```

以上代码定义了抽象类 DriverManagerBridge,用于实现桥接模式,该类定义了 Driver 的注入,用户注入不同的驱动器便能实现不同类型的数据库的切换。

(5)定义 MyDriverBridge:

```java
public class MyDriverBridge extends DriverManagerBridge {
    public void execute() {
        getDriver().executeSQL();
    }
}
```

在以上代码中,MyDriverBridge 用于实现用户自定义的功能,也可以直接使用 DriverManagerBridge 提供的功能。

(6)使用桥接模式:

```java
    public static void main(String[] args) {
```

```
        DriverManagerBridge driverManagerBridge = new MyDriverBridge() ;
        //设置MySQL驱动
        driverManagerBridge.setDriver(new MysqlDriver());
        driverManagerBridge.execute();
        //切换到Oracle驱动
        driverManagerBridge.setDriver(new OracleDriver());
        driverManagerBridge.execute();
    }
```

在以上代码中使用了桥接模式，定义了一个 DriverManagerBridge，然后注入不同的驱动器，以实现在不同类型的数据库中实现驱动的切换和数据库 SQL 语句的执行。具体的执行代码如下：

```
[INFO] MysqlDriver - execute sql by mysql driver
[INFO] OracleDriver - execute sql by oracle driver
```

9.12　组合模式的概念及 Java 实现

组合模式（Composite Pattern）又叫作部分整体模式，主要用于实现部分和整体操作的一致性。组合模式常根据树形结构来表示部分及整体之间的关系，使得用户对单个对象和组合对象的操作具有一致性。

组合模式通过特定的数据结构简化了部分和整体之间的关系，使得客户端可以像处理单个元素一样来处理整体的数据集，而无须关心单个元素和整体数据集之间的内部复杂结构。

组合模式以类似树形结构的方式实现整体和部分之间关系的组合。下面以实现一个简单的树为例介绍组合模式。具体的 UML 设计如图 9-13 所示。

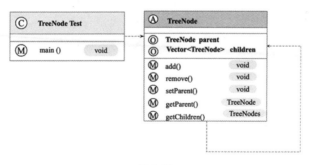

图 9-13

具体实现如下。

（1）定义 TreeNode：

```java
public class TreeNode {
    private String name;
    private TreeNode parent;
    private Vector<TreeNode> children = new Vector<TreeNode>();
    public TreeNode(String name){
        this.name = name;
    }
    public String getName() {
        return name;
    }
    public void setName(String name) {
        this.name = name;
    }
    public TreeNode getParent() {
        return parent;
    }
    public void setParent(TreeNode parent) {
        this.parent = parent;
    }
    //添加子节点
    public void add(TreeNode node){
        children.add(node);
    }
    //删除子节点
    public void remove(TreeNode node){
        children.remove(node);
    }
    //获取子节点
    public Enumeration<TreeNode> getChildren(){
        return children.elements();
    }
}
```

以上代码定义了 TreeNode 类来表示一个树形结构，并定义了 children 来存储子类，定义了方法 add() 和 remove() 来向树中添加数据和从树中删除数据。

（2）使用 TreeNode：

```
public static void main(String[] args) {
    TreeNode nodeA = new TreeNode("A");
    TreeNode nodeB = new TreeNode("B");
    nodeA.add(nodeB);
    logger.info(JSON.toJSONString(nodeA));
}
```

以上代码演示了 TreeNode 的使用过程,定义了 nodeA 和 nodeB,并将 nodeB 作为 nodeA 的子类,具体运行结果如下:

[INFO] CompositeDemo - {"children":[{"children":[],"name":"B"}],"name":"A"}

从以上代码中可以看到一棵包含了 nodeA 和 nodeB 的树,其中 nodeB 为 nodeA 的子节点。

9.13 享元模式的概念及 Java 实现

享元模式(Flyweight Pattern)主要通过对象的复用来减少对象创建的次数和数量,以减少系统内存的使用和降低系统的负载。享元模式属于结构型模式,在系统需要一个对象时享元模式首先在系统中查找并尝试重用现有的对象,如果未找到匹配的对象,则创建新对象并将其缓存在系统中以便下次使用。

享元模式主要用于避免在有大量对象时频繁创建和销毁对象造成系统资源的浪费,把其中共同的部分抽象出来,如果有相同的业务请求,则直接返回内存中已有的对象,避免重新创建。

下面以内存的申请和使用为例介绍享元模式的使用方法,创建一个 MemoryFactory 作为内存管理的工厂,用户通过工厂获取内存,在系统内存池有可用内存时直接获取该内存,如果没有则创建一个内存对象放入内存池,等下次有相同的内存请求过来时直接将该内存分配给用户即可。具体的 UML 设计如图 9-14 所示。

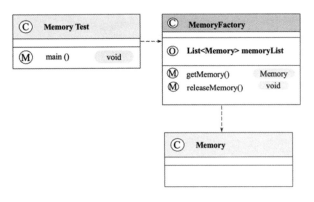

图 9-14

具体实现如下。

（1）定义 Memory：

```
public class Memory {
    private int size;//内存大小，单位为 MB
    private boolean isused;//内存是否在被使用
    private String id;//内存 id
    public Memory(int size, boolean isused, String id) {
        this.size = size;
        this.isused = isused;
        this.id = id;
    }
//getter setter 方法省略
}
```

（2）定义 MemoryFactory 工厂：

```
public class MemoryFactory {
    private final static Log logger = LogFactory.getLog(MemoryFactory.class);
    //内存对象列表
    private static List<Memory> memoryList = new ArrayList<Memory>();
    public static Memory getMemory(int size){
        Memory memory = null;
        for (int i = 0 ;i<memoryList.size() ;i++) {
            memory = memoryList.get(i);
            //如果存在和需求 size 一样大小并且未使用的内存块，则直接返回
            if(memory.getSize()==size && memory.isIsused() ==false){
                memory.setIsused(true);
                memoryList.set(i,memory);
```

```
                logger.info("get memory form memoryList:"+
                    JSON.toJSONString(memory));
                break;
            }
        }
        //如果内存不存在，则从系统中申请新的内存返回，并将该内存加入内存对象列表中
        if(memory == null ){
            memory = new Memory(32,false,UUID.randomUUID().toString());
            logger.info("create a new memory form system and add to
                    memoryList:"+ JSON.toJSONString(memory));
            memoryList.add(memory);
        }
        return memory;
    }
    //释放内存
    public static void releaseMemory(String id){
        for (int i = 0 ;i<memoryList.size() ;i++) {
            Memory  memory = memoryList.get(i);
            //如果存在和需求size一样大小并且未使用的内存块，则直接返回
            if(memory.getId().equals(id)){
                memory.setIsused(false);
                memoryList.set(i,memory);
                logger.info("release memory:"+ id);
                break;
            }
        }
    }
}
```

以上代码定义了工厂类 MemoryFactory，在该类中定义了 memoryList 用于存储从系统中申请到的内存，该类定义了 getMemory，用于从 memoryList 列表中获取内存，如果在内存中有空闲的内存，则直接取出来返回，并将该内存的使用状态设置为已使用，如果没有，则创建内存并放入内存列表；还定义了 releaseMemory 来释放内存，具体做法是将内存的使用状态设置为 false。

（3）使用享元模式：

```
public static void main(String[] args) {
    //首次获取内存，将创建一个内存
  Memory memory = MemoryFactory.getMemory(32);
    //在使用后释放内存
```

```
        MemoryFactory.releaseMemory(memory.getId());
        //重新获取内存
        MemoryFactory.getMemory(32);
    }
```

在使用享元模式时，直接从工厂类 MemoryFactory 中获取需要的数据 Memory，在使用完成后释放即可，具体的运行结果如下：

```
[INFO] MemoryFactory - create a new memory form system and add to
memoryList:{"id":"c5cc6dca-cf26-41ec-8552-
2f744721a24b","isused":false,"size":32}
[INFO] MemoryFactory - release memory:c5cc6dca-cf26-41ec-8552-2f744721a24b
[INFO] MemoryFactory - get memory form memoryList:{"id":"c5cc6dca-cf26-41ec-
8552-2f744721a24b","isused":true,"size":32}
```

9.14 策略模式的概念及 Java 实现

策略模式（Strategy Pattern）为同一个行为定义了不同的策略，并为每种策略都实现了不同的方法。在用户使用的时候，系统根据不同的策略自动切换不同的方法来实现策略的改变。同一个策略下的不同方法是对同一功能的不同实现，因此在使用时可以相互替换而不影响用户的使用。

策略模式的实现是在接口中定义不同的策略，在实现类中完成了对不同策略下具体行为的实现，并将用户的策略状态存储在上下文（Context）中来完成策略的存储和状态的改变。

我们在现实生活中常常碰到实现目标有多种可选策略的情况，比如下班后可以通过开车、坐公交、坐地铁、骑自行回家，在旅行时可以选择火车、飞机、汽车等交通工具，在淘宝上购买指定商品时可以选择直接减免部分钱、送赠品、送积分等方式。

对于上述情况，使用多重 if ...else 条件转移语句也可实现，但属于硬编码方式，这样做不但会使代码复杂、难懂，而且在增加、删除、更换算法时都需要修改源代码，不易维护，违背了开闭原则。通过策略模式就能优雅地解决这些问题。

下面以旅游交通工具的选择为例实现策略模式，具体的 UML 设计如图 9-15 所示。

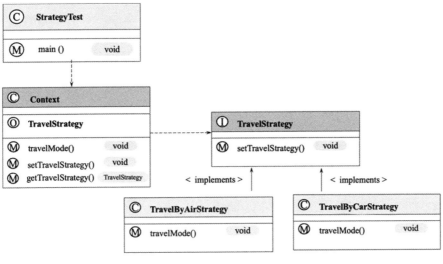

图 9-15

具体实现如下。

(1) 定义 TravelStrategy：

```
public interface TravelStrategy {
void travelMode();
}
```

以上代码定义了策略模式接口 TravelStrategy，并在该接口中定义了方法 travelMode() 来表示出行方式。

(2) 定义 TravelStrategy 的两种实现方式 TravelByAirStrategy 和 TravelByCarStrategy：

```
public class TravelByAirStrategy implements TravelStrategy{
    private final static Log logger =
LogFactory.getLog(TravelByAirStrategy.class);
    @Override
    public void travelMode() {
        logger.info("travel by air");
    }
}
public class TravelByCarStrategy implements TravelStrategy{
    private final static Log logger =
LogFactory.getLog(TravelByCarStrategy.class);
    @Override
```

```
    public void travelMode() {
        logger.info("travel by car");
    }
}
```

以上代码定义了 TravelStrategy 的两个实现类 TravelByAirStrategy 和 TravelByCarStrategy，分别表示基于飞机的出行方式和基于开车自驾的出行方式，并实现了方法 travelMode()。

（3）定义 Context 实现策略模式：

```
public class Context {
    private TravelStrategy travelStrategy;
    public TravelStrategy getTravelStrategy() {
        return travelStrategy;
    }
    public void setTravelStrategy(TravelStrategy travelStrategy) {
        this.travelStrategy = travelStrategy;
    }
    public void travelMode() {
        this.travelStrategy.travelMode();
    }
}
```

以上代码定义了策略模式实现的核心类 Context，在该类中持有 TravelStrategy 实例并通过 setTravelStrategy()实现了不同策略的切换。

（4）使用策略模式：

```
    public static void main(String[] args) {
        Context context = new Context();
        TravelStrategy travelByAirStrategy = new TravelByAirStrategy();
        //设置出行策略为飞机
        context.setTravelStrategy(travelByAirStrategy);
        context.travelMode();
        logger.info("change TravelStrategy to travelByCarStrategy......");
        //设置出行策略为开车自驾
        TravelStrategy travelByCarStrategy= new TravelByCarStrategy();
        context.setTravelStrategy(travelByCarStrategy);
        context.travelMode();
    }
```

在使用策略模式时，首先需要定义一个 Context，然后定义不同的策略实现并将其注入 Context 中实现不同策略的切换。具体的执行结果如下：

```
[INFO] TravelByAirStrategy - travel by air
[INFO] StrategyDemo - change TravelStrategy to travelByCarStrategy......
[INFO] TravelByCarStrategy - travel by car
```

9.15　模板方法模式的概念及 Java 实现

模板方法（Template Method）模式定义了一个算法框架，并通过继承的方式将算法的实现延迟到子类中，使得子类可以在不改变算法框架及其流程的前提下重新定义该算法在某些特定环节的实现，是一种类行为型模式。

该模式在抽象类中定义了算法的结构并实现了公共部分算法，在子类中实现可变的部分并根据不同的业务需求实现不同的扩展。模板方法模式的优点在于其在父类（抽象类）中定义了算法的框架以保障算法的稳定性，同时在父类中实现了算法公共部分的方法来保障代码的复用；将部分算法部分延迟到子类中实现，因此子类可以通过继承的方式来扩展或重新定义算法的功能而不影响算法的稳定性，符合开闭原则。

模板方法模式需要注意抽象类与具体子类之间的协作，在具体使用时包含以下主要角色。

◎ 抽象类（Abstract Class）：定义了算法的框架，由基本方法和模板方法组成。基本方法定义了算法有哪些环节，模板方法定义了算法各个环节执行的流程。
◎ 具体子类（Concrete Class）：对在抽象类中定义的算法根据需求进行不同的实现。

下面以银行办理业务为例实现一个模板方法模式，我们去银行办理业务都要经过抽号、排队、办理业务和评价，其中的业务流程是固定的，但办理的具体业务比较多，比如取钱、存钱、开卡等。其中，办理业务的固定流程就是模板算法中的框架，它常常是不变的，由抽象类定义和实现，而具体办理的业务是可变的部分，通常交给子类去做具体的实现。具体的 UML 设计如图 9-16 所示。

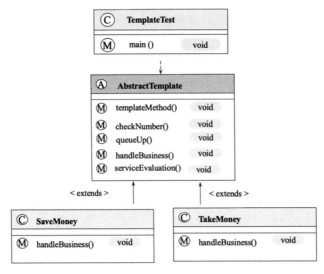

图 9-16

具体实现如下。

（1）定义 AbstractTemplate 模板类：

```
public abstract class AbstractTemplate {
    private final static Log logger =
              LogFactory.getLog(AbstractTemplate.class);
    public void templateMethod(){ //模板方法，用于核心流程和算法的定义
        checkNumber();
        queueUp();
        handleBusiness();
        serviceEvaluation();
    }
    public void checkNumber(){ //1：抽号
     logger.info("checkNumber......");
    }
    public void queueUp(){ //2：排队
        logger.info("queue up......");
    }
    public abstract void handleBusiness(); //3：业务办理
    public void serviceEvaluation() {//4：服务评价
        logger.info("business finished,servic evaluation......");
    }
}
```

以上代码定义了抽象类 AbstractTemplate，用于实现模板方法模式，其中定义了 checkNumber()表示抽号过程，queueUp()表示排队过程，handleBusiness()表示需要办理的具体业务，serviceEvaluation()表示在业务办理完成后对服务的评价，templateMethod()定义了银行办理业务的核心流程，即取号、排队、办理业务和评价。抽象类实现了取号、排队、办理业务这些公共方法，而将办理业务的具体方法交给具体的业务类实现。

（2）定义 SaveMoney 的业务实现：

```java
public class SaveMoney extends AbstractTemplate {
    private final static Log logger =
            LogFactory.getLog(AbstractTemplate.class);
    @Override
    public void handleBusiness() {
        logger.info("save money form bank.");
    }
}
```

以上代码定义了 SaveMoney 并实现了 handleBusiness()，以完成存钱的业务逻辑。

（3）定义 TakeMoney 的业务实现：

```java
public class TakeMoney extends AbstractTemplate {
    private final static Log logger =
        LogFactory.getLog(AbstractTemplate.class);
    @Override
    public void handleBusiness() {
        logger.info("take money form bank.");
    }
}
```

以上代码定义了 TakeMoney 并实现了 handleBusiness()，以完成取钱的业务逻辑。

（4）使用模板模式：

```java
    public static void main(String[] args) {
        //办理取钱流程
        AbstractTemplate template1 = new TakeMoney();
        template1.templateMethod();
        //办理存储流程
        AbstractTemplate template2 = new SaveMoney();
        template2.templateMethod();
    }
```

在使用模板模式时只需按照需求定义具体的模板类实例并调用其模板方法即可，具体的执行结果如下：

```
[INFO] AbstractTemplate - checkNumber......
[INFO] AbstractTemplate - queue up......
[INFO] AbstractTemplate - take money form bank.
[INFO] AbstractTemplate - business finished,servic evaluation......
[INFO] AbstractTemplate - checkNumber......
[INFO] AbstractTemplate - queue up......
[INFO] AbstractTemplate - save money form bank.
[INFO] AbstractTemplate - business finished,servic evaluation......
```

9.16 观察者模式的概念及 Java 实现

观察者（Observer）模式指在被观察者的状态发生变化时，系统基于事件驱动理论将其状态通知到订阅其状态的观察者对象中，以完成状态的修改和事件传播。这种模式有时又叫作发布-订阅模式或者模型-视图模式。

观察者模式是一种对象行为型模式，观察者和被观察者之间的关系属于抽象耦合关系，主要优点是在观察者与被观察者之间建立了一套事件触发机制，以降低二者之间的耦合度。

观察者模式的主要角色如下。

- 抽象主题（Subject）：持有订阅了该主题的观察者对象的集合，同时提供了增加、删除观察者对象的方法和主题状态发生变化后的通知方法。
- 具体主题（Concrete Subject）：实现了抽象主题的通知方法，在主题的内部状态发生变化时，调用该方法通知订阅了主题状态的观察者对象。
- 抽象观察者（Observer）：观察者的抽象类或接口，定义了主题状态发生变化时需要调用的方法。
- 具体观察者（Concrete Observer）：抽象观察者的实现类，在收到主题状态变化的信息后执行具体的触发机制。

观察者模式具体的 UML 设计如图 9-17 所示。

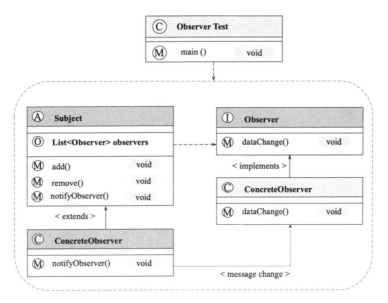

图 9-17

具体实现如下。

（1）定义抽象主题 Subject：

```
//抽象目标类
  public abstract class Subject {
    protected List<Observer> observers=new ArrayList<Observer>();
    //增加观察者
    public void add(Observer observer) {
        observers.add(observer);
    }
    //删除观察者
    public void remove(Observer observer) {
        observers.remove(observer);
    }
    public abstract void notifyObserver(String message); //通知观察者的抽象方法
}
```

以上代码定义了抽象主题 Subject 类，并定义和实现了方法 add()、remove()来向 Subject 添加观察者和删除观察者，定义了抽象方法 notifyObserver()来实现在消息发生变化时将变化后的消息发送给观察者。

（2）定义具体的主题 ConcreteSubject：

```java
public class ConcreteSubject extends Subject {
  private final static Log logger =
   LogFactory.getLog(ConcreteSubject.class);
    public void notifyObserver(String message) {
       for(Object obs:observers) {
          logger.info("notify observer "+message+" change...");
          ((Observer)obs).dataChange(message);
       }
    }
}
```

以上代码定义了 ConcreteSubject 类，该类继承了 Subject 并实现了 notifyObserver()，用于向观察者发送消息。

（3）定义抽象观察者 Observer：

```java
public interface Observer {
    void dataChange(String message); //接收数据
}
```

以上代码定义了观察者 Observer 接口并定义了 messageReceive()，用于接收 ConcreteSubject 发送的通知。

（4）定义具体的观察者 ConcreteObserver：

```java
public class ConcreteSubject extends Subject {
     private final static Log logger =
     LogFactory.getLog(ConcreteObserver.class);
     public void dataChange(String message) {
        logger.info("recive message:"+message);
     }
}
```

以上代码定义了具体的观察者 ConcreteObserver 类，用于接收 Observer 发送过来的通知并做具体的消息处理。

（5）使用观察者模式：

```java
public static void main(String[] args) {
    Subject subject=new ConcreteSubject();
    Observer obs=new ConcreteObserver();
    subject.add(obs);
    subject.notifyObserver("data1");
}
```

在使用观察者模式时首先要定义一个 Subject 主题，然后定义需要接收通知的观察者，接着将观察者加入主题的监控列表中，在有数据发生变化时，Subject（主题）会将变化后的消息发送给观察者，最后调用 subject 的方法 notifyObserver()发送一个数据变化的通知，具体的运行结果如下：

```
[INFO] ConcreteSubject - notify observer data1 change...
[INFO] ConcreteObserver - recive message:data1
```

9.17　迭代器模式的概念及 Java 实现

迭代器（Iterator）模式提供了顺序访问集合对象中的各种元素，而不暴露该对象内部结构的方法。

Java 中的集合就是典型的迭代器模式，比如 HashMap，在我们需要遍历 HashMap 时，通过迭代器不停地获取 Next 元素就可以循环遍历集合中的所有元素。

迭代器模式将遍历集合中所有元素的操作封装成迭代器类，其目的是在不暴露集合对象内部结构的情况下，对外提供统一访问集合的内部数据的方法。迭代器的实现一般包括一个迭代器，用于执行具体的遍历操作；以及一个 Collection，用于存储具体的数据。我们以 Collection 集合的迭代器设计为例介绍迭代器模式的设计思路。具体的 UML 设计如图 9-18 所示。

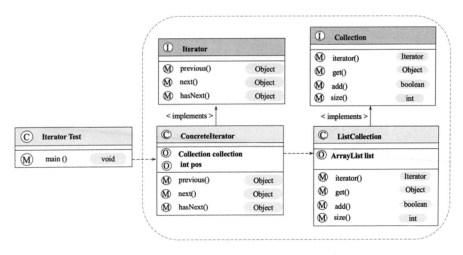

图 9-18

具体实现如下。

（1）定义名为 Collection 的集合接口：

```java
public interface Collection {
    //对集合元素的迭代
    public Iterator iterator();
    //取得集合元素
    public Object get(int i);
    //向集合添加元素
    public boolean add(Object object);
    //取得集合大小
    public int size();
}
```

以上代码定义了名为 Collection 的接口，用于制定集合操作的规范。在该接口中定义了 iterator() 用于集合接口的遍历，定义了 get() 用于获取集合中的元素，定义了 add() 用于向集合中添加元素，定义了 size() 用于获取集合的大小。

（2）定义 Collection 接口实现类 ListCollection：

```java
public class ListCollection implements Collection{
    public List list = new ArrayList();//list用于数据的存储
    @Override
    public Iterator iterator() {
        return new ConcreteIterator(this);
    }
    @Override
    public Object get(int i) {
        return list.get(i);
    }
    @Override
    public boolean add(Object object) {
        list.add(object);
        return true;
    }
    @Override
    public int size() {
        return list.size();
    }
}
```

以上代码定义了 Collection 接口的实现类 ListCollection，ListCollection 类用于存储具体的数据并实现数据操作方法，其中，list 用于存储数据，iterator()用于构造集合迭代器。

（3）定义迭代器接口 Iterator：

```java
public interface Iterator {
    //指针前移
    public Object previous();
    //指针后移
    public Object next();
    public boolean hasNext();
}
```

以上代码定义了迭代器接口 Iterator，在该接口中规范了迭代器应该实现的方法，其中，previous()用于访问迭代器中的上一个元素，next()用于访问迭代器中的下一个元素，hasNext()用于判断在迭代器中是否还有元素。

（4）定义迭代器接口 Iterator 的实现类 ConcreteIterator：

```java
public class ConcreteIterator implements Iterator {
    private Collection collection;
    private int pos = -1;//当前迭代器遍历到的元素位置
    public ConcreteIterator(Collection collection){
        this.collection = collection;
    }
    @Override
    public Object previous() {
        if(pos > 0){
            pos--;
        }
        return collection.get(pos);
    }
    @Override
    public Object next() {
        if(pos<collection.size()-1){
            pos++;
        }
        return collection.get(pos);
    }
    @Override
    public boolean hasNext() {
```

```
            if(pos<collection.size()-1){
                return true;
            }else{
                return false;
            }
        }
    }
```

以上代码定义了迭代器接口 Iterator 的实现类 ConcreteIterator，在 ConcreteIterator 中定义了 Collection 用于访问集合中的数据，pos 用于记录当前迭代器遍历到的元素位置，同时实现了在 Iterator 接口中定义的方法 previous()、next()和 hasNext()，以完成具体的迭代器需要实现的基础功能。

（5）使用迭代器：

```
    public static void main(String[] args) {
        //定义集合
        Collection collection = new ListCollection();
        //向集合中添加数据
        collection.add("object1");
        //使用迭代器遍历集合
        Iterator it = collection.iterator();
        while(it.hasNext()){
            logger.info(it.next());
        }
    }
```

迭代器的使用方法比较简单：首先需要定义一个集合并向集合中加入数据，然后获取集合的 Iterator 迭代器并通过循环遍历集合中的数据。

9.18 责任链模式的概念及 Java 实现

责任链（Chain of Responsibility）模式也叫作职责链模式，用于避免请求发送者与多个请求处理者耦合在一起，让所有请求的处理者持有下一个对象的引用，从而将请求串联成一条链，在有请求发生时，可将请求沿着这条链传递，直到遇到该对象的处理器。

在责任链模式下，用户只需将请求发送到责任链上即可，无须关心请求的处理细节和传递过程，所以责任链模式优雅地将请求的发送和处理进行了解耦。

责任链模式在 Web 请求中很常见，比如我们要为客户端提供一个 REST 服务，服务端要针对客户端的请求实现用户鉴权、业务调用、结果反馈流程，就可以使用责任链模式实现。

责任链模式包含以下三种角色。

◎ Handler 接口：用于规定在责任链上具体要执行的方法。
◎ AbstractHandler 抽象类：持有 Handler 实例并通过 setHandler()和 getHandler()将各个具体的业务 Handler 串联成一个责任链，客户端上的请求在责任链上执行。
◎ 业务 Handler：用户根据具体的业务需求实现的业务逻辑。

例如，用户鉴权、业务调用、结果反馈流程的责任链实现的具体 UML 设计如图 9-19 所示。

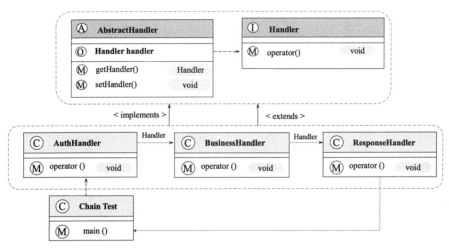

图 9-19

具体实现如下。

（1）定义 Handler 接口：

```
public interface Handler {
    void operator();
}
```

以上代码定义了 Handler 接口，该接口用于规定责任链上各个环节的操作，这里定义了 operator()，用于在责任链上各个环节处理任务时进行调用。

（2）定义 AbstractHandler 类：

```java
public abstract class AbstractHandler {
    private Handler handler;
    public Handler getHandler() {
        return handler;
    }
    public void setHandler(Handler handler) {
        this.handler = handler;
    }
}
```

以上代码定义了抽象类 AbstractHandler 来将责任链上的各个组件连接起来，具体操作是通过 setHandler() 设置下一个环节的组件，通过 getHandler() 获取下一个环节的组件。

（3）定义用户授权类 AuthHandler：

```java
public class AuthHandler extends AbstractHandler implements Handler {
    private final static Log logger = LogFactory.getLog(AuthHandler.class);
    private String name;
    public AuthHandler(String name) {
        this.name = name;
    }
    @Override
    public void operator() {
        logger.info("user auth...");
        if(getHandler()!=null){//执行责任链的下一个流程
            getHandler().operator();
        }
    }
}
```

以上代码定义了用户授权类 AuthHandler 并实现了 operator()，该方法首先调用当前环节的业务流程，即用户授权，然后通过 getHandler() 获取下一个组件并调用其 operator()，使其执行下一个责任链流程。

（4）定义业务处理类 BusinessHandler：

```java
public class BusinessHandler extends AbstractHandler implements Handler {
    private final static Log logger =
            LogFactory.getLog(BusinessHandler.class);
    private String name;
    public BusinessHandler(String name) {
        this.name = name;
```

```
    }
    @Override
    public void operator() {
        logger.info("business info handler...");
        if(getHandler()!=null){//执行责任链的下一个流程
            getHandler().operator();
        }
    }
}
```

以上代码定义了用户授权类 BusinessHandler 并实现了方法 operator()，该方法首先调用当前环节的业务流程，即业务处理流程，然后通过 getHandler()获取下一个组件并调用其 operator()，使其执行责任链的下一个流程。

（5）定义请求反馈类 ResponseHandler：

```
public class ResponseHandler extends AbstractHandler implements Handler {
    private final static Log logger =
            LogFactory.getLog(ResponseHandler.class);
    private String name;
    public ResponseHandler(String name) {
        this.name = name;
    }
    @Override
    public void operator() {
        logger.info("message response...");
        if(getHandler()!=null){//执行责任链的下一个流程
            getHandler().operator();
        }
    }
}
```

以上代码定义了用户授权类 ResponseHandler 并实现了 operator()，该方法首先调用当前环节的业务流程，这里的业务流程主要是判断业务流程执行的结果并做出相应的反馈，然后通过 getHandler()获取下一个组件并调用其 operator()，使其执行下一个责任链流程。

（6）使用责任链模式：

```
public static void main(String[] args) {
    AuthHandler  authHandler= new AuthHandler("auth");
    BusinessHandler  businessHandler= new BusinessHandler("business");
```

```
        ResponseHandler responseHandler= new ResponseHandler("response");
        authHandler.setHandler(businessHandler);
        businessHandler.setHandler(responseHandler);
        authHandler.operator();
    }
```

在使用责任链模式时，首先要定义各个责任链的组件，然后将各个组件通过 setHandler()串联起来，最后调用第一个责任链上的 operator()，接着程序就像多米诺骨牌一样在责任链上执行下去。具体的执行结果如下：

```
[INFO] AuthHandler - user auth...
[INFO] BusinessHandler - business info handler...
[INFO] ResponseHandler - message response...
```

9.19 命令模式的概念及 Java 实现

命令（Command）模式指将请求封装为命令基于事件驱动异步地执行，以实现命令的发送者和命令的执行者之间的解耦，提高命令发送、执行的效率和灵活度。

命令模式将命令调用者与命令执行者解耦，有效降低系统的耦合度。同时，由于命令调用者和命令执行者进行了解耦，所以增加和删除（回滚）命令变得非常方便。

命令模式包含以下主要角色。

- ◎ 抽象命令类（Command）：执行命令的接口，定义执行命令的抽象方法 execute()。
- ◎ 具体命令类（Concrete Command）：抽象命令类的实现类，持有接收者对象，并在接收到命令后调用命令执行者的方法 action()实现命令的调用和执行。
- ◎ 命令执行者（Receiver）：命令的具体执行者，定义了命令执行的具体方法 action()。
- ◎ 命令调用者（Invoker）：接收客户端的命令并异步执行。

具体的 UML 设计如图 9-20 所示。

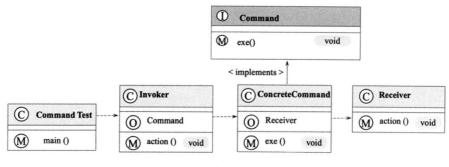

图 9-20

具体实现如下。

（1）定义 Command 接口：

```
public interface Command {
    public void exe(String command);
}
```

以上代码定义了 Command 接口，并在该接口中定义了 Command 的执行方法 exe()。

（2）定义 Command 接口的实现类 ConcreteCommand：

```
public class ConcreteCommand implements Command {
    private Receiver receiver;
    public ConcreteCommand(Receiver receiver) {
        this.receiver = receiver;
    }
    @Override
    public void exe(String command) {
        receiver.action(command);
    }
}
```

以上代码定义了 Command 接口的实现类 ConcreteCommand，该类持有命令接收和执行者 Receiver 的实例，并实现了 Command 接口中的 exe()，具体操作是在 ConcreteCommand 接收到命令后，调用 Receiver 的 action()将命令交给 Receiver 执行。

（3）定义命令调用者类 Invoker：

```
public class Invoker {
    private final static Log logger = LogFactory.getLog(Invoker.class);
    private Command command;
    public Invoker(Command command) {
```

```
        this.command = command;
    }
    public void action(String commandMessage){
        logger.info("command sending...");
        command.exe(commandMessage);
    }
}
```

以上代码定义了命令调用者类 Invoker，该类持有 Command 实例并在 action() 中实现了对命令的调用，具体做法是在 action() 中执行 Command 的 exe()。

（4）定义命令的接收和执行者类 Receiver：

```
public class Receiver {
    private final static Log logger = LogFactory.getLog(Receiver.class);
    public void action(String command){//接收并执行命令
        logger.info("command received, now execute command");
    }
}
```

以上代码定义了命令的接收和执行者类 Receiver，并在 action() 中接收和执行命令。

（5）使用命令模式：

```
public static void main(String[] args) {
    //定义命令的接收和执行者
    Receiver receiver = new Receiver();
    //定义命令实现类
    Command cmd = new ConcreteCommand(receiver);
    //定义命令调用者
    Invoker invoker = new Invoker(cmd);
    //命令调用
    invoker.action("command1");
}
```

在使用命令模式时首先要定义一个命令接收和执行者 Receiver，接着定义一个具体的命令 ConcreteCommand 实例，并将命令接收者实例设置到实例中，然后定义一个命令的调用者 Invoker 实例，并将命令实例设置到实例中，最后调用命令调用者的 action()，将命令发送出去，在命令接收者收到数据后会执行相关命令，这样就完成了命令的调用。具体的执行结果如下：

```
[INFO] Invoker - command sending...
[INFO] Receiver - command received, now execute command
```

9.20 备忘录模式的概念及 Java 实现

备忘录（Memento）模式又叫作快照模式，该模式将当前对象的内部状态保存到备忘录中，以便在需要时能将该对象的状态恢复到原先保存的状态。

备忘录模式提供了一种保存和恢复状态的机制，常用于快照的记录和状态的存储，在系统发生故障或数据发生不一致时能够方便地将数据恢复到某个历史状态。

备忘录模式的核心是设计备忘录类及用于管理备忘录的管理者类，其主要角色如下。

◎ 发起人（Originator）：记录当前时刻对象的内部状态，定义创建备忘录和恢复备忘录数据的方法。
◎ 备忘录（Memento）：负责存储对象的内部状态。
◎ 状态管理者（Storage）：对备忘录的历史状态进行存储，定义了保存和获取备忘录状态的功能。注意，备忘录只能被保存或恢复，不能进行修改。

具体的 UML 设计如图 9-21 所示。

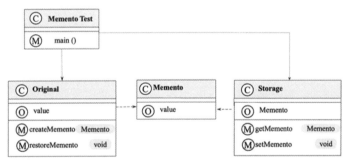

图 9-21

具体实现如下。

（1）定义原始数据 Original：

```
public class Original {
    private String value;
    public String getValue() {
        return value;
    }
    public void setValue(String value) {
        this.value = value;
```

```java
    }
    public Original(String value) {
        this.value = value;
    }
    public Memento createMemento(){
        return new Memento(value);
    }
    public void restoreMemento(Memento memento){
        this.value = memento.getValue();
    }
}
```

以上代码定义了原始数据 Original，在原始数据中定义了 createMemento() 和 restoreMemento() 分别用于创建备忘录和从备忘录中恢复数据。

（2）定义备忘录 Memento：

```java
public class Memento {
    private String value;
    public Memento(String value) {
        this.value = value;
    }
    public String getValue() {
        return value;
    }
    public void setValue(String value) {
        this.value = value;
    }
}
```

以上代码定义了备忘录 Memento，其中 value 为备忘录具体的数据内容。

（3）定义备忘录管理者 Storage：

```java
public class Storage {
    private Memento memento;
    public Storage(Memento memento) {
        this.memento = memento;
    }
    public Memento getMemento() {
        return memento;
    }
    public void setMemento(Memento memento) {
        this.memento = memento;
```

        }
    }

以上代码定义了备忘录管理者 Storage，持有备忘录实例，并提供了 setMemento()和 getMemento()分别用来设置和获取一个备忘录数据。

（4）使用备忘录：

```
public static void main(String[] args) {
    //创建原始类
    Original original = new Original("张三");
    //创建备忘录
    Storage storage = new Storage(original.createMemento());
    //修改原始类的状态
    logger.info("original value: " + original.getValue());
    original.setValue("李四");
    logger.info("update value: " + original.getValue());
    //恢复原始类的状态
    original.restoreMemento(storage.getMemento());
    logger.info("restore value: " + original.getValue());
}
```

备忘录的使用方法比较简单：先定义一个原始数据，然后将数据存储到 Storage，这时我们可以修改数据，在我们想把数据回滚到之前的状态时调用 Original 的 restoreMemento()便可将存储在 Storage 中上次数据的状态恢复。其实，备忘录简单来说就是把原始数据的状态在 Storage 中又重新存储一份，在需要时可以恢复数据。

上面的例子只存储了数据的上一次状态，如果想存储多个状态，就可以在 Storage 中使用列表记录多个状态的数据。具体的执行结果如下：

```
[INFO] MementoDemo - original value: 张三
[INFO] MementoDemo - update value: 李四
[INFO] MementoDemo - restore value: 张三
```

9.21 状态模式的概念及 Java 实现

状态模式指给对象定义不同的状态，并为不同的状态定义不同的行为，在对象的状态发生变换时自动切换状态的行为。

状态模式是一种对象行为型模式，它将对象的不同行为封装到不同的状态中，遵循了"单一职责"原则。同时，状态模式基于对象的状态将对象行为进行了明确的界定，减少了对象行为之间的相互依赖，方便系统的扩展和维护。

状态模式在生活中很常见，比如日常生活有工作状态、休假状态；钉钉有出差、会议、工作中等状态。每种状态都对应不同的操作，比如工作状态对应的行为有开会、写PPT、写代码、做设计等，休假状态对应的行为有旅游、休息、陪孩子等。

状态模式把受环境改变的对象行为包装在不同的状态对象里，用于让一个对象在其内部状态改变时，行为也随之改变。具体的角色如下。

◎ 环境（Context）：也叫作上下文，用于维护对象当前的状态，并在对象状态发生变化时触发对象行为的变化。
◎ 抽象状态（AbstractState）：定义了一个接口，用于定义对象中不同状态所对应的行为。
◎ 具体状态（Concrete State）：实现抽象状态所定义的行为。

下面以工作状态、休假状态及两种状态下不同的行为为例介绍状态模式。具体的UML设计如图9-22所示。

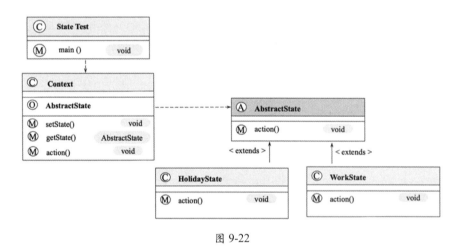

图 9-22

具体实现如下。

（1）定义 AbstractState：

```
public abstract class AbstractState {
    public abstract void action(Context context);
}
```

以上代码定义了 AbstractState 抽象类，在类中定义了 action()用于针对不同的状态执行不同的动作。

（2）定义 AbstractState 的子类 HolidayState：

```
public class HolidayState extends AbstractState {
    private final static Log logger = LogFactory.getLog(HolidayState.class);
    public void action(Context context) {
        logger.info("state change to holiday state ");
        logger.info("holiday state actions is travel,
        shopping, watch television...");
    }
}
```

以上代码定义了 AbstractState 的子类 HolidayState 并实现了 action()，HolidayState 中的 action()的主要动作是旅行（travel）、购物（shopping）、看电视（watch television）等。

（3）定义 AbstractState 的子类 WorkState：

```
public class WorkState extends AbstractState {
    private final static Log logger = LogFactory.getLog(WorkState.class);
    public void action(Context context) {
        logger.info("state change to work state ");
        logger.info("work state actions is meeting, design, coding...");
    }
}
```

以上代码定义了 AbstractState 的子类 WorkState 并实现了 action()，WorkState 中 action()的主要动作是开会（meeting）、设计（design）、写代码（coding）等。

（4）定义 Context 用于存储状态和执行不同状态下的行为：

```
public class Context {
    private AbstractState state;
    public Context(AbstractState state){
        this.state = state;
    }
    public void setState(AbstractState state){
        this.state = state;
    }
    public AbstractState getState(){
        return state;
    }
```

```
    public void action()
    {
        this.state.action(this);
    }
}
```

以上代码定义了 Context 类，该类用于设置上下文环境中的状态，并根据不同的状态执行不同的 action()。这里状态的设置通过 setState() 完成，具体的动作执行通过 action() 完成。

（5）使用状态模式：

```
public static void main(String[] args) {
    //定义当前状态为工作状态
    Context context = new Context(new WorkState());
    context.action();
    //切换当前状态为修改状态
    context.setState(new HolidayState());
    context.action();
}
```

在使用状态模式时，只需定义一个上下文 Context，并设置 Context 中的状态，然后调用 Context 中的行为方法即可。以上代码首先通过 Context 的构造函数将状态设置为 WorkState，接着通过 setState() 将状态设置为 HolidayState，两种不同的状态将对应不同的行为，具体的执行结果如下：

```
[INFO] WorkState - state change to work state
[INFO] WorkState - work state actions is meeting, design, coding...
[INFO] HolidayState - state change to holiday state
[INFO] HolidayState - holiday state actions is travel, shopping,
                     watch television...
```

9.22 访问者模式的概念及 Java 实现

访问者（Visitor）模式指将数据结构和对数据的操作分离开来，使其在不改变数据结构的前提下动态添加作用于这些元素上的操作。它将数据结构的定义和数据操作的定义分离开来，符合"单一职责"原则。访问者模式通过定义不同的访问者实现对数据的不同操作，因此在需要给数据添加新的操作时只需为其定义一个新的访问者即可。

第 9 章 设计模式

访问者模式是一种对象行为型模式,主要特点是将数据结构和作用于结构上的操作解耦,使得集合的操作可自由地演化而不影响其数据结构。它适用于数据结构稳定但是数据操作方式多变的系统中。

访问者模式实现的关键是将作用于元素的操作分离出来封装成独立的类,包含以下主要角色。

◎ 抽象访问者(Visitor):定义了一个访问元素的接口,为每类元素都定义了一个访问操作 visit(),该操作中的参数类型对应被访问元素的数据类型。
◎ 具体访问者(ConcreteVisitor):抽象访问者的实现类,实现了不同访问者访问到元素后具体的操作行为。
◎ 抽象元素(Element):元素的抽象表示,定义了访问该元素的入口的 accept()方法,不同的访问者类型代表不同的访问者。
◎ 具体元素(Concrete Element):实现抽象元素定义的 accept()操作,并根据访问者的不同类型实现不同的业务逻辑。

比如,我们有个项目计划需要上报,项目计划的数据结构是稳定的,包含项目名称和项目内容,但项目的访问者有多个,比如项目经理、CEO 和 CTO。类似的数据结构稳定但对数据的操作多变的情况很适合只用访问者模式实现。下面以项目的访问为例介绍访问者模式。具体的 UML 设计如图 9-23 所示。

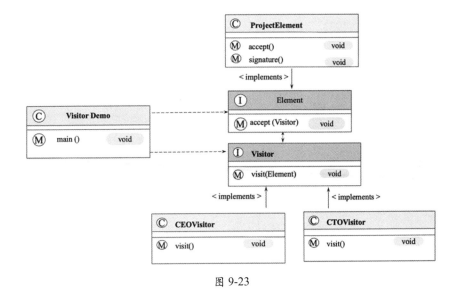

图 9-23

具体实现如下。

（1）定义抽象 Visitor 接口：

```java
public interface Visitor {
    void visit(ProjectElement element);
}
```

以上代码定义了 Visitor 接口，并在接口中定义了 visit()用于指定要访问的数据。

（2）定义 Visitor 实现类 CEOVisitor：

```java
public class CEOVisitor implements Visitor{
    private final static Log logger = LogFactory.getLog(CEOVisitor.class);
    @Override
    public void visit(ProjectElement element) {
        logger.info("CEO Visitor Element");
        element.signature("CEO",new Date());
        logger.info(JSON.toJSON(element));
    }
}
```

以上代码定义了 Visitor 实现类 CEOVisitor，并实现了其方法 visit()，该方法在接收到具体的元素时，访问该元素并调用 signature()签名方法表示 CEOVisitor 已经访问和审阅了该项目。

（3）定义 Visitor 实现类 CTOVisitor：

```java
public class CTOVisitor implements Visitor {
    private final static Log logger = LogFactory.getLog(CEOVisitor.class);
    @Override
    public void visit(ProjectElement element) {
        logger.info("CTO Visitor Element");
        element.signature("CTO",new Date());
        logger.info(JSON.toJSON(element));
    }
}
```

以上代码定义了 Visitor 实现类 CTOVisitor，并实现了其方法 visit()，该方法在接收到具体的元素时，会访问该元素并调用 signature()签名方法表示 CTOVisitor 已经访问和审阅了该项目。

（4）定义抽象元素 Element 的接口：

```java
public interface Element {
    void accept(Visitor visitor);
}
```

以上代码定义了抽象元素 Element，并定义了 accept()用于接收访问者对象。

（5）定义具体元素 ProjectElement 的类：

```java
public class ProjectElement implements Element {
    private String projectName ;
    private String projectContent ;
    private String visitorName ;
    private Date visitorTime ;
    public ProjectElement(String projectName, String projectContent) {
        this.projectName = projectName;
        this.projectContent = projectContent;
    }
    public void accept(Visitor visitor) {
        visitor.visit(this);
    }
    public void signature(String visitorName,Date visitorTime) {
        this.visitorName = visitorName;
        this.visitorTime = visitorTime;
    }
//省略getter、setter
```

以上代码定义了 ProjectElement 用于表示一个具体的元素，该元素表示一个项目信息，包含项目名称 projectName、项目内容 projectContent、项目访问者 visitorName 和项目访问时间，还定义了 signature()用于记录访问者的签名，以及 accept()用于接收具体的访问者。

（6）使用访问者模式：

```java
    public static void main(String[] args) {
        Element element = new ProjectElement("mobike","share bicycle");
        element.accept(new CTOVisitor());
        element.accept(new CEOVisitor());
    }
```

在使用访问者模式时，首先需要定义一个具体的元素，然后通过 accept()为元素添加访问者即可。具体的执行结果如下：

```
[INFO] CEOVisitor - CTO Visitor Element
[INFO] CEOVisitor - {"projectContent":"share bicycle",
    "visitorName":"CTO","visitorTime":1557370801734,"projectName":"mobike"}
[INFO] CEOVisitor - CEO Visitor Element
[INFO] CEOVisitor - {"projectContent":"share bicycle",
    "visitorName":"CEO","visitorTime":1557370801888,"projectName":"mobike"}
```

9.23 中介者模式的概念及 Java 实现

中介者（Mediator）模式指对象和对象之间不直接交互，而是通过一个名为中介者的角色来实现对象之间的交互，使原有对象之间的关系变得松散，且可以通过定义不同的中介者来改变它们之间的交互。中介者模式又叫作调停模式，是迪米特法则的典型应用。

中介者模式属于对象行为型模式，其主要特点是将对象与对象之间的关系变为对象和中介者之间的关系，降低了对象之间的耦合性，提高了对象功能的复用性和系统的灵活性，使得系统易于维护和扩展。

中介者模式包含以下主要角色。

- 抽象中介者（Mediator）：中介者接口，定义了注册同事对象方法和转发同事对象信息的方法。
- 具体中介者（Concrete Mediator）：中介者接口的实现类，定义了一个 List 来保存同事对象，协调各个同事角色之间的交互关系。
- 抽象同事类（Colleague）：定义同事类的接口，持有中介者对象，并定义同事对象交互的抽象方法，同时实现同事类的公共方法和功能。
- 具体同事类（Concrete Colleague）：抽象同事类的实现者，在需要与其他同事对象交互时，通过中介者对象来完成。

下面以租房场景为例来介绍中介者模式。我们知道，在租房时会找房屋中介，把自己的租房需求告知中介，中介再把需求告知房东，在整个过程中租房者和房东不产生直接关系（也不能产生关系，不然中介就没钱赚了），而是通过中介来完成信息交互，这样就完成了对象之间的解耦，也就是租户和房东的解耦，房东不用关心具体有哪些房客、房客有哪些需求，租房者也不用辛苦寻找房东及房子的信息。具体的 UML 设计如图 9-24 所示。

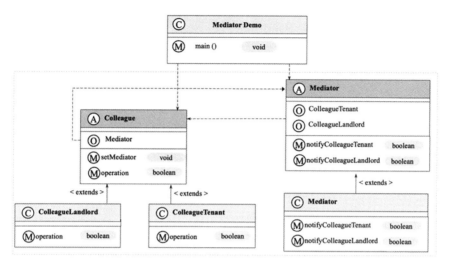

图 9-24

具体实现如下。

（1）定义抽象的 Colleague 类：

```
public abstract class Colleague {
    protected Mediator mediator;
    public void setMediator(Mediator mediator) {
        this.mediator = mediator;
    }
    public abstract boolean operation(String message);//同事类的操作
}
```

以上代码定义了抽象同事类 Colleague，该类持有中介者对象并定义了同事类的具体操作方法 operation()。

（2）定义 Colleague 实现类 ColleagueLandlord 以代表房东：

```
public class ColleagueLandlord extends Colleague {
    private final static Log logger =
      LogFactory.getLog(ColleagueLandlord.class);
    @Override
    public boolean operation(String message) {//收到房客的需求
        logger.info("landlord receive a message form mediator:"+message);
        return true;
    }
}
```

以上代码定义了 Colleague 实现类 ColleagueLandlord 以代表房东,并实现了方法 operation(),该方法用来接收中介者传递的房客需求并做出具体响应。

(3)定义 Colleague 实现类 ColleagueTenant 以代表租户:

```
public class ColleagueTenant extends Colleague {
    private final static Log logger =
                          LogFactory.getLog(ColleagueTenant.class);
    @Override
    public boolean operation(String message) {
        logger.info("tenant receive a message form mediator:"+message);
        return true;
    }
}
```

以上代码定义了 Colleague 实现类 ColleagueTenant 以代表租户,并实现了方法 operation(),该方法用来接收中介者传递的房东的房源信息并做出具体的响应。

(4)定义抽象中介者 Mediator 类:

```
public abstract class Mediator {
    protected Colleague colleagueTenant;
    protected Colleague colleagueLandlord;
    public Mediator(Colleague colleagueTenant, Colleague
            colleagueLandlord) {
        this.colleagueTenant = colleagueTenant;
        this.colleagueLandlord = colleagueLandlord;
    }
    public abstract boolean notifyColleagueTenant(String message);
    public abstract boolean notifyColleagueLandlord(String message);
}
```

以上代码定义了抽象中介者 Mediator 类,该类持有租客和房东类的实例,并定义了 notifyColleagueTenant()和 notifyColleagueLandlord()分别向房客和房东传递信息。

(5)定义 Mediator 实现类 ConcreteMediator 代表一个具体的中介:

```
public class ConcreteMediator extends Mediator {
    public ConcreteMediator(Colleague colleagueTenant, Colleague
        colleagueLandlord) {
        super(colleagueTenant, colleagueLandlord);
    }
    @Override
```

```java
    public boolean notifyColleagueTenant(String message) {
        if (colleagueTenant != null) {
            return  colleagueTenant.operation(message);
        }
        return false;
    }
    @Override
    public boolean notifyColleagueLandlord(String message) {
        if (colleagueLandlord != null) {
            return  colleagueLandlord.operation(message);
        }
        return false;
    }
}
```

以上代码定义了 Mediator 实现类 ConcreteMediator 来代表一个具体的中介,该中介实现了 notifyColleagueTenant()和 notifyColleagueLandlord()来完成房客和房东直接、具体的消息传递。

(6)使用中介者模式:

```java
    public static void main(String[] args) {
        //定义房客同事类
        Colleague colleagueTenant = new ColleagueTenant();
        //定义房东同事类
        Colleague colleagueLandlord = new ColleagueLandlord();
        //创建一个具体的中间者,这里可以将其理解为房屋中介
        ConcreteMediator concreteMediator = new
            ConcreteMediator(colleagueTenant, colleagueLandlord);
        boolean resoult = concreteMediator.notifyColleagueTenant(
                "想租2室1厅的吗?");
        if(resoult){
            concreteMediator.notifyColleagueLandlord("租客对面积满意");
        }else{
            concreteMediator.notifyColleagueLandlord("租客对面积不满意");
        }
    }
}
```

在使用中介者模式时,首先要定义同事类,然后定义中介者并通过中介者完成对象之间的交互。以上代码首先定义了房客类和房东类,然后定义了中介者,最后通过中介者的 notifyColleagueTenant()和 notifyColleagueLandlord()完成房客和中间者之间的交互。以上代码的流程是中介者首先向房客询问对方对房屋面积的需求,然后将需求反馈给房

东。具体的执行结果如下：

```
[INFO] ColleagueTenant - tenant receive a message form mediator:
想租 2 室 1 厅的吗？
[INFO] ColleagueLandlord - landlord receive a message form mediator:
租客对面积满意
```

9.24 解释器模式的概念及 Java 实现

解释器（Interpreter）模式给定一种语言，并定义该语言的语法表示，然后设计一个解析器来解释语言中的语法，这种模式常被用于 SQL 解析、符号处理引擎等。

解释器模式包含以下主要角色。

◎ 抽象表达式（Abstract Expression）：定义解释器的接口，约定解释器所包含的操作，比如 interpret() 方法。
◎ 终结符表达式（Terminal Expression）：抽象表达式的子类，用来定义语法中和终结符有关的操作，语法中的每一个终结符都应有一个与之对应的终结表达式。
◎ 非终结符表达式（Nonterminal Expression）：抽象表达式的子类，用来定义语法中和非终结符有关的操作，语法中的每条规则都有一个非终结符表达式与之对应。
◎ 环境（Context）：定义各个解释器需要的共享数据或者公共的功能。

解释器模式主要用于和语法及表达式有关的应用场景，例如正则表达式解释器等。具体的 UML 设计如图 9-25 所示。

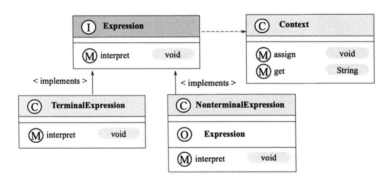

图 9-25

具体实现如下。

（1）定义 Expression 接口：

```
public interface Expression {
    public void interpret(Context ctx);    //解释方法
}
```

以上代码定义了 Expression 接口，并定义了解释器方法。

（2）定义 NonterminalExpression 类：

```
public class NonterminalExpression implements Expression {
    private Expression left;
    private Expression right;
    public NonterminalExpression(Expression left,Expression right) {
        this.left=left;
        this.right=right;
    }
    public void interpret(Context ctx) {
        //递归调用每一个组成部分的 interpret()
        //在递归调用时指定组成部分的连接方式，即非终结符的功能
    }
}
```

以上代码定义了 Expression 的实现类 NonterminalExpression，NonterminalExpression 类主要用于对非终结元素的处理。NonterminalExpression 定义了 left 和 right 的操作元素。

（3）定义 TerminalExpression：

```
public class TerminalExpression implements Expression{
    @Override
    public void interpret(Context ctx) {
        //终结符表达式的解释操作
    }
}
```

以上代码定义了 Expression 的实现类 TerminalExpression，TerminalExpression 类主要用于对终结元素的处理，表示该元素是整个语法表达式的最后一个元素。

（4）定义 Context：

```
public class Context {
    private HashMap map = new HashMap();
    public void assign(String key, String value) {
        //在环境类中设值
```

```
    }
    public String get(String key) {
        //获取存储在环境类中的值
        return "";
    }
}
```

以上代码定义了 Context 的全局类用于存储表达式解析出来的值,并提供查询和解析后表达式的结果,以便其他表达式进一步使用。